# 烟气脱硫石膏在农业和环境上的应用

李小平　毛玉梅　贺　坤　编著

科学出版社
北京

## 内 容 简 介

本书系统介绍了烟气脱硫石膏的农业应用和经济影响，美国 7 个州和中国若干省(自治区、直辖市)的农业大田试验和工程示范，以及农业烟气脱硫石膏安全使用指南。本书还讨论了烟气脱硫石膏控制农业面源磷流失的机理；介绍了一些烟气脱硫石膏在矿山复垦和土壤修复方面的成功案例。使用烟气脱硫石膏加速围垦滩涂土壤的脱盐过程是我国首先开拓的一个新的应用领域，已经引起了国内外多方的注意。本书最后着重讨论了烟气脱硫石膏的生态安全性，介绍了烟气脱硫石膏生态安全性的评估方法、烟气脱硫石膏中重金属的浸出特性，及其对土壤、土壤生物、淡水和底栖生物、植物生理及植物籽实等的影响，并提出了安全使用烟气脱硫石膏的政策建议。

本书汇集了最近 10 年烟气脱硫石膏在农业和环境应用方面的主要成果，适合作为农业和环境保护，特别是从事土壤改良、矿山复垦和富营养化控制方面研究和应用的科研人员的参考书。本书也可以作为正在使用烟气脱硫石膏的第一线广大科研和管理人员的使用指南，为他们的科研和生产实践提供重要的设计依据、成功案例和基础数据。

**图书在版编目(CIP)数据**

烟气脱硫石膏在农业和环境上的应用 /李小平，毛玉梅，贺坤编著.—北京：科学出版社，2017.8

ISBN 978-7-03-052778-3

Ⅰ. ①烟… Ⅱ. ①李… ②毛… ③贺… Ⅲ. ①烟气脱硫-工业废物-石膏-应用-农业-研究②烟气脱硫-工业废物-石膏-应用-环境工程-研究 Ⅳ. ①TQ177.3 ②S14 ③X5

中国版本图书馆CIP数据核字(2017)第100401号

责任编辑：马 俊 付 聪 郝晨扬 / 责任校对：邹慧卿
责任印制：肖 兴 / 封面设计：北京铭轩堂广告设计有限公司

科学出版社 出版
北京东黄城根北街 16 号
邮政编码：100717
http://www.sciencep.com

北京凌奇印刷有限责任公司 印刷
科学出版社发行 各地新华书店经销

*

2017 年 8 月第 一 版 开本：720 × 1000 1/16
2017 年 8 月第一次印刷 印张：15 1/4 插页：10
字数：295 000

POD定价： 128.00元
(如有印装质量问题，我社负责调换)

# 作 者 简 介

**李小平** 华东师范大学河口海岸学国家重点实验室教授，博士生导师。1998年获美国加利福尼亚大学(戴维斯分校)生态学博士，曾任美国国家环境保护局生态健康研究中心研究员，上海市环境科学研究院副院长，科技部863滇池项目责任专家，中国环境科学学会土壤与地下水环境专业委员会委员，先后获省部级科学技术进步奖二等奖2项，上海市科学技术进步奖一等奖和三等奖各1项，在国内外重要刊物上发表过近百篇论文并编撰多部专著。

**毛玉梅** 上海市农业学校讲师。华东师范大学生态学博士，美国俄亥俄州立大学访问学者(2014～2015年)，主要研究方向为土壤改良和生态修复。曾参加多项“十一五”国家水专项和环境保护公益项目，在国内外刊物上发表了十余篇论文。

**贺坤** 上海应用技术大学讲师。华东师范大学生态学博士，主要研究方向为生态景观规划和生态修复。主持或参与过国家自然科学基金、上海市科学技术委员会重点研发项目等，在国内外刊物发表论文十余篇，编撰专著(教材)四部。

# 序

我还在上海市环境科学研究院担任主管科研的副院长时，就对烟气脱硫石膏产生了兴趣。由于燃煤电厂普遍采用湿法脱硫技术，产生了大量脱硫副产品，环境保护管理部门采取了经济刺激政策鼓励综合利用烟气脱硫石膏。

在做了一些调查研究之后，我和我的团队逐渐形成了一个假设，即我们可以利用烟气脱硫石膏中 $Ca^{2+}$ 与 $Na^{+}$ 的交换能力和江南 1000mm 以上的年降水量，加速围垦滩涂盐渍土的自然脱盐过程，为沿海地区的高速发展创造新的土地资源。经过几年的努力和积累，终于申请到了一项环境保护公益项目，进行烟气脱硫石膏改良滩涂盐碱地的科学研究和工程示范。通过 3 年的实验室和野外工程研究，我们的科学假设得到了验证，烟气脱硫石膏只需用 2～3 年便可以完成滩涂盐碱地 10 年的脱盐过程，生长出非盐生的草本和木本植被。本书的第 4 章介绍了我们的研究成果和发明专利(专利号：201310742993.5)。

在我们开始研究之前，清华大学就已经在利用烟气脱硫石膏改良内陆盐碱地方面取得了骄人的成果。更幸运的是，在研究和工程示范过程中，我们得到了美国俄亥俄州立大学的 Warren Dick 教授及其团队的支持和帮助。Warren Dick 教授是美国烟气脱硫石膏农业和环境有益应用的开拓者，他先后两次实地考察了在上海南汇和崇明滩涂的示范工程，和我们一起经历了 3 年的现场试验研究。我也两次造访俄亥俄州立大学在伍斯特(Wooster)的农业中心，不仅向美国同行学习理论和实验技术，还参观了美国伊利湖流域(俄亥俄州境内)烟气脱硫石膏的试验大田；他们的试验规模之大，研究水平之高，令人赞叹。我的一位博士生在 Warren Dick 教授的指导下于伍斯特农业中心研修一年，专攻烟气脱硫石膏的环境应用。另一位博士生也将烟气脱硫石膏控制农业面源磷的流失作为研究方向，并取得了不错的进展。他们的努力，不仅大大拓宽了我们对烟气脱硫石膏有益应用的视野，也使我们对利用烟气脱硫石膏控制农业面源和水体富营养化，充满信心和期待。

在与中外专家学者不间断的相互学习和交流中，我们清楚地意识到烟气脱硫石膏已经不再是“废弃物”，而是一种宝贵的资源。在积累了许多烟气脱硫石膏在农业和环境上的研究成果和应用案例之后，我们萌发了要写这本书的念头，试图从农业和环境有益应用的角度，将这一宝贵的资源介绍给大家。

烟气脱硫石膏的化学分子式很简单，作用机理在任何一本传统的教科书中都能找到，早已为人们所认识。矿物石膏也在百年之前就有了一些工业和农业上的应用。为了确保大气和生态环境质量，控制二氧化硫排放已经成为全人类的共识。

由此产生的烟气脱硫石膏由于其纯度高、产量大、生态安全性好、应用前景广泛，正在越来越密切地融入我们今天的生活，如用于清洁空气、农业生产，用作建筑材料等。2016 年 5 月底，国务院颁布了《土壤污染防治行动计划》（俗称“土十条”），提出 2017 年在新疆生产建设兵团推行烟气脱硫石膏改良盐碱地。中国在农业和环境上大规模使用烟气脱硫石膏在即，我们谨献上这部《烟气脱硫石膏在农业和环境上的应用》作为这一巨大工程的序曲。

李小平

2017 年 3 月

# 前　　言

石膏作为土壤改良剂有很长的历史。我国是世界上较早利用石膏的国家之一，古籍《神农本草经》就有关于石膏的发现与利用的记载。到宋元时期，石灰、石膏、硫磺等开始作为肥料使用，主要用于冷浸田改良。这些肥料呈碱性，可以中和酸性的冷浸田。

在美国，最早记录石膏用于土壤改良的是芝加哥大学的 William Crocker 博士，时任纽约扬克斯著名的汤姆森植物研究所（Thompson Institute for Plant Research in Yonkers）主任。1918 年 William Crocker 博士记录了北美应用石膏改良土壤的历史，最早可以追溯到美国殖民时期（the colonial period of the United States）。这部科学历史书最初以油印本流行，并于 1922 年由美国石膏工业协会（Gypsum Industries Association, Chicago, IL）印刷成册，以满足公众的需求。

20 世纪 80 年代末美国《清洁空气法》的实施，由燃煤电厂烟气除尘脱硫产生的新材料大量涌现，人们发现以硫酸钙为主的脱硫副产品——烟气脱硫石膏，可以用来修复废弃的露天煤矿高度退化的土壤。由于矿物石膏作为土壤改良剂的悠久历史，美国的科学家很自然地将烟气脱硫石膏的应用推广到农业领域，并在 20 世纪 90 年代建立了美国农业利用烟气脱硫石膏网络（national network for use of FGD gypsum in agriculture），调查和研究烟气脱硫石膏替代矿物石膏作为土壤改良剂的可能性和应用效果。

2002 年，美国粉煤灰协会（American Coal Ash Association）首次公布烟气脱硫石膏在农业上的应用。从此，美国农业烟气脱硫石膏的使用量从当时的 7.8 万 t 上升至 2014 年 1300 万 t；其中最大增幅是在 2013～2014 年，烟气脱硫石膏使用量翻了一番。这表明，越来越多的农民注意到烟气脱硫石膏作为土壤改良剂所带来的实际效益。当然，烟气脱硫石膏在农业和经济方面的诸多科学研究，以及政府的积极提倡，对推动烟气脱硫石膏的广泛应用起到了重要的作用。

烟气脱硫石膏在农业上得以如此广泛应用的最主要的原因之一是燃煤电厂的烟气脱硫过程在清洁空气的同时阻碍了大气硫循环，很大程度上减少了原本应该沉降到农田土壤中的硫元素。美国的大学和研究机构普遍发现农业作物和农田缺硫，一致推荐使用硫肥提高产量；而烟气脱硫石膏中高含量、高溶解度的硫酸钙，可以直接有效地为植物所吸收，使其成为理想的硫肥。在我国，使用烟气脱硫石膏提高土壤硫含量和作物产量鲜有报道，这也许值得我国科学家重视。

人们在使用烟气脱硫石膏作为硫肥/土壤改良剂时，还发现了其诸多的农业和环境效益，主要为：①作为植物营养钙和硫的营养源；②改善酸性土壤中植物根系生长；③改善含高钠和高镁土壤的结构，增强土壤的渗透率；④增加土壤固碳能力；⑤与畜禽粪便和氮肥联合使用，可以增强植物对氮的吸收，提高氮肥的效率。事实上，烟气脱硫石膏与畜禽粪便和氮肥的联合使用，在美国已经有了一些值得关注的案例。美国科学家认为，烟气脱硫石膏对环境的影响大部分是积极的，即使施用累积达到 80 年，也只有极少的负面结果被发现。因此，烟气脱硫石膏在可持续的农业生产系统中有广泛应用前景。美国计划为今后的研究设立一个平台，增加科学界关于烟气脱硫石膏在农业生产中可持续利用的知识，使土地和资源管理者了解烟气脱硫石膏提高种植系统的生产力和可持续性的作用，同时发挥其有益的环境效益。

目前，烟气脱硫石膏最具前景的应用领域是富营养化的控制。烟气脱硫石膏可以有效地减少农业面源可溶性磷的流失，改善接受水体(湖泊和河流)的水质。美国科学家的研究清楚地表明，烟气脱硫石膏可以减少农田径流 40%的可溶性磷，这对近年来正在遭受藻类水华困扰的五大湖流域和佛罗里达州等地，是一项可以立竿见影地控制水体富营养化的措施。烟气脱硫石膏另一个重要的潜在应用是改良滩涂围垦的盐碱地，这是中国科学家开拓的烟气脱硫石膏最新的应用领域。烟气脱硫石膏可以加速围垦滩涂的脱盐过程，从而大大提高沿海城市土地利用的空间。

美国烟气脱硫石膏大田现场试验工程由各个电力公司资助的研究机构——美国电力科学研究院(Electric Power Research Institute, EPRI)主导，在美国 7 个州建立了大田试验研究网络，进行了长达 10 年的现场试验和工程示范。各州的高等院校为烟气脱硫石膏的农业应用提供了实验室和现场试验技术支持，以及检测和评价分析。2008 年美国国家环境保护局联合美国农业部积极支持烟气脱硫石膏的农业应用，并于 2014 年完成了烟气脱硫石膏生态安全性评价，确认使用的烟气脱硫石膏中重金属的含量均低于美国国家环境保护局关注的限值。2016 年我国国务院颁布了《土壤污染防治行动计划》(俗称“土十条”)，提出 2017 年在新疆生产建设兵团推行烟气脱硫石膏改良盐碱地。美国在由烟气脱硫石膏生产和销售的电力工业部门主导、科研院校提供科研和技术支持、政府在确保生态安全的前提下实施政策引导的做法，很值得我们学习和借鉴。

烟气脱硫石膏的使用不会对所有土壤都有益；盐碱性土壤、排水性差的黏质土壤、某些含 $Al^{3+}$的酸性下层土壤，以及缺乏钙和硫的土壤可能获益最大。除了营养元素硫外，烟气脱硫石膏对作物产量的有益影响是间接的，往往需要 3～5 年或者更长时间才能获得作物产量及土壤化学和物理性质的变化。虽然近期的研究评估了烟气脱硫石膏从高磷含量的土壤中减少可溶性磷的作用，但仍需要有更多的科研投入，以确定烟气脱硫石膏的最佳使用量、地表径流最大磷削减量，以及种植系统中磷可利用性三者的相互关系。尽管科学家已经在烟气脱硫石膏的生态安全方面做了一些工作，但还需要进行更多的关于烟气脱硫石膏作为土壤改良剂使用的风险评估以解决公众的担忧。

有人总结了使用烟气脱硫石膏的知识缺口和未来的研究方向。

(1) 烟气脱硫石膏影响硫的生物地球化学过程和全球硫循环的研究。

(2) 不同作物对硫的响应研究，烟气脱硫石膏的最佳使用量和使用频率。

(3) 钙和硫与其他植物营养元素之间的相互作用。

(4) 烟气脱硫石膏增加根的伸长对施肥和抗旱的影响。

(5) 确定对不同土壤(如内陆盐碱地、沿海盐渍土、酸性土壤和黏土等)物理和化学性质都有有益影响所需要的钙的合适浓度。

(6) 烟气脱硫石膏对土壤重金属迁移和转化的影响，以及持续的土壤监测以确保连续使用不会造成土壤重金属的超载。

(7) 烟气脱硫石膏减少农田径流可溶性磷迁移的机理和实效，以及流域使用烟气脱硫石膏的管理策略。

(8) 长期使用烟气脱硫石膏对土壤中有机碳和无机碳封存的影响。

(9) 烟气脱硫石膏对养殖业和畜禽粪便管理的影响，如提高饲料质量，改善铺垫材料和减少畜禽粪便营养物流失等。

(10) 烟气脱硫石膏的其他应用，如矿山复垦、土壤和沉积物修复等。

(11) 烟气脱硫石膏对产量提高、土地利用、生态环境变化、总体土壤质量的综合评价，如烟气脱硫石膏使用获得最大的农业效益所需要的时间，以及短期经常产生的负面影响等经济学评价。

希望本书能为回答和解决上述问题，打下一个坚实的科学和实践基础。

编　者

2017 年 1 月 27 日

# 目　录

# 1　烟气脱硫石膏

## 1.1　烟气脱硫石膏的来源和特性

### 1.1.1　烟气脱硫石膏的来源

石膏(gypsum)是二水硫酸钙($CaSO_4·2H_2O$)，可以来源于多种不同的途径。矿物石膏是一种全球常见的由沉积岩形成的矿物，通过采矿/采石的方式获取；烟气脱硫石膏(flue gas desulfurization gypsum，FGDG)则是燃煤电厂的副产品，是一种与天然石膏有着相同化学结构的人工合成物质(United States Environmental Protection Agency，2008)。石膏的其他来源还包括在不同化学生产过程中产生的磷石膏(phosphogypsum)、柠檬酸副产石膏(citrogypsum)和氟石膏(fluorogypsum)。

石灰石-石膏湿法工艺是目前应用最广泛、技术最成熟的烟气脱硫技术，约占已安装烟气脱硫机组容量的70%。该方法以石灰石(limestone，主要成分为$CaCO_3$)为脱硫剂，通过向吸收塔内喷入吸收剂浆液，与烟气充分接触混合，并对烟气进行洗涤，使得烟气中的$SO_2$与浆液中的$CaCO_3$及鼓入的强氧化空气反应。1t $SO_2$就能副产烟气脱硫石膏2.7t；一个30万kW的燃煤电厂，如果燃煤含硫1%，每年就要排出烟气脱硫石膏3万t。图1-1是典型的石灰石-石膏湿法工艺示意图，$SO_2$吸附反应方程式如下：

$$SO_2+CaCO_3+1/2O_2+2H_2O \longrightarrow CaSO_4·2H_2O+CO_2\uparrow \tag{1-1}$$

也可以表达为更复杂的化学反应方程式：

$$CaO + H_2O \longrightarrow Ca(OH)_2 \tag{1-2}$$

$$Ca(OH)_2 + SO_2 \longrightarrow CaSO_3·1/2H_2O + 1/2H_2O \tag{1-3}$$

$$CaSO_3·1/2H_2O + 1/2O_2 + 3/2H_2O \longrightarrow CaSO_4·2H_2O \tag{1-4}$$

或者

$$CaCO_3 + SO_2 + 1/2H_2O \longrightarrow CaSO_3·1/2H_2O + CO_2\uparrow \tag{1-5}$$

$$CaSO_3·1/2H_2O +1/2O_2 + 3/2H_2O \longrightarrow CaSO_4·2H_2O \tag{1-6}$$

图1-2是美国著名的威斯达-杰弗瑞能源中心及烟气脱硫石膏堆场，它采用的

就是石灰石-石膏湿法脱硫工艺。

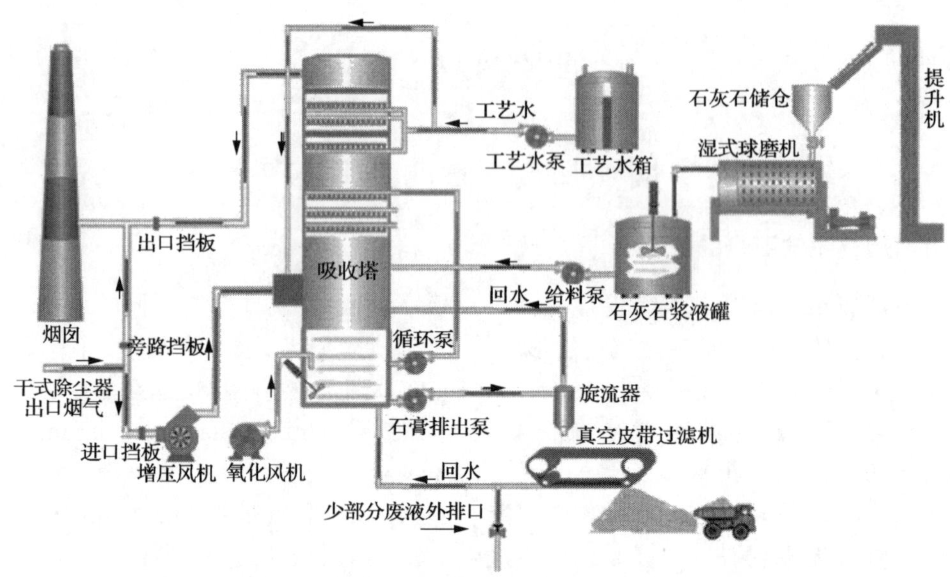


图 1-1　典型的石灰石-石膏湿法工艺示意图(彩图请见文后图版)

图 1-2　美国威斯达-杰弗瑞能源中心(A)及烟气脱硫石膏堆场(B)(彩图请见文后图版)

### 1.1.2 烟气脱硫石膏的特性

烟气脱硫石膏和矿物石膏拥有相似的物理化学性质，其化学组成均为二水硫酸钙($CaSO_4 \cdot 2H_2O$)，具有 5 种形态和 7 种变体。与矿物石膏相比，烟气脱硫石膏更加纯净；两者在化学成分、机械性能及原始形态上的差别，使两种石膏所生产的工业制品在许多性能(如脱水特性、煅烧后熟石膏的力学性能、流变性能、易磨性等)上也产生了差别。但在农业和环境上，烟气脱硫石膏和矿质石膏都可以在各种土壤和水文地质条件下作为土壤修复剂使用。

#### 1.1.2.1 烟气脱硫石膏的外观

烟气脱硫石膏一般表现为疏松且水分含量较大的细颗粒，水分占 10%～20%。一般情况下，烟气脱硫石膏的颜色近似白色微黄；如果脱硫时混入一些杂质如粉煤灰等，产生的烟气脱硫石膏颜色发黑。烟气脱硫石膏通常更细腻均一，粒径 99%以上小于 250μm，主要集中在 30～60μm。图 1-3 和图 1-4 分别展示了烟气脱硫石膏的一般外观和其在扫描电镜下的形态。

图 1-3 烟气脱硫石膏的外观

A. 脱水的烟气脱硫石膏；B. 未脱水的烟气脱硫石膏

图 1-4 电镜下的烟气脱硫石膏

A. 针状晶体；B. 标准晶体

### 1.1.2.2 化学成分和化学性质

通常用同样方法测定烟气脱硫石膏与矿质石膏，然后将二者进行比较。一般来说，烟气脱硫石膏是一种纯度非常高的化学石膏。我国的烟气脱硫石膏纯度为75%～90%，其纯度远远低于发达国家先进脱硫工艺生产技术所生产的烟气脱硫石膏。例如，日本和欧洲的一些国家，它们利用先进的设备和生产技术生产的烟气脱硫石膏纯度可达96%以上。

表 1-1 给出了烟气脱硫石膏与矿物石膏的成分比较。与矿物石膏相比，烟气脱硫石膏无论化学品质还是物理特性，都优于矿物石膏。虽然烟气脱硫石膏和矿质石膏的主要组分都是 $CaSO_4{\cdot}2H_2O$，但烟气脱硫石膏中的 $CaSO_4{\cdot}2H_2O$ 含量高于矿质石膏，有时烟气脱硫石膏也包含少量的石英($SiO_2$)，矿质石膏包含石英和白云石[$CaMg(CO_3)_2$]。

**表 1-1 烟气脱硫石膏与矿物石膏的成分比较**(Dontsova et al.，2005)

| 特性/元素 | FGDG | 矿物石膏 |
|---|---|---|
| 矿物学和物理学特性 | | |
| 矿物 | 石膏/石英 | 石膏/石英/白云石 |
| $CaSO_4{\cdot}2H_2O$/% | 99.6 | 87.1 |
| 水分/% | 5.55 | 0.38 |
| 不可溶残渣/% | 0.40 | 12.9 |
| 粒径＞250μm/% | 0.14 | 100 |
| 所含植物所需的大量和微量营养元素 | | |
| S/% | 18.7 | 15.1 |
| Mg/% | 0.03 | 1.35 |
| Ca/% | 23.0 | 19.1 |
| B/(mg/kg) | 26.7 | 9.4 |
| P/(mg/kg) | 16.7 | 30.6 |
| Fe/(mg/kg) | 264 | 1045 |
| Mn/(mg/kg) | 5.5 | 14.6 |

表 1-2 提供了烟气脱硫石膏和方解石化学性质的对比。与方解石相比，烟气脱硫石膏的溶解度远远高于方解石，烟气脱硫石膏中可溶性的 $Ca^{2+}$含量高于方解石中的可溶性 $Ca^{2+}$含量(United States Environmental Protection Agency，2008；Amezketa et al.，2005)。因此在土壤利用钙源时，和方解石相比，只需施用很少剂量的烟气脱硫石膏就能提供和方解石等量甚至更多的可溶性 $Ca^{2+}$，并且烟气脱

硫石膏中含有方解石所不能提供的大量植物生长所必需的 S。

**表 1-2 两种土壤可利用钙源（烟气脱硫石膏和方解石）的化学性质比较**

| 性质 | 烟气脱硫石膏（$CaSO_4 \cdot 2H_2O$） | 方解石（$CaCO_3$） |
|---|---|---|
| 物质的量/(g/mol) | 172.2 | 100.1 |
| Ca 含量/% | 23.3 | 40.0 |
| S 含量/% | 18.6 | 0 |
| 标准溶解度 | $3.14\times10^{-5}$ | $3.36\times10^{-9}$ |

表 1-3 给出了烟气脱硫石膏与矿质石膏中的重金属含量及美国国家环境保护局（United States Environmental Protection Agency，US EPA）污泥使用和处理标准的比较。如表 1-3 所示，美国生产的烟气脱硫石膏中的重金属含量大多相近或低于矿质石膏中的重金属含量，并远远低于 US EPA 污泥使用和处理标准。

**表 1-3 烟气脱硫石膏和矿质石膏中的重金属含量比较**（Dontsova et al.，2005）

（单位：mg/kg）

| 元素 | FGDG | 矿物石膏 | Part 503 |
|---|---|---|---|
| As | 0.56 | $<0.52$ | 41 |
| Cd | $<0.48$ | $<0.48$ | 39 |
| Cu | 1.16 | 1.33 | 1500 |
| Cr | 1.30 | 1.38 | 1200 |
| Pb | 0.80 | 2.92 | 300 |
| Ni | 0.73 | 1.42 | 420 |
| Hg | $<0.26$ | $<0.26$ | 17 |

注：Part 503 为 US EPA 污泥使用和处理标准；砷（As）为非金属，鉴于其化合物具有金属性，本书将其归入重金属一并统计

#### 1.1.2.3 物相分析

烟气脱硫石膏的结晶相呈棱柱状和六角板状，其晶体结晶较为完整和均匀，大多数以单独的结晶颗粒存在，还有一部分呈双晶状态。由于作为脱硫剂的石灰石中含有杂质，因此烟气脱硫石膏中主要的杂质为 $CaCO_3$、$Al_2O_3$ 和 $SiO_2$，还有一些 $Fe_2O_3$、长石和方镁石等。由烟气脱硫石膏的 X 射线衍射图谱（图 1-5）可见，与标准图谱 PDF-21-0816、PDF-72-1937 和 PDF-02-0458 相比，烟气脱硫石膏中除 $CaSO_4 \cdot 2H_2O$ 外，还含有一定量的 $CaCO_3$ 和 $SiO_2$。

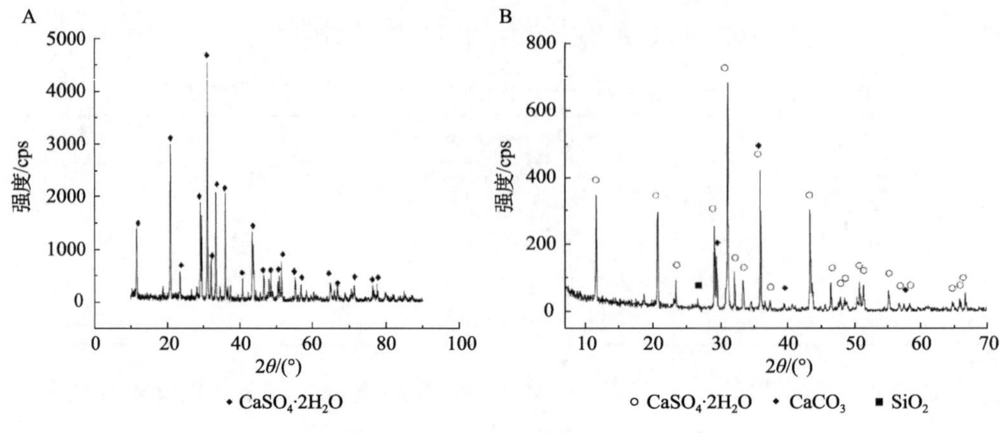


图 1-5 烟气脱硫石膏的 X 射线衍射图谱(常秀丽，2011)

A. 哈尔滨某电厂；B. 河南平顶山某电厂

#### 1.1.2.4 杂质的影响

烟气脱硫石膏的化学组分主要受煤炭类型、洗涤过程和脱硫过程中所用吸附剂的影响，也与石灰石粉品质，吸收塔入口烟气含尘量，吸收塔运行过程中的浆液 pH、浆液密度、液气比、强制氧化空气量等控制指标及石膏脱水系统的运行控制情况等有关。影响烟气脱硫石膏质量的主要杂质如下。

1) 汞

我国煤中汞含量较高(平均在 0.15～0.20mg/kg，其中部分华南煤中汞平均含量高达 0.48mg/kg)，因此燃煤所产生的汞的排放量很高。利用湿法烟气脱硫系统(wet flue gas desulfurization，WFGD)同步除汞被认为是最经济的燃煤烟气脱汞技术之一，但尚存在两个主要问题：首先，WFGD 对烟气中气态 $Hg^0$ 的脱除效率比较低，目前国内外学者已开展了 $Hg^0$ 催化氧化研究，提高了 WFGD 的脱汞效率；其次，被脱除的 $Hg^{2+}$ 在脱硫浆液中会经历一系列复杂的迁移转化过程，并在气相、液相和固相(脱硫石膏)中重新分布，被还原进入气相中的 $Hg^0$ 会造成二次污染，而进入固相中的汞也可能会增加烟气脱硫石膏在资源化利用过程中的环境风险。

2) 烟气杂质

烟气中的杂质是影响烟气脱硫石膏品质非常重要的因素。烟气脱硫石膏中的杂质主要来源于烟气和石灰石，这些杂质不参与吸收反应，但部分进入烟气脱硫石膏中。烟气杂质分为两类：一类为少量颗粒物质(粉煤灰)；另一类为气体(如 HF、HCl)等。

烟气脱硫石膏所含的主要颗粒物质成分如下：①可燃有机物，主要包括未完全燃烧的煤粉，在脱硫石膏中呈现出较大的黑点，大约有一半数量的颗粒，其大小为16～200μm，而另一部分则小于16μm，影响烟气脱硫石膏的外观；②可溶性阳离子类杂质，如$Mg^{2+}$、$K^{+}$、$Na^{+}$；③阴离子类杂质，如$Cl^{-}$、$F^{-}$；④惰性类杂质，如 $SiO_2$。惰性类杂质一般在吸收塔中以难溶物存在，对烟气脱硫石膏性能影响甚微。

对烟气脱硫石膏制品性能影响最为显著的3种可溶性杂质为$Mg^{2+}$、$Na^{+}$、$Cl^{-}$，这 3 种可溶性杂质使得石膏制品常产生诸多技术问题。例如，$CaCO_3$ 和 $MgCO_3$ 等碱性氧化物会影响烟气脱硫石膏的碱度。$Cl^{-}$、$Na^{+}$和$K^{+}$影响烟气脱硫石膏的品质。因此，为减少烟尘中颗粒物杂质对脱硫石膏品质的影响，需控制电除尘器的除尘效率超过99.5%，出口粉尘浓度在80mg/m$^3$以下。

烟尘中另一类杂质为气体类杂质，主要为HF和HCl。HF进入吸收塔内与水接触，生成 $F^{-}$，进而与 $Ca^{2+}$反应生成 $CaF_2$。此外，$F^{-}$还会与浆液中的 $Al^{3+}$形成$AlF_n$多核络合物，阻碍Ca的离子化，降低脱硫效率，不利于烟气脱硫石膏生成，从而影响石膏中 $CaSO_4$ 含量。HCl 进入吸收塔后，生成 $Cl^{-}$，与烟气颗粒物中的$Al^{3+}$、$Fe^{3+}$等金属离子发生配位反应，形成配位络合物包覆石灰石，影响其化学活性。另外，浆液中$Cl^{-}$浓度的高低不仅影响设备材质的选择，而且影响脱硫效率及石膏利用率。$Cl^{-}$含量增加也会引起烟气脱硫石膏脱水困难，使含水率大于10%，进而导致烟气脱硫石膏品质降低。因此，工业上要求$Cl^{-}$质量浓度控制在5000mg/L以下(邓庆德等，2014)。

## 1.2 我国燃煤电厂脱硫和烟气脱硫石膏产量

### 1.2.1 我国燃煤电厂脱硫

自 2012 年起，我国发电量、电网规模雄居世界首位，2012 年燃煤火电装机容量为 8.19 亿 kW，发电量为 3.91 亿 kW·h。煤炭在我国能源结构中的比例超过75%。煤炭的大量使用导致了 $SO_2$ 的排放量剧增，其中燃煤电厂的烟气 $SO_2$ 排放量约占 $SO_2$ 总排放量的 50%。为限制 $SO_2$ 的排放，世界各国燃煤发电厂都已经安装了烟气脱硫装置，目前普遍采用原理简单、技术成熟、脱硫效率高的石灰石-石膏湿法工艺进行烟气脱硫。在采用石灰石-石膏湿法工艺去除烟气中硫的过程中会产生大量烟气脱硫石膏（Laperche and Bigham，2002）。

2011年我国发布的《火电厂大气污染物排放标准》(GB 13223—2011)对火电厂烟尘、$SO_2$及氮氧化物($NO_x$)等污染物排放提出了更高的要求，也被称为有史以来最严格的火电厂排放标准。我国的 $SO_2$ 控制能力达到了世界先进水平。2012 年，烟气脱硫机组容量为 6.8 亿 kW，约占煤电机组容量的 90%(图 1-6)。燃煤电厂 $SO_2$ 的排放量从 2005 年的 1300 万 t 降至 2012 年的 883 万 t，下降了约 32%；排放绩效从 2005 年的 6.4g/(kW·h)降至 2012 年的 2.3g/(kW·h)，下降了约 64%(图 1-7)，比美国 2011 年的排放绩效还低 0.5g/(kW·h)。截至 2014 年年底，我国燃煤发电机组基本上全部采取了烟气脱硫控制措施，90%以上的机组采用配置石灰石-石膏湿法工艺作为烟气脱硫工艺(图 1-8)。现烟气脱硫机组总容量约为 7.55 亿 kW，约占全国煤电机组容量的 91.5%。

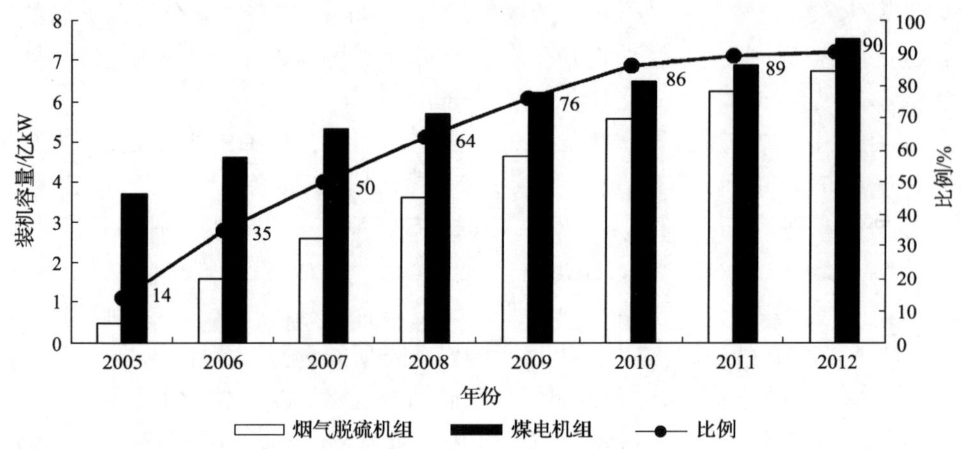


图 1-6　2005～2012 年我国烟气脱硫机组容量的变化(崔源声等，2015)

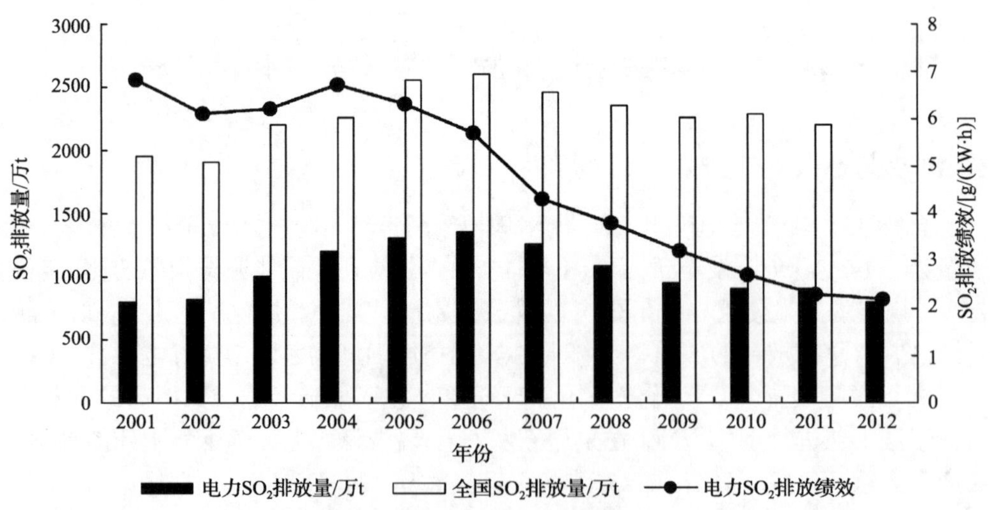


图 1-7　我国电力系统二氧化硫排放量和排放绩效(崔源声等，2015)

图 1-8 2012 年我国已投运的烟气脱硫燃煤机组中采用的脱硫方法(彩图请见文后图版)

截至 2012 年年底，在全国已投运的烟气脱硫燃煤机组中，石灰石-石膏湿法仍是主要的脱硫方法，占 92%(含电石渣法)；其余脱硫方法中，海水法占 3%，烟气循环流化床法占 2%，氨法占 2%，其他占 1%

### 1.2.2 我国燃煤电厂烟气脱硫对 $SO_2$ 减排的贡献

煤炭在中国能源结构中占有重要地位。1980 年至今，煤炭占我国一次能源生产和消费量的比值在 70%左右，远高于经济合作与发展组织(Organization for Economic Cooperation and Development，OECD)国家 20%左右的平均值。进入 21 世纪后，随着中国社会经济的快速发展，煤炭使用量急剧增加，从 2000 年的 14 亿 t 增长到 2012 年的 35 亿 t，12 年间增长了 2.5 倍；到 2013 年，中国的煤炭消费量已占到全球煤炭总量的 50.3%，分别是美国和欧盟的 4.2 倍和 6.7 倍。由于中国石油、天然气等其他化石能源相对比较贫乏，石油和天然气的人均资源量仅分别为世界平均水平的 7.7%和 7.1%；风能、太阳能等新能源虽然发展潜力巨大，但是在大规模应用前还有很多的配套技术障碍需要解决。因此在未来相当长的一段时间内，煤炭在中国能源结构中的主要地位不会改变。

煤炭作为固体能源，和石油、天然气等相比，每生产同样多的能量，产生的二氧化硫($SO_2$)、氮氧化物($NO_x$)、颗粒物(烟粉尘或一次 $PM_{2.5}$)、汞(Hg)等重金属和排放的二氧化碳($CO_2$)等大气污染物都更多。同时，由于煤炭作为中国主要的一次能源，故大量工业生产都伴随着煤炭使用。煤炭在大量使用过程中排放的大气污染物，以及以煤炭为支撑的工业过程中排放的大气污染物，是造成中国大气污染的重要原因。其中，煤炭直接燃烧对于 $SO_2$ 的贡献率接近 80%，是几种污染物中直接燃烧贡献率最高的。图 1-9 给出了多年来煤炭消费量与年均雾霾天数，电厂燃煤是大气雾霾最重要贡献者。

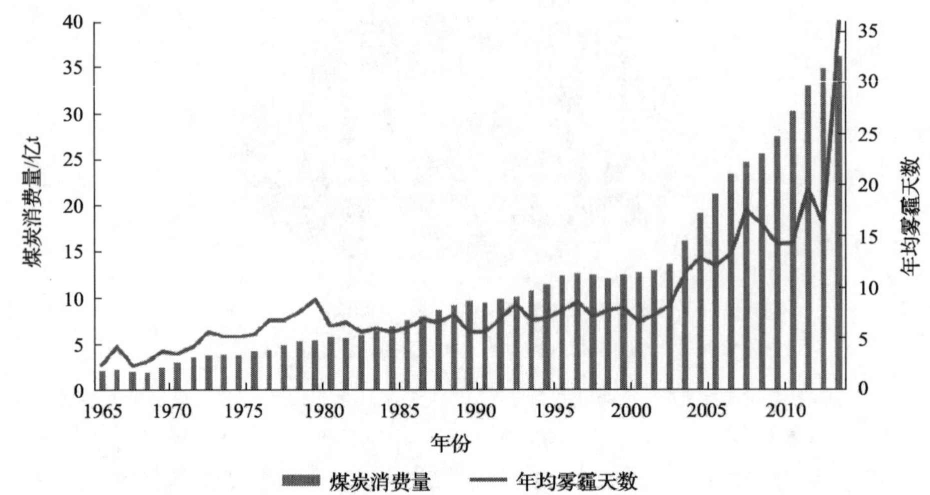


图 1-9　中国历史煤炭消费量与年均雾霾天数(中国煤炭消费总量控制方案和政策研究项目课题组，2014)

我国从“十一五”开始把 $SO_2$ 总量减排目标作为政府约束性指标，通过脱硫技术的大规模使用，推动了电力等部门 $SO_2$ 排放量的大幅削减。在发电量增长 90%、发电用煤量增长 80%的情况下，$SO_2$ 排放量降低了 40%。除电力部门外，我国在“十二五”期间开始大力强化钢铁、水泥、平板玻璃等高耗能行业的主要污染物减排工作，严格总量核查监管，以“六厂(场)一车”为重点强力推进减排措施落实。通过烧结机脱硫等工程，2012 年全国钢铁行业 $SO_2$ 排放量比 2010 年减少了 8%(中国煤炭消费总量控制方案和政策研究项目课题组，2014)。

国务院于 2013 年 9 月发布的《大气污染防治行动计划》(俗称“大气十条”)，要求所有燃煤电厂、钢铁企业的烧结机和球团生产设备，石油炼制企业的催化裂化装置，有色金属冶炼企业都要安装脱硫设施；通过工程减排，2016 年继续新增 $SO_2$ 削减量 100 万 t 以上。由此产生的烟气脱硫石膏将成为一种源源不断的重要资源。

### 1.2.3　我国燃煤电厂烟气脱硫石膏的产量和质量

从 1985 年开始，我国就将固废资源综合利用作为一项重大技术经济政策，1996 年国家将固废资源化利用确定为国民经济和社会发展中的一项长远战略方针，“十一五”则提出要大力发展循环经济。多年来，在国家一系列鼓励资源综合利用政策的引导下，我国大宗固体废物综合利用规模不断扩大，技术水平不断提高，利用途径不断拓宽，环境效益和经济效益日趋显著。随着燃煤发电烟气脱硫的普及，其副产品——烟气脱硫石膏的产量也日益增大，如何做好综合利用越来越重要。2005 年以来，我国燃煤电厂大规模建设烟气脱硫装置，使烟气脱硫副产品产生量快速增加。其中，石灰石-石膏湿法脱硫技术为当前燃煤电厂烟气脱硫的主流技术，烟气脱硫石膏占脱硫副产品产量的 95%以上。随着火电脱硫装机容量的快速增长，烟气脱硫石膏产量由 2005 年的 500 万 t 迅速增加至 2012 年的 6900 万 t。尽管烟气脱硫石膏的综合利用率在不断增长，2012 年其综合利用率也达到 72%，但全国仍有累积库存近 8000 万 t。2005～2012 年烟气脱硫石膏产生与综合利用情况见图 1-10。

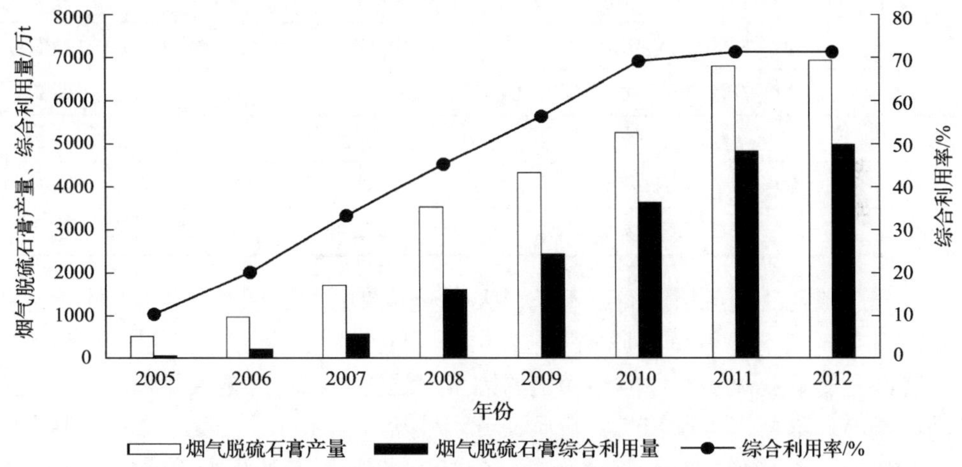


图 1-10　2005～2012 年中国电力行业烟气脱硫石膏综合利用情况（崔源声等，2015）

2015 年，全国发电装机容量达到 14.37 亿 kW，其中煤电装机容量为 9.33 亿 kW，仍占 65%。根据“十二五”期间国家对节能减排工作的进一步要求，新建燃煤机组全部安装脱硫脱硝设施，现役燃煤机组必须安装脱硫设施，2015 年，煤电机组基本上 100%要求配套脱硫装置，届时烟气脱硫石膏产量将达到 8000 万 t/年以上，烟气脱硫石膏综合利用的难度将进一步加大。根据颁布的《火电厂大气污染物排放标准》（GB 13223—2011），随着烟气 $SO_2$ 排放浓度限值的降低，机组脱硫效率还需要进一步提高，因此预计现有机组脱硫装置产生的烟气脱硫石膏量还将增加 5%～10%，2020 年烟气脱硫石膏总量将达到 1 亿万 t/年以上。

工业和信息化部于 2011 年 12 月 20 日发布了《烟气脱硫石膏》（JC/T 2074—2011）行业标准，并于 2011 年 12 月 20 日正式实施。这是我国化学石膏应用的第一部基础原材料标准，适用于采用石灰石/石灰-石膏湿法对含硫烟气进行脱硫净化处理而产生的以二水硫酸钙（$CaSO_4·2H_2O$）为主要成分的烟气脱硫石膏。该标准的技术参数为气味、附着水含量、二水硫酸钙、半水亚硫酸钙、水溶性氧化镁、水溶性氧化钠、pH、氯离子和白度，主要是针对建筑材料/产品，没有重金属含量指标（表 1-4）。

**表 1-4 烟气脱硫石膏的技术要求**（《烟气脱硫石膏》JC/T 2074—2011）

| 序号 | 项目 | 指标 | | |
|---|---|---|---|---|
| | | 一级（A） | 二级（B） | 三级（C） |
| 1 | 气味（湿基） | 无异味 | 无异味 | 无异味 |
| 2 | 附着水含量（湿基） | ≤10.00% | ≤10.00% | ≤12.00% |
| 3 | 二水硫酸钙（$CaSO_4·2H_2O$）（干基） | ≥95.00% | ≥90.00% | ≥85.00% |
| 4 | 半水亚硫酸钙（$CaSO_4·1/2H_2O$）（干基） | ≤0.50% | ≤0.50% | ≤0.50% |
| 5 | 水溶性氧化镁（MgO）（干基） | ≤0.10% | ≤0.10% | ≤0.20% |
| 6 | 水溶性氧化钠（$Na_2O$）（干基） | ≤0.06% | ≤0.06% | ≤0.08% |
| 7 | pH（干基） | 5～9 | 5～9 | 5～9 |
| 8 | 氯离子（$Cl^-$）（干基）/（mg/kg） | 100 | 200 | 400 |
| 9 | 白度（干基）/% | 报告测定值 | 报告测定值 | 报告测定值 |

烟气脱硫在我国应用时间还不长，大部分燃煤电厂是在“十一五”期间才投入使用石灰石-石膏湿法烟气脱硫工艺，由于时间仓促，脱硫工艺和装备及脱硫剂纯度等都是影响脱硫石膏性能不稳定的因素，这些不稳定因素主要表现在脱硫石膏品质不高、附着水含量较高、杂质及可溶性盐含量超标、白度不够等，这些严重影响了脱硫石膏资源化。二水硫酸钙（$CaSO_4·2H_2O$）是脱硫石膏品质的主要指标，燃煤电厂在安装石灰石-石膏湿法烟气脱硫装置时，$CaSO_4·2H_2O$ 的设计值应大于 90%，欧洲石膏协会制定的《烟气脱硫石膏质量指标和分析方法》和德国工业协会对脱硫石膏的质量要求中规定 $CaSO_4 · 2H_2O$ 的含量应大于 95%（表 1-5，表 1-6），但我国脱硫石膏中的含量普遍低于 90%。我国脱硫石膏中水溶性镁盐、钠盐普遍高于发达国家脱硫石膏中的含量，我国脱硫石膏中 $Cl^-$的含量远远高于欧洲脱硫石膏＜100mg/kg 的要求。

**表 1-5 欧洲脱硫石膏的标准**

| 成分 | 含量 | 成分 | 含量 |
|---|---|---|---|
| 含水率 | ＜10% | $Fe_2O_3$ | ＜0.15% |
| $CaSO_4·2H_2O$ | ≥95% | $Al_2O_3$ | ＜2.5% |
| $Na_2O$ | ＜0.06% | $CaCO_3$+$MgCO_3$ | ＜1.5% |
| MgO | ＜0.10% | $K_2O$ | ＜0.06% |
| $Cl^-$ | ＜100mg/kg | pH | 5～8 |
| $CaSO_4·1/2H_2O$ | ＜0.50% | 白度 | ＞80% |
| $SiO_2$ | ＜2.5% | 气味 | 同“天然石膏” |

**表 1-6 德国工业协会对脱硫石膏的质量要求**

| 项目 | 指标要求 | 项目 | 指标要求 |
|---|---|---|---|
| $CaSO_4 \cdot 2H_2O$ | ≥95% | MgO | ＜0.1% |
| $CaSO_4 \cdot 1/2H_2O$ | ≤0.5% | $Cl^-$ | ＜0.01% |
| pH | 5～9 | $Na_2O$ | ＜0.06% |
| 颜色 | 白色 | 气味 | 中性 |
| 含水率 | ≤10% | 有毒成分 | 无害 |

# 1.3 烟气脱硫石膏的有益用途

## 1.3.1 我国烟气脱硫石膏的综合利用

目前烟气脱硫石膏的主要有益用途是工业用途。以下总结了烟气脱硫石膏的主要应用领域。

烟气脱硫石膏主要应用于水泥行业，制备水泥缓凝剂，可调剂凝固时间，增强水泥强度。制备水泥缓凝剂需要大量的烟气脱硫石膏(掺量通常为水泥的2%～5%)，但对品质要求不高，并且利用工序简单，投资规模小，是大规模处置利用烟气脱硫石膏的重要途径。

烟气脱硫石膏用于建筑行业。烟气脱硫石膏作为建筑制品具有重量轻、抗震性能好、隔热性能好的特点，并且品质高，生产出的建筑石膏强度大。由于烟气脱硫石膏的自由水含量远高于天然石膏，颗粒主要集中在40～60μm，细度均一，因此，只需要简单烘干烟气脱硫石膏，省去了粉碎、打磨细化的环节，能够降低生产成本。

在公路建设中烟气脱硫石膏作为回填路基的材料。在道路施工建设中大量应用烟气脱硫石膏能够保证路基质量，并在一定程度上解决了烟气脱硫石膏应用范围受限制的问题。

烟气脱硫石膏可以部分或全部代替矿质石膏用于纸面石膏板的加工。国外将烟气脱硫石膏大量应用于制作纸面石膏板，我国烟气脱硫石膏在该领域的使用量也越来越多。

利用烟气脱硫石膏制作各种石膏制品。烟气脱硫石膏因自身粒度小而均一，作为房屋的粉刷材料更加美观，可用于面层粉刷，底层和保温层粉刷石膏砂浆，具有可操作时间长、保水性能好、强度值高于国家行业标准、黏结性能优异的特点。以烟气脱硫石膏为主要原材料生产加工的石膏砌块具有耐火性好、生产速度快、环保等特点。

可以利用烟气脱硫石膏优良的胶凝性能，取代约10%的水泥用于胶结尾砂充填，可以降低充填成本。

烟气脱硫石膏是良好的耐火材料，也是防火涂料。在二水石膏中含有 1/5 左右的结晶水和少量的游离水，在遇火受热时形成蒸汽幕和隔热层，大大降低导热系数，阻止火蔓延，从而起到防火作用。

日本、欧洲、美国等国家和地区烟气脱硫石膏产量占世界总产量的 60%，是全球主要的烟气脱硫石膏生产和利用大国(地区)，也是烟气脱硫石膏综合利用及研究应用水平较高的国家和地区，在这些国家和地区中烟气脱硫石膏已经得到了广泛的应用。日本的烟气脱硫石膏几乎全部得到应用，主要用于墙板、建筑水泥、工业灰泥、石膏天花板等产品上，其中 85%以上用于水泥添加剂和墙板原料；欧洲地区 87%的烟气脱硫石膏用于石膏和水泥生产，6%作为原料堆放备用，其中，德国大部分烟气脱硫石膏被资源化利用，50%用于建筑工业领域；另外，欧洲地区和日本利用烟气脱硫石膏研制的自流平材料已进入市场(田贺忠等，2006；王方群等，2004；潘荔等，2015)。

### 1.3.2　美国烟气脱硫石膏的综合利用

美国烟气脱硫石膏主要应用于石膏板产品、水泥缓凝剂、结构填料、矿山修复、废弃物固化及农业，其中大部分用于石膏板产品制造，占总利用率的 64%。美国烟气脱硫石膏的综合利用情况如图 1-11 所示。

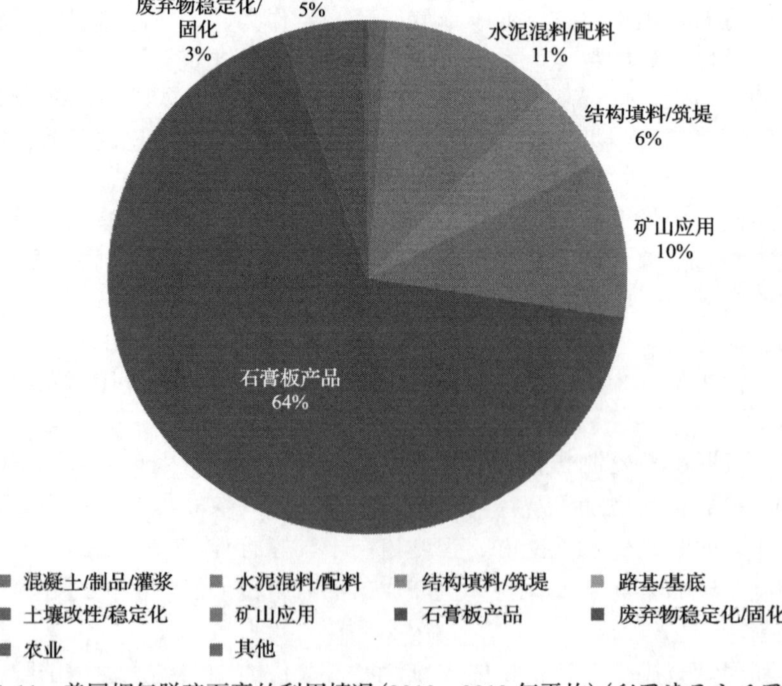


图 1-11　美国烟气脱硫石膏的利用情况(2010～2013 年平均)(彩图请见文后图版)

经过20多年的不断努力，美国粉煤灰协会和电力系统成功且安全地研发和推广了在石膏板制作中采用烟气脱硫石膏(FGDG)作为主要原材料的技术。为了使FGDG满足建材工业对石膏产品规格的要求，燃煤电厂使用了多个步骤的生产过程提高FGDG品质(水洗过的烟气脱硫石膏，washed FGDG)。全球著名的环境咨询公司凯迪斯(ARCADIS)的评价结果表明，用于生产石膏板的FGDG都不是有害的物质；所有可获取的数据确认产品是安全的，不存在对人体健康或环境的任何风险。美国国家环境保护局在2014年2月的《燃煤残渣有益使用评价：飞灰水泥和FGDG墙板》的最终报告中完全支持了ARCADIS的评价结果，确认使用的FGDG中重金属的含量均低于美国国家环境保护局关注的限值。美国国家环境保护局认为，以环境可靠的方式有益使用燃煤残渣能够获得显著的环境和经济效益。这里所指的环境效益包括减少温室气体排放、减少燃煤残渣填埋处置，以及减少原始资源的使用；所指的经济效益包括创造工业的工作机会、降低燃煤残渣处置的成本、增加出售FGDG的收入，以及节约其他昂贵的原材料。美国国家环境保护局支持燃煤飞灰在水泥和FGDG在墙板制作中的有益使用，并相信这些有益使用为促进可持续的材料管理(sustainable materials management，SMM)提供了重要的机会。

除了建材方面的用途之外，烟气脱硫石膏还有着更为重要的农业和环境效益。美国国家环境保护局在2008年发布了《烟气脱硫石膏的农业用途》[*Agricultural Uses for Flue Gas Desulfurization (FGD) Gypsum*]文件，和美国农业部(United States Department of Agriculture，USDA)一起支持烟气脱硫石膏的循环利用，但同时要求在使用烟气脱硫石膏之前，必须对所使用的烟气脱硫石膏和所施放的土壤进行分析评价，以确定环境和生态安全，以及合适的使用量。美国国家环境保护局认为烟气脱硫石膏主要有以下3种农业用途：①提供植物营养(如Ca和S)；②改善土壤的物理结构和化学性质；③减少土壤中营养物质、沉积物、农药和其他污染物质向水体的输送。

目前，美国已有35个州允许农业使用烟气脱硫石膏，对于烟气脱硫石膏含有的重金属、氯化物，以及粉煤灰成分也在继续关注。2000年前后烟气脱硫石膏的价格仅为1～2美元/t，而现在的价格已上升到约5美元/t。另外，运输成本也可能成为一个要考虑的问题，人们会在农业利用或堆存(填埋)的选择中摇摆。尽管如此，2001～2013年的十几年间，美国烟气脱硫石膏的农业使用量由占总烟气脱硫石膏产量的1%提高到5%。据称，2015年美国农业部宣布土壤改良剂的应用是一项新的国家最佳管理实践(best management practice，BMP)，烟气脱硫石膏的农业使用量将大幅增加。

表1-7对比了中国和美国烟气脱硫石膏的综合利用情况。中国是烟气脱硫石

膏的产生大国，不仅产量远高于美国，烟气脱硫石膏的综合利用率也高于美国；但在农业环境方面的应用几乎为零。美国农业利用率占烟气脱硫石膏总利用量的5%，已有的相关研究表明烟气脱硫石膏在农业上的应用潜力很大，所以开发烟气脱硫石膏在农业和环境上的应用是解决烟气脱硫石膏综合利用的有效途径。

**表 1-7 中国和美国烟气脱硫石膏产生和利用情况**

| 国家 | 年份 | 产生量/万 t | 总使用量/万 t | 农业使用量/万 t | 综合利用率/% |
|---|---|---|---|---|---|
| 美国 | 2010 | 2000 | 970 | 43.6 | 49 |
| | 2011 | 2270 | 1070 | 54.4 | 47 |
| | 2012 | 2420 | 1210 | 66.6 | 50 |
| | 2013 | 2240 | 1192 | 58.2 | 49 |
| 中国 | 2010 | 5230 | 3610 | 0 | 69 |
| | 2011 | 6770 | 4800 | 0 | 71 |
| | 2012 | 6800 | 4896 | 0 | 72 |
| | 2013 | 7550 | 5436 | 0 | 72 |

注：截至 2013 年，中国烟气脱硫石膏的库存量约为 1 亿 t

处在能源政策改变阶段的欧洲确立了新的能源目标，即在 2020 年减排 20%的温室气体，到 2030 年增加 35%的可更新能源，到 2050 年减排 80%～95%的温室气体，实现有竞争力的低碳经济。2015 年欧洲烟气脱硫石膏的产量为 1800 万～2000 万 t/年，其中 700 万 t 是德国生产的，大部分烟气脱硫石膏被回用或堆存。

2010 年 9 月德国政府决定于 2020 年将可更新能源的比例增加至 35%，于2050 年增加至 80%。按照这个计划，到 2050 年德国由燃煤电厂产生的电力只占4%，烟气脱硫石膏将大大减少。但是 2011 年德国政府鉴于日本福岛核电站事故决定放弃核电，将于 2020 年全部停止使用核电。根据这项政策，德国将恢复燃煤电厂，预计到 2030 年烟气脱硫石膏产量将快速回升，2050 年达到 2200 万 t/年。

产业/市场情报数据出版商 Smithers Apex 在《石膏的未来：2013 年前的市场预测》(*The Future of Gypsum: Market Forecasts to 2013*)的报告中指出，2013 年一年全球共消耗 2500 万 t 石膏，其中石膏板工业和水泥工业分别消耗 31.9%和 62.5%。在美国和欧洲地区，大约 75%的石膏用于墙板的生产；而在其他发展中国家此类应用才刚刚起步，但中国和印度的势头迅猛。报告预测全球石膏市场将以复合年增长率(CAGR)9.9%的速率增长，于 2018 年达 24 亿美元，2023 年达 38 亿美元(图 1-12)。Smithers Apex 在刚刚发布的《合成石膏的未来：2027 年前的市场预测》(*The Future of Synthetic Gypsum: Market Forecasts to 2027*)的报告中再次预测，美国和欧洲地区 2017 年进入市场的烟气脱硫石膏为 3600 万 t，2022 年则为 3400 万 t。如果再加上能源需求正在上升的亚洲地区，烟气脱硫石膏的市场是巨大的。

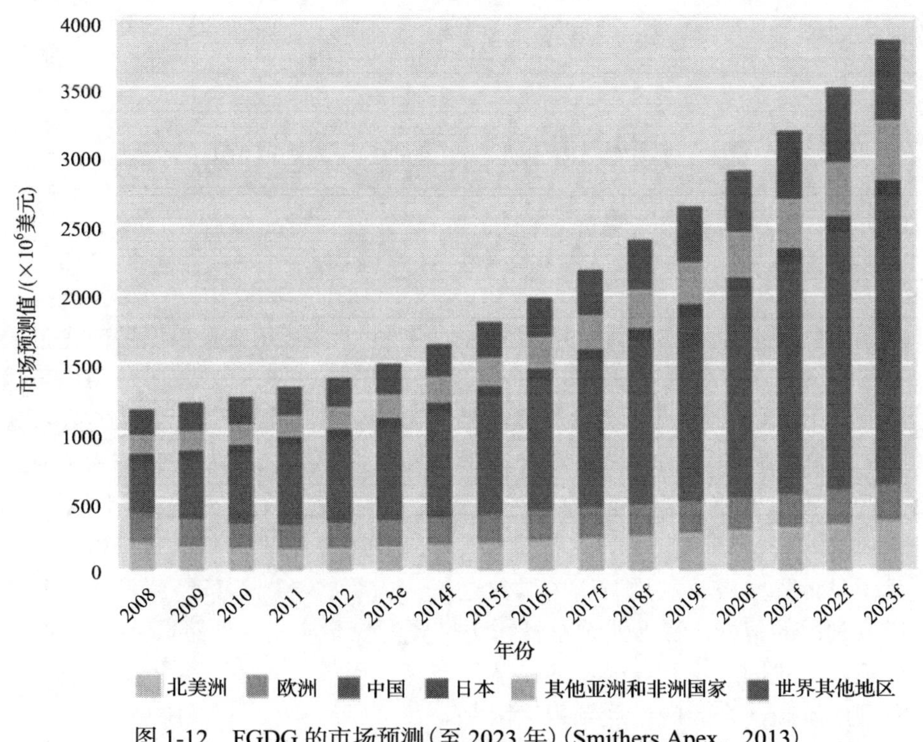


图 1-12 FGDG 的市场预测(至 2023 年)(Smithers Apex，2013)

e 为当年；f 为预测年

我国烟气脱硫石膏综合利用起步较晚，但近年综合利用率高达 70%左右，应用领域也不断扩大，主要用于水泥缓凝剂、建筑石膏粉、纸面石膏板和其他用途。例如，对于高附加值产品(包括石膏板、自流平石膏等)，我国尚有一定差距(主要以大宗利用为主)，还未形成规模。此外，烟气脱硫石膏在农业和环境上的利用几乎为零。随着火电厂烟气脱硫产业的迅猛发展，特别是大多数燃煤电厂采用了石灰石-石膏湿法脱硫新工艺之后，烟气脱硫石膏产量迅速增长，必须寻求和发展更多的烟气脱硫石膏综合利用途径。

# 2　烟气脱硫石膏的农业用途

## 2.1　概　　述

从美国殖民时期起，石膏作为农业生产中植物的养分来源和土壤改良剂的益处就为人所知，其历史可以追溯到 18 世纪后期(Crocker，1922)。然而由于位于新斯科舍(加拿大)矿山的开采和将其运输到美国的成本昂贵，石膏作为农业改良剂的使用在很大程度上被遗忘。只有花生(*Arachis hypogaea*)及少数特殊作物，因为石膏中的钙对维持作物产量是必不可少的营养元素，还在继续使用石膏(Chen and Dick，2011)。

我国是世界上较早利用石膏的国家之一。古籍《神农本草经》就有关于石膏的发现与利用的记载。我国天然石膏粉矿产资源储量丰富，总储量近 600 亿 t，位居世界第一。我国应用石膏改良苏打盐化与碱化土壤已有 100 多年的历史，但是因为石膏成本高，实际应用受到很大限制。

石膏是一种优秀的改良剂，为植物提供易于获取的 $Ca^{2+}$和 $SO_4^{2-}$ (Shainberg et al.，1989；Chen et al.，2005，2008)。石膏在土壤中有中等溶解度，可以多年缓慢地向土壤释放硫元素。几乎所有蛋白质都有含硫氨基酸，因此硫元素在植物细胞的结构和功能中都有着重要作用。硫元素能促进豆科作物形成根瘤，参与固氮酶的形成；硫元素还能提高氨基酸、蛋白质含量，进而提升农产品品质。由于作物中 50%的硫元素存在于籽粒和基叶中，因此作物从土壤中带走的硫元素量还是比较多的。

钙元素是植物必需的营养元素之一，可以保护细胞膜的稳定及调控细胞内酶的活动，如刺激细胞膜上的结合酶、根部细胞质膜上的 ATP 酶活性，细胞内钙调蛋白的存在等，都可能与钙元素有关。钙元素的另一个作用是，在细胞内调节阴阳离子的平衡，在溶液中与草酸结合成草酸钙，对细胞的 pH 和渗透压都具有一定的调控作用。钙是某些酶的构造成分，其与钙调蛋白结合以后可以加强一些酶的活性，可能与细胞之间的信息传递有关。

钙(Ca)也是一种对植物根部生长十分重要的营养元素，特别是当地下土壤的 pH 不是最适宜时(Toma et al.，1999)。当土壤的 pH 为中性时，石膏的溶解度比石灰石高 200 倍(Dick et al.，2006)。石膏的溶解度允许钙和硫从土壤表面到根部区域移动(Chen and Dick，2011)。除了为植物营养提供钙和硫外，石膏还可以作为土壤改良剂改善土壤理化性质，促使土壤聚合，增加水的渗透和通过剖面的运动，恢复碱性土壤，减少下层土壤酸度和铝的毒性(Shainberg et al.，1989)，并减少农田可溶性磷(P)的流失(Watts and Torbert，2009)。

美国国家环境保护局在 2008 年发布的《烟气脱硫石膏的农业用途》文件(图 2-1)和美国农业部一起支持烟气脱硫石膏的循环利用，但同时要求在使用烟气脱硫石膏之前，必须对所使用的烟气脱硫石膏和所施放的土壤进行分析评价，以确定环境和生态安全及合适的使用量。

A

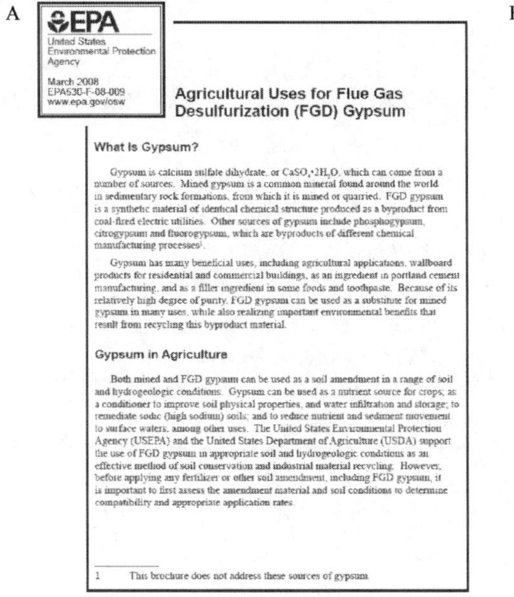

EPA
United States
Environmental Protection
Agency

March 2008
EPA530-F-08-009
www.epa.gov/osw

Agricultural Uses for Flue Gas Desulfurization (FGD) Gypsum

What Is Gypsum?

Gypsum is calcium sulfate dihydrate, or $CaSO_4 \cdot 2H_2O$, which can come from a number of sources. Mined gypsum is a common mineral found around the world in sedimentary rock formations, from which it is mined or quarried. FGD gypsum is a synthetic material of identical chemical structure produced as a byproduct from coal-fired electric utilities. Other sources of gypsum include phosphogypsum, citrogypsum and fluorogypsum, which are byproducts of different chemical manufacturing processes[1].

Gypsum has many beneficial uses, including agricultural applications, wallboard products for residential and commercial buildings, as an ingredient in portland cement manufacturing, and as a filler ingredient in some foods and toothpaste. Because of its relatively high degree of purity, FGD gypsum can be used as a substitute for mined gypsum in many uses, while also realizing important environmental benefits that result from recycling this byproduct material.

Gypsum in Agriculture

Both mined and FGD gypsum can be used as a soil amendment in a range of soil and hydrogeologic conditions. Gypsum can be used as a nutrient source for crops; as a conditioner to improve soil physical properties, and water infiltration and storage; to remediate sodic (high sodium) soils; and to reduce nutrient and sediment movement to surface waters, among other uses. The United States Environmental Protection Agency (USEPA) and the United States Department of Agriculture (USDA) support the use of FGD gypsum in appropriate soil and hydrogeologic conditions as an effective method of soil conservation and industrial material recycling. However, before applying any fertilizer or other soil amendment, including FGD gypsum, it is important to first assess the amendment material and soil conditions to determine compatibility and appropriate application rates.

1 This brochure does not address these sources of gypsum.

B

图 2-1 两份关于烟气脱硫石膏农业应用的重要文件

A. 美国国家环境保护局在 2008 年发布的《烟气脱硫石膏的农业用途》文件；

B. 石膏作为农业改良剂的使用指南(美国俄亥俄州立大学)

## 2.2 烟气脱硫石膏的农业应用

表 2-1 给出了烟气脱硫石膏潜在的农业用途和近年发表的相关文献，我们将在本章以后各节中逐一讨论。

### 2.2.1 烟气脱硫石膏是作物营养元素 Ca 和 S 的重要来源

植物生长至少需要 17 种化学元素。植物生长需要较多或浓度较高的营养元素，称为常量营养元素(macronutrient)，其需求量占干物质重的 0.1%～45%。植物生长需要较少或浓度较低的营养元素，称为微量营养元素(micronutrient)，其需求量占干物质重的 0.01%～10%。表 2-2 给出了植物生长所需各种营养元素来源，其中 S 与烟气脱硫石膏有关。这不仅因为 S 是烟气脱硫石膏的主要成分，而且因

**表 2-1　烟气脱硫石膏在农业上的潜在用途和近年发表的相关文献**

| 潜在用途 | 文献 |
| --- | --- |
| 作物营养元素 Ca 和 S 的来源 | Chen et al., 2005, 2008; Adams and Hartzog, 1991; Adams et al., 1993; Scott et al., 1993; Maloney et al., 2005; Simmons and Kelling, 1987 |
| $SO_4^{2-}$ 和可交换性 $Ca^{2+}$的来源，可以改善下层土壤酸度和 $Al^{3+}$的毒性 | Sumner, 1993; Toma et al., 1999; Farina and Channon, 1988; Wendell and Ritchey, 1996; Feldhake and Ritchey, 1996; Kinraide et al., 1992; Wright et al., 1989 |
| Ca 和电解质的来源，可以改善高钠和高镁土壤 | Amezketa et al., 2005; Keren et al., 1983; Oster and Frenkel, 1980; Shainberg et al., 1982; Armstrong and Tanton, 1992 |
| Ca 的来源，可以改善土壤结构、水的渗透性和土壤通气性，减少土壤侵蚀 | Norton, 2008; Yu et al., 2003; Ben-Hur et al., 1992; Radcliffe et al., 1986; Dontsova and Norton, 2002; Norton et al., 1993; Baumhardt et al., 1992 |
| 促进许多作物根系的生长 | Farina and Channon, 1988; Summer, 1993; Alcordo and Rechcigl, 1993; Shainberg et al., 1982; Wendell and Richey, 1996 |
| 控制可溶性磷从土壤中流失 | Norton, 2008; Watts and Torbert, 2009; Bryant et al., 2012; Torbert and Watts, 2014; Endale et al., 2014 |

**表 2-2　植物生长所需各种营养元素来源**

| 营养元素 | | 化学元素符号 | 来源 |
| --- | --- | --- | --- |
| 常量元素 | 氢 | H | 水 |
| | 碳 | C | 空气 |
| | 氧 | O | 空气 |
| | 氮 | N | 土壤有机质、空气 |
| | 钾 | K | 成土母质 |
| | 钙 | Ca | 成土母质 |
| | 镁 | Mg | 成土母质 |
| | 磷 | P | 成土母质 |
| | 硫 | S | 土壤有机质、大气沉降 |
| | 氯 | Cl | 成土母质 |
| 微量元素 | 铁 | Fe | 成土母质 |
| | 硼 | B | 成土母质 |
| | 锰 | Mn | 成土母质 |
| | 锌 | Zn | 成土母质 |
| | 铜 | Cu | 成土母质 |
| | 镍 | Ni | 成土母质 |
| | 钼 | Mo | 成土母质 |

为燃煤电厂有效地脱硫导致大气中 S 的浓度急剧下降(图 2-2)，由湿沉降进入土壤的 S 锐减(图 2-3)。

由于燃煤电厂脱硫等原因，农学家预测作物收成减少将会成为一个常见的问题。这是因为含 S 肥料(如过磷酸钙)、农药的转化和近 30 年内大气沉积的减少降低了土壤的 S 供应。此外，作物产量的增加，也导致了土壤缺硫。例如，假设玉米(*Zea mays*)的粮食收成是 12t/hm$^2$，土壤中 S 大概减少 58kg/hm$^2$，其中 69%随青贮饲料流失，31%则进入粮食产品(Murrell，2008)。土壤中 S 的输入减少和流失增加，引起了人们评价烟气脱硫石膏的添加对作物响应的浓厚兴趣。

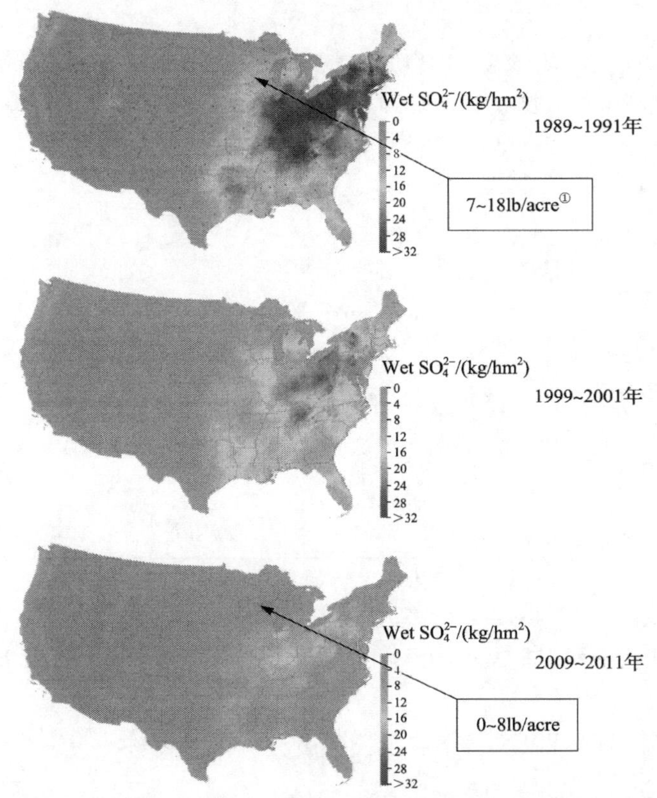


图 2-2 美国大气 S 沉降的趋势(美国国家环境保护局：清洁空气状况与趋势网)
(彩图请见文后图版)
图中箭头所指为美国威斯康星州，黑框中是该州大气 S 沉降的数量，Wet $SO_4^{2-}$ 是大气湿硫酸根离子沉降量

由于在土壤中溶解相当慢，当年施用的烟气脱硫石膏可以连续数年释放营养元素硫。现在已经证明，施用烟气脱硫石膏可以使诸如玉米、大豆、油菜和苜蓿等作物增产(图 2-4)。

① lb 为磅，1lb=0.453 592kg；acre 为英亩，1acre=0.404 856hm$^2$。

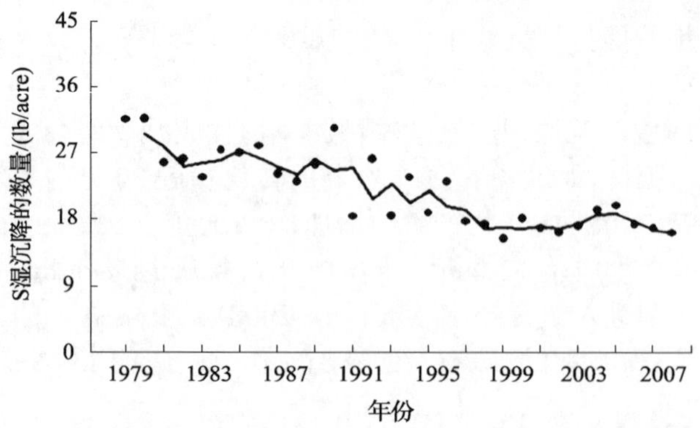


图 2-3　美国俄亥俄州南部 1979～2008 年 S 湿沉降进入土壤的数量

图中实线为根据多年数据得到的趋势线。数据源自美国国家大气沉降计划（The National Atmospheric Deposition Program，2010 年）（Lynch and Kerchner，2010）

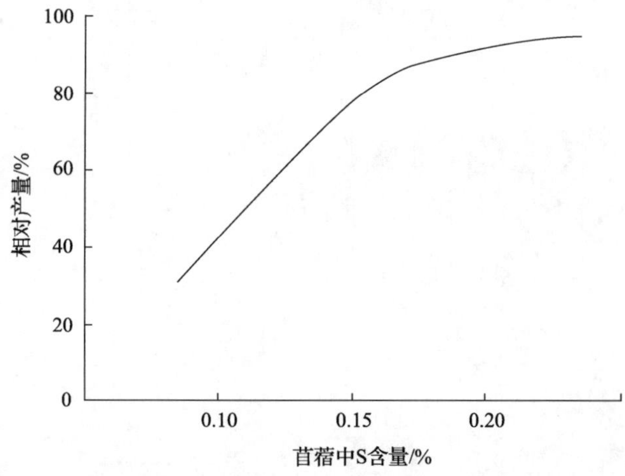


图 2-4　苜蓿中 S 含量与相对产量的关系（修改自 Westermann，1975）

### 2.2.2　烟气脱硫石膏可以改善下层土壤酸度和 $Al^{3+}$ 的毒性

当土壤过酸时，被固定在黏土颗粒上的铝元素以具有毒性的带电离子的形式被释放到土壤溶液中，这使得植物难以生长。实际上，铝元素在酸性土壤中的毒害作用限制了包括非洲、亚洲及南美洲在内的全世界一半可耕面积上作物的生长。

造成植物铝毒害有以下几种可能的机理：①抑制根分生组织细胞分裂，干扰 DNA 的复制。当 $pH<6$ 时，铝主要以 $Al(OH)^{2+}$ 的形态存在，它和 DNA 分子中核苷酸上的氧结合，并将两条 DNA 单链牢牢地连接在一起，从而导致 DNA 变性、钝化。②破坏细胞膜结构和降低 ATP 酶活性。③影响多种养分的吸收，过量的铝元素会抑制根对磷、钙、镁、铁等营养元素的吸收。

石膏的溶解度是石灰石的 200 倍，是改善低 pH 造成的底土 $Al^{3+}$毒性的理想的改良材料。石膏可以通过键合可溶性铝来修复酸性土壤，即石膏中 $SO_4^{2-}$ 与 $Al^{3+}$ 络合生成 $Al(SO_4)^+$，即便在土壤 pH 不变的条件下，也可以降低严重影响植物根系生长的铝害。烟气脱硫石膏与石灰石共同使用效果更好(图 2-5)。

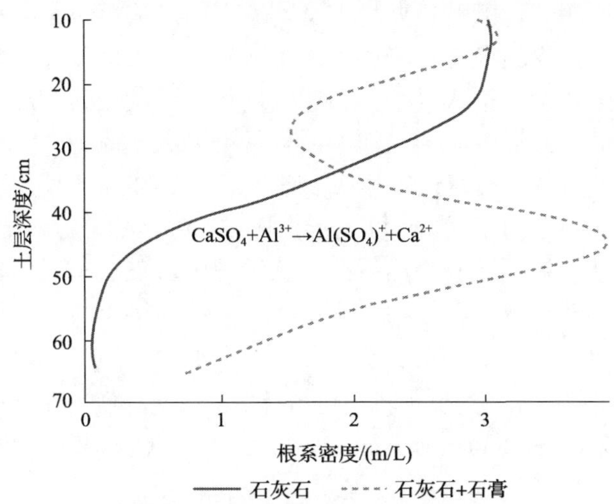


图 2-5　石膏在下层土壤对高浓度 $Al^{3+}$毒性的改善作用(Farina and Channon，1988)

Lee 等(2007)在野外条件下研究了施用烟气脱硫石膏对土壤化学性质的影响，结果显示烟气脱硫石膏中的重金属含量低于土地应用生物有机肥标准。烟气脱硫石膏施用两年后，土壤 pH 并没有发生显著变化，但交换性 $Al^{3+}$显著降低，这表明烟气脱硫石膏能缓解酸性底土的铝毒性和钙缺乏现象。

### 2.2.3　烟气脱硫石膏的 Ca 可以改善高钠碱性土壤

早在 19 世纪后期，美国土壤学家 Hilgad 就研究了石膏改良盐碱土的原理，提出了两个化学反应方程式：

$$Na_2CO_3 + CaSO_4 = CaCO_3 + Na_2SO_4 \tag{2-1}$$

$$2NaHCO_3 + CaSO_4 = Ca(HCO_3)_2 + Na_2SO_4 \tag{2-2}$$

1912 年俄国土壤学家盖得罗衣兹进一步完善了石膏改良盐碱土的原理，提出了石膏能够置换交换性钠，化学反应方程式为

$$2Na^+ + CaSO_4 = Ca^{2+} + Na_2SO_4 \tag{2-3}$$

以上化学反应方程式为盐碱土改良者提供了理论依据，根据公式可以计算出

盐碱土改良中所用的石膏量。

高亲水性的 $Na^+$和 $Mg^{2+}$作为可交换性阳离子附着在土壤胶体粒子表面，是造成土壤颗粒分散的主要原因。烟气脱硫石膏的 $Ca^{2+}$可以置换土壤胶体粒子上的交换性 $Na^+$和 $Mg^{2+}$，使土壤颗粒凝聚。

例如，盐碱土壤胶体颗粒长期与土壤溶液中的可溶性 $Na^+$接触，成为含交换性 $Na^+$的胶体粒子，含钠胶体粒子在土壤中能够吸附水分子，分散性好，散布于土壤颗粒之间的细缝中，形成透水性和透气性均很差的板结土层，影响植物的正常生长。石膏中的 $Ca^{2+}$比 $Na^+$对土壤中胶体粒子的吸附能力强，会置换土壤胶体上过量的 $Na^+$，进而使土壤碱化度降低。含 $Ca^{2+}$胶体微粒的外层不吸附水分子，胶体微粒间能互相靠近而聚团，土壤就不会板结。对土壤进行淋洗或自然降雨时，水分子渗入微粒使微粒团膨胀，然后在干燥过程中表土层出现龟裂现象，这一过程反复进行，土壤就形成团粒结构，透水、透气性均得以改善，从而有利于作物根系吸收水分和养分，促进其生长。置换下来的 $Na^+$与 $SO_4^{2-}$ 结合形成可溶的 $Na_2SO_4$，随水分迁移排出，盐碱土耕层可溶性 $Na^+$浓度降低，进而 pH 也随之降低。

通常用钠吸附比（sodium adsorption ratio，SAR）或碱化度（exchangeable sodium percentage，ESP）来表征土壤的碱化程度，公式如下：

$$SAR = \frac{[Na^+]}{\sqrt{0.5\times([Ca^{2+}]+[Mg^{2+}])}} \tag{2-4}$$

式中，钠吸附比（SAR）系指土壤溶液中钠离子和钙镁离子的相对数量，式中各离子浓度为质量浓度。

$$ESP(\%)=\frac{[Na^+]}{[Na^+]+[K^+]+[Ca^{2+}]+[Mg^{2+}]}\times 100 \tag{2-5}$$

式中，碱化度（ESP）系指土壤胶体吸附的交换性钠离子占阳离子交换量的百分率，式中交换性钠为［cmol（$Na^+$）/kg］，其余阳离子交换量为［cmol（阳离子 $^{n+}$）/kg］。

### 2.2.4 烟气脱硫石膏可以改善土壤结构，减少土壤侵蚀

当土壤的 pH 为中性时，石膏的溶解度比石灰石高 200 倍。石膏的溶解度允许钙元素和硫元素从土壤表面向根部区域移动，可以改善土壤理化性质，促使土壤聚合，增加土壤渗透性和水在土壤中的运动（图 2-6）。

Yu 等（2003）在研究干旱地区两种不同类型土壤暴雨期间的径流渗透速率和侵蚀时发现，表面施用石膏（95% $CaSO_4\cdot 2H_2O$）处理的土壤渗透速率是对照处理的 2 倍；混合使用颗粒状阴离子聚丙烯酰胺（PAM，2t/hm$^2$）和脱硫石膏（4t/hm$^2$），

两种土壤(粉质壤土和砂质黏土)最终的径流渗透速率提高了 4 倍(图 2-7)，土壤侵蚀减少了 30%。

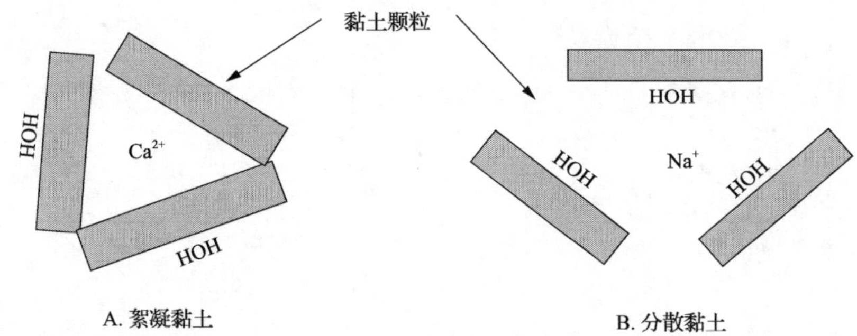


图 2-6　烟气脱硫石膏改变土壤物理特性(Chen and Dick，2011)

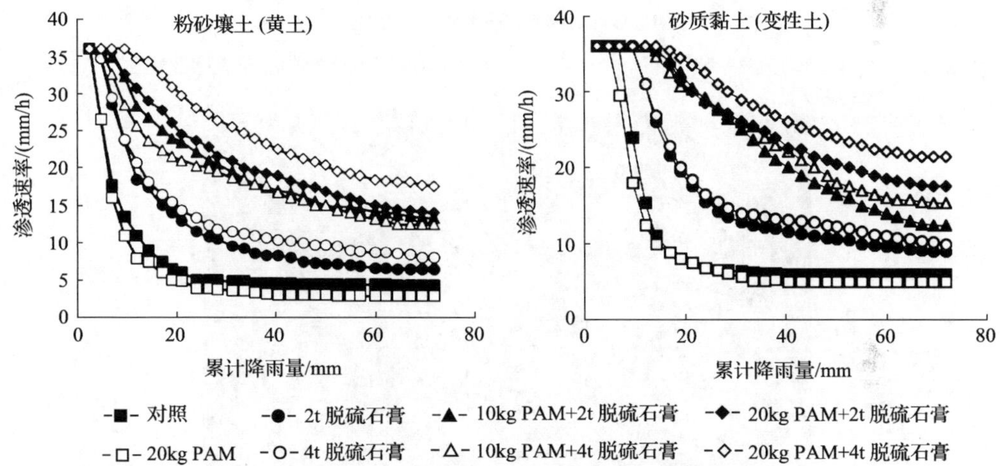


图 2-7　不同石膏材料对干旱地区两种土壤暴雨期间径流渗透速率的影响(Yu et al.，2003)

张峰举等(2013)采用田间试验的方法，研究了不同烟气脱硫石膏施用量对碱化土壤团聚数量、大小、稳定性及有机无机复合体组分的影响。结果表明，耕作层施用烟气脱硫石膏 4 年后，与对照(CK)相比，机械稳定性团聚体($DR_{0.25}$)含量提高 22.69%～45.29%、水稳定性团聚体($WR_{0.25}$)数量提高 126.59%～304.70%、团粒平均重量直径(MWD)值提高 2.63%～10.46%，团粒几何平均直径(GMD)值提高 7.98%～19.01%(图 2-8)，土壤团聚体破坏率(PAD)、不稳定团粒指数(ELT)和分形维数 $D$ 值均随烟气脱硫石膏用量增加而明显降低。同时，施用烟气脱硫石膏显著降低了水分散复合体($G_0$)含量、提高了钠质分散复合体($G_1$)含量。总之，烟气脱硫石膏主要通过 $Ca^{2+}$直接参与土壤有机无机复合体的形成而显著改良碱化土壤的团聚体组成与稳定性状(图 2-9)。

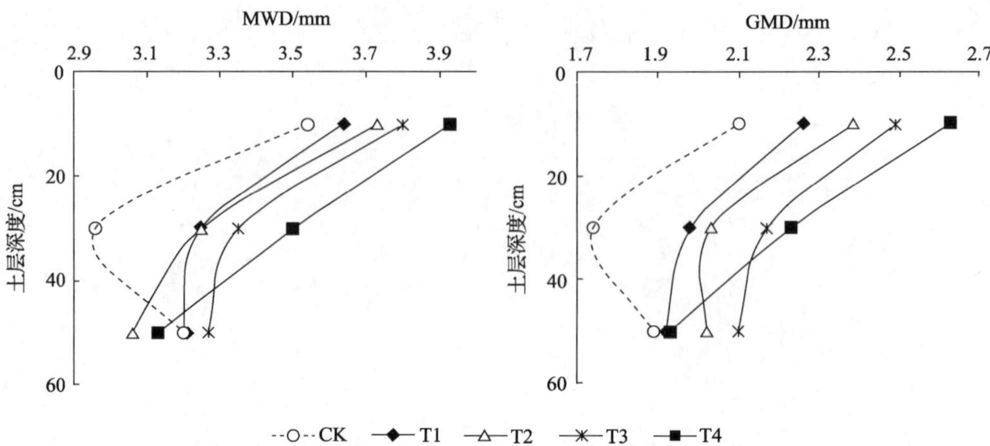


图 2-8 不同烟气脱硫石膏施用量对碱化土壤团粒平均重量直径(MWD)和团粒几何平均直径(GMD)的影响(张峰举等，2013)

CK 为对照；T1 为 11.25t/hm$^2$；T2 为 22.5t/hm$^2$；T3 为 33.75t/hm$^2$；T4 为 45t/hm$^2$

图 2-9 不同土壤结构示意图(Warren Dick 教授提供，2016 年)(彩图请见文后图版)

### 2.2.5 烟气脱硫石膏可以促进许多作物的根部生长

对于植物根系来说，钙(Ca)在任何阶段都是必需的营养物质。早在 1915 年，Hart 和 Tottingham(1915)就发现硫酸钙($CaSO_4$)可以很好地促进某些植物，尤其是萝卜(radish)和红三叶草(red clover)的根系生长。研究还发现，根系的发达程度与硫酸盐添加的比例有关，而且 $CaSO_4$ 要比可溶性较好的 $Na_2SO_4$ 更为有效。$CaSO_4$ 能促进植物根部生长，提高植物的抗旱能力(图 2-10)。

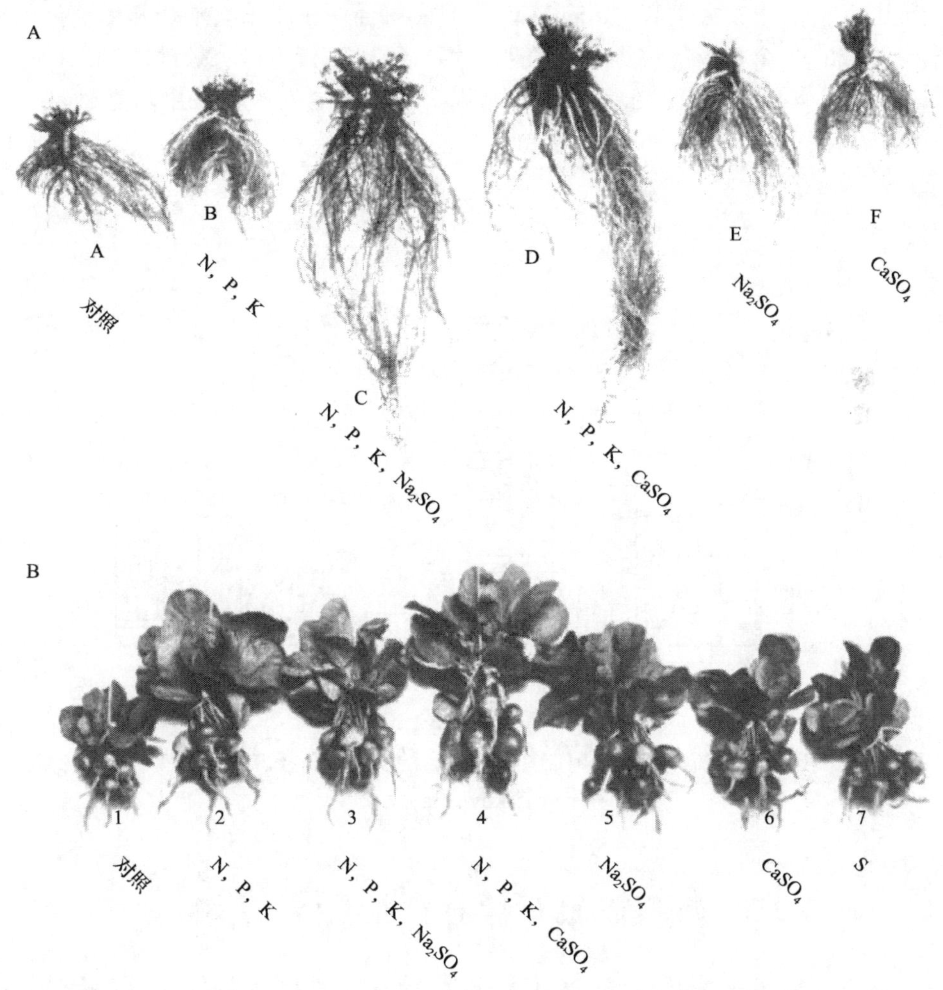


图 2-10　硫酸盐对植物根系生长的影响(Hart and Tottingham，1915)

A. 红三叶草(red clover)根系；B. 萝卜(radish)根系

### 2.2.6　烟气脱硫石膏可以控制土壤可溶性磷的流失

石膏控制农田径流磷(P)的机理主要有两方面：①增加土壤渗透性，减少农田径流；②增加土壤对磷的吸持能力，减少总磷(TP)和可溶性磷的流失。

化学固定是磷肥施入土壤后最常发生的固定作用，即在中性和石灰性土壤中，水溶性磷酸根离子可与碳酸钙($CaCO_3$)生成难溶性的磷酸钙盐。土壤中烟气脱硫石膏($CaSO_4 \cdot 2H_2O$)的增加，促使水溶性磷向钙磷(Ca-P)转化，形成一系列依次难溶的钙磷化合物。

美国俄亥俄州立大学和 Greenleaf 咨询公司合作在印第安纳州和俄亥俄州的莫米河流域的 7 个农场的现场研究表明，烟气脱硫石膏可以有效地控制农田径流中磷的流失：与试验对照相比，烟气脱硫石膏处理的农田径流中可溶性活性磷(SRP)的浓度平均减少了 55%(图 2-11)。

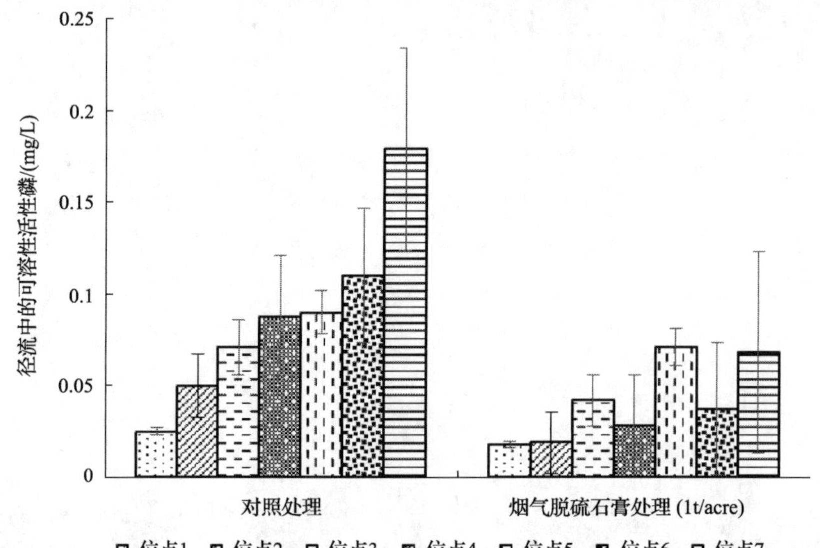


图 2-11　美国莫米河流域 7 个施用烟气脱硫石膏的农场农田径流中可溶性活性磷含量
(Greenleaf Advisors，2014)

## 2.3　烟气脱硫石膏对农业经济的影响

2014 年，Marvin Batte 博士和 D. Lynn Forster 博士(美国俄亥俄州立大学农业经济学教授)对使用和关注烟气脱硫石膏的农业用途的 294 位农民进行了调查和采访，其中 44%来自伊利诺伊州、印第安纳州和威斯康星州。农田土壤的主要类型为黏土-黏土/壤土和壤土-淤泥/黏土，烟气脱硫石膏的平均施用量为 1121～1397lb/acre(83.84～101.50kg/亩[①])，视不同作物而异(Batte and Forster，2014)。表 2-3 是美国不同作物烟气脱硫石膏的施用成本。

① 1 亩≈666.7$m^2$。

**表 2-3 美国不同作物烟气脱硫石膏的施用成本**

| 作物 | 成本/(美元/acre) | 作物 | 成本/(美元/acre) |
|---|---|---|---|
| 苜蓿 | 30 | 大豆 | 31 |
| 玉米 | 30 | 小麦 | 33 |

他们在关于烟气脱硫石膏经济学影响的处女作中指出，采用烟气脱硫石膏作为土壤改良剂，土壤生产力(产量、营养元素硫的可获取性，以及土壤长期改善等方面)效益很好，实际的回报大大超过施用烟气脱硫石膏的成本。

### 2.3.1 增加产量和年收入

研究表明，施用烟气脱硫石膏作为土壤改良剂的农民中84%认为其有助于增加作物产量，77%认为烟气脱硫石膏对产量的增加十分重要；烟气脱硫石膏长期施用(2010 年之前已经施用)比短期施用(2010 年之后开始施用)收成更好。由图 2-12 可见，长期施用烟气脱硫石膏增加产量以苜蓿为最(增产约 11%)，玉米次之(增产约 8%)。分析认为，苜蓿生长需要较高的硫元素，而烟气脱硫石膏提供了植物可获取的硫元素。

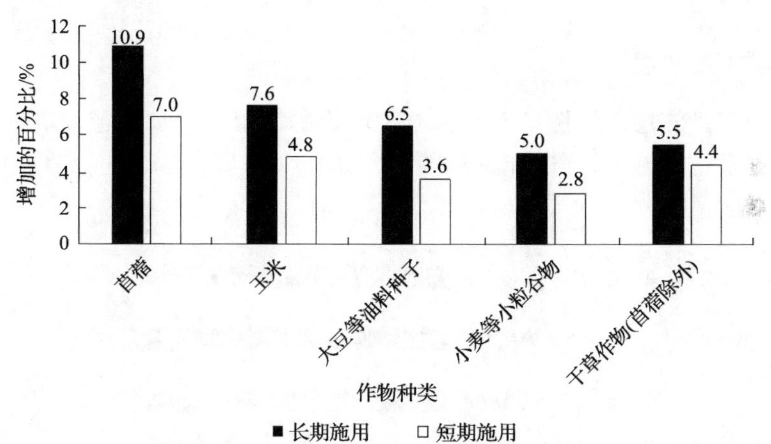


图 2-12 长期和短期施用烟气脱硫石膏对作物产量的改善(Batte and Forster，2014)

### 2.3.2 改善肥效

烟气脱硫石膏中的硫是以易于为作物所吸收的$SO_4^{2-}$形态赋存的。

许多科学研究和文献表明，土壤中充足的硫可以促进作物对氮的吸收，减少氮肥的施用量。施用烟气脱硫石膏既可以补充土壤硫的短缺，又可以提高氮肥的效率，同时减少氮肥向环境的流失。

研究还发现，烟气脱硫石膏可以将磷和钾等营养元素滞留在土壤中，提高这些营养元素的施用效率。图 2-13 给出了长期和短期施用烟气脱硫石膏减少肥料施用的对比，长期施用烟气脱硫石膏平均可以减少 4.0%～4.8%的肥料施用。

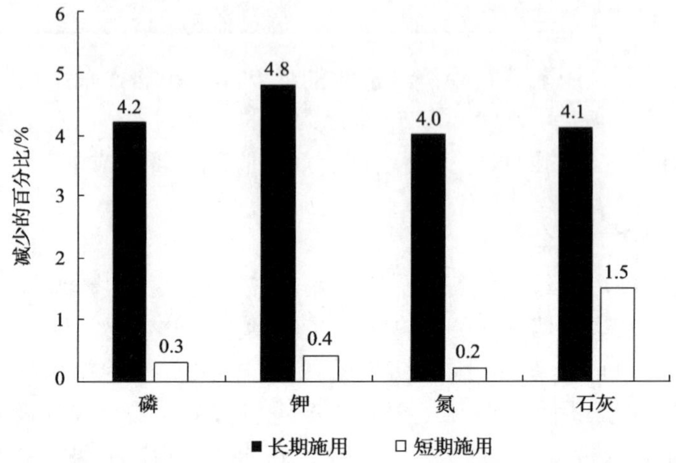


图 2-13　长期和短期施用烟气脱硫石膏减少肥料施用的百分比(Batte and Forster，2014)

### 2.3.3　改善土壤质量

文献表明，施用烟气脱硫石膏最有说服力的理由之一是改善土壤特性。这一点得到了许多长期施用烟气脱硫石膏的农民的确认，图 2-14 给出了他们对不同土壤改善效果的意见。

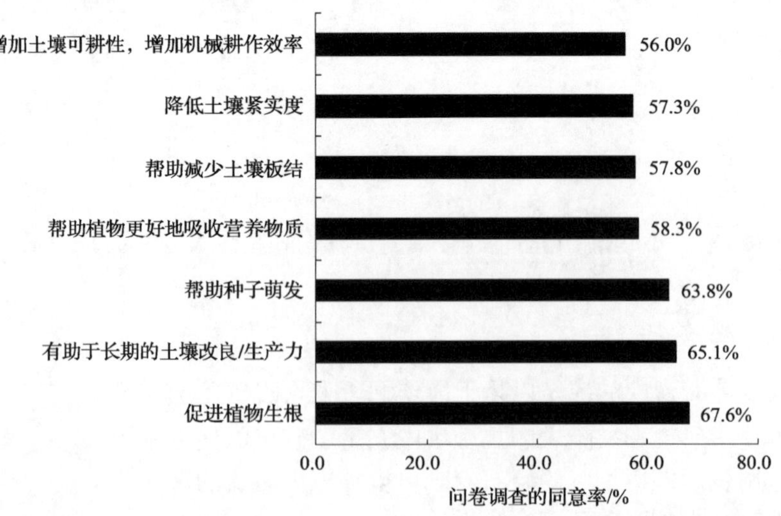


图 2-14　农民确认的长期施用烟气脱硫石膏后的不同土壤改善效果(Batte and Forster，2014)

### 2.3.4 总体效益

施用烟气脱硫石膏的好处可以体现在许多方面，如改善土壤质量、提高抗旱能力及增加可持续性等；最直接的效益主要为增加作物产量、补充营养元素硫和有效施用氮、磷、钾肥 3 个方面。图 2-15 给出了苜蓿和玉米长期施用烟气脱硫石膏的经济效益。按平均成本 30 美元/acre 计，苜蓿施用烟气脱硫石膏的平均效益和成本比为 5.73∶1，玉米为 2.27∶1(不包括土壤改善等效益)，效益是显而易见的。

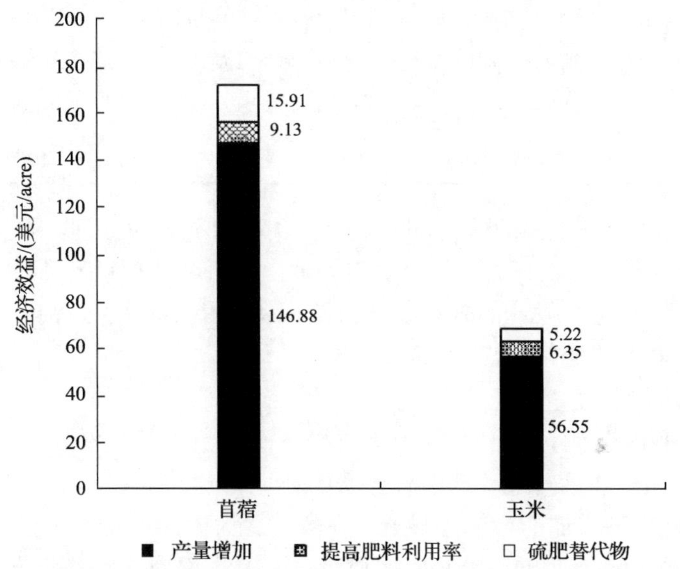


图 2-15 长期施用烟气脱硫石膏苜蓿和玉米的总经济效益(Batte and Forster，2014)

## 2.4 美国电力科学研究院及其他地区的研究和示范

21 世纪初，美国电力科学研究院(Electric Power Research Institute，EPRI)启动了一项旨在评价烟气脱硫石膏潜在的有益农业用途的连锁工程项目。美国烟气脱硫石膏的农业和环境应用研究具有如下特征。

自 2006 年起，EPRI 和俄亥俄州立大学在美国 7 个州建立了一个大田研究网络，进行了长达 10 年的现场实验研究(表 2-4)。

**表 2-4　美国 EPRI 在美国 7 个州的烟气脱硫石膏农业应用实验工程一览表**

| 州 | 作物 | 地方研究机构 | EPRI 报告 |
|---|---|---|---|
| 北达科他州 | 油菜(canola) | 北达科他州立大学 | 1021794(2011) |
| 北达科他州 | 小麦(wheat) | 北达科他州立大学 | 1024817(2011) |
| 俄亥俄州 | 草料/玉米(hay/corn) | 俄亥俄州立大学 | 1025354(2012) |
| 新墨西哥州 | 苜蓿(alfalfa) | 新墨西哥州立大学 | 1025335(2012) |
| 威斯康星州 | 苜蓿(alfalfa) | 威斯康星大学 | 3002001309(2013) |
| 印第安纳州 | 玉米/大豆(corn/soybean) | 农业部(普渡大学) | 3002001236(2013) |
| 阿肯色州 | 棉花(cotton) | 阿肯色大学 | 3002001310(2013) |
| 亚拉巴马州 | 棉花(cotton) | 农业部(奥本大学) | 3002003265(2014) |
| 亚拉巴马州 | 狗尾草(bermuda grass) | 农业部(奥本大学) | 3002006090(2015) |

7 个州的试验大田采用类似的研究方法：①7 种不同的处理，即 3 种不同施用量的烟气脱硫石膏和矿物石膏，一个空白处理；②每个处理重复 4 次，共计 28 个样田；③采用随机分组设计的数理统计方法；④采集 2 年的样品进行分析，评价土壤、水质和植物的变化(包括产量)。

总体结论如下。

(1)与空白和矿物石膏处理相比，烟气脱硫石膏由于其纯度高、重金属含量低，对任何介质(土壤、植物和水)都没有显著的环境影响。

(2)对作物产量增加的影响不显著，许多试验大田的产量类似于空白试验。一般认为，2 年的试验周期不足以对土壤质量(结构)进而对作物产量产生显著影响。当将作物产量作为烟气脱硫石膏的使用目标时，还要仔细地评估土壤和作物的类型。

(3)在过去几年实验室和大田规模研究中，显示出烟气脱硫石膏有助于减少农田径流[表面径流和下层流(tile flow)]磷的流失。这些研究成果表明，烟气脱硫石膏可以减少 40%～70%的可溶性磷。

在 EPRI 主导农业应用研究的 10 年间，烟气脱硫石膏的农业使用量增加了 10 倍以上。2015 年，美国农业部自然资源保护局(Natural Resources Conservation Service，NRCS)为使用烟气脱硫石膏设立了一个国家实践标准，即允许 NRCS 资助将使用烟气脱硫石膏作为最佳管理实践(best management practice，BMP)的各州用户，鼓励各州在水质交易程序中使用该 BMP。

### 2.4.1 北达科他州(小麦)

2007～2008 年在北达科他州进行的大田试验是美国 EPRI 研究系统的一个组成部分，目的是评价烟气脱硫石膏对土壤质量和小麦(*Triticum aestivum*)产量、种子质量及水质的影响。美国俄亥俄州立大学农业研究和发展中心、北达科他州立大学土壤科学系参加此项研究和试验(EPRI，2011a)。

北达科他州的小麦试验分两个地块，位于北达科他州西南方的迪金森附近。地块 1(site 1)，土壤是 Belfield-Daglum 粉砂质壤土；地块 2(site 2)土壤为 Lawther 粉质黏土。试验区域 30 年的年均降雨量为 42cm，2007 年和 2008 年分别为 33.4cm 和 30.5cm。

烟气脱硫石膏来自于艾奥瓦州的 Muscatine 燃煤电厂。

试验设计为空白、烟气脱硫石膏、矿物石膏 3 种处理，烟气脱硫石膏和矿物石膏的施用量为 $0t/hm^2$、$2.24t/hm^2$、$11.2t/hm^2$ 和 $22.4t/hm^2$。试验采用随机区组设计，每个地块为 3m×3m，4 个重复地块，共 48 个地块。每年施用总氮和磷肥分别为 $110kg/hm^2$ 和 $20kg/hm^2$。

试验结果如下。

(1)即便是在最高用量 $22.4t/hm^2$ 的条件下，烟气脱硫石膏也没有对小麦籽粒质量和土壤质量产生负面影响。

(2)与空白相比较，施用烟气脱硫石膏和矿物石膏都没有使小麦产量有明显增加，可能是两年试验期间小麦生长期处于特别干旱的环境所致。

(3)由于干旱，阻碍了烟气脱硫石膏对水质影响的研究。

2008～2009 年在北达科他州另外 3 个地块上进行试验，评价烟气脱硫石膏中 S 对干旱地区油菜(*Brassica napus*)地土壤质量、油菜产量和种子质量的影响(EPRI，2011b)。3 个地块的土壤类型分别为 Barnes 壤土(Barnes Ⅰ和Ⅱ)，Vang-Coe 壤土。

试验结果如下。

(1)与空白相比较，烟气脱硫石膏作为 S 肥使油菜产量显著提高，其作用与施用同样 S 含量的硫酸铵相当(图 2-16)。

(2)试验期间，Barnes 壤土的油菜产量显著高于 Vang-Coe 壤土的产量，可能是 Vang-Coe 壤土在融雪和春季降雨之后，由根部区域渗出 $SO_4^{2-}$ 很高所致。

(3)所有处理种子的含油量没有显著差别。

(4)即便是在最高用量 $112kg\ S/hm^2$ 的条件下，烟气脱硫石膏也没有对土壤质量产生负面影响。电导率(EC)随烟气脱硫石膏的增加而增加，而 Hg 没有引起任何值得注意的风险。

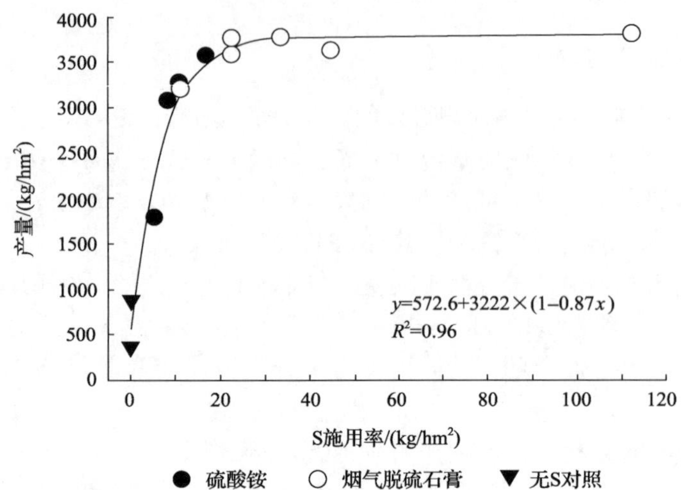


图 2-16 Barnes Ⅱ壤土地块油菜产量对 S 施用量的响应(2009 年在北达科他州 Langdon 附近)(EPRI，2011b)

### 2.4.2 俄亥俄州(混合干草和玉米)

2008～2010 年，EPRI 在俄亥俄州东部设置了两处试验地块，评估烟气脱硫石膏对混合干草和玉米(*Zea mays*)的影响。烟气脱硫石膏一次性施用量为 0t/hm$^2$、0.2t/hm$^2$、2.0t/hm$^2$ 和 20t/hm$^2$。除了评价烟气脱硫石膏对土壤和植物的影响之外，该项目还有一个目标是评价更高施用量(＞20t/hm$^2$)可能产生的潜在影响。美国俄亥俄州立大学农业研究和发展中心参加了此项研究(EPRI，2012a)。

研究结果如下。

(1) 高烟气脱硫石膏施用量(20t/hm$^2$)造成土壤中镁(Mg)的大量流失，而矿物石膏杂质中含有较多的 Mg，抵消了这部分 Mg 的流失。

(2) 烟气脱硫石膏含有较高的 Hg，高施用量显著地增加了植物组织中 Hg 的含量。但在草和豆类饲料中 Hg 的含量低于正常自然水平。

(3) 烟气脱硫石膏没有显著地提高土壤 Hg 的水平，没有显著改变土壤的化学指标。烟气脱硫石膏的 Ca 和 S 并未明显改良下层土壤酸度。

(4) 高烟气脱硫石膏施用量降低了第一个收获期混合干草的产量，混合干草烟气脱硫石膏的推荐施用量为 0.2～2.0t/hm$^2$。

(5) 就产量而言，2010 年玉米的最高产量发生在最高施用量为 20t/hm$^2$ 的试验地块上。

### 2.4.3 新墨西哥州(苜蓿和盐碱土壤)

2008～2012 年 EPRI 在新墨西哥州的两处试验研究中，比较了烟气脱硫石膏和矿物石膏对用于饲养奶牛的苜蓿(*Medicago sativa*)种植土壤性质和增产能力的作用。美国俄亥俄州立大学农业研究和发展中心和新墨西哥州立大学农业科学研究中心参加了此项研究和试验(EPRI，2012b)。

试验用地位于新墨西哥州法明顿的新墨西哥州立大学农业科学研究中心内，土壤为 Kinnear 细砂壤土。试验场地海拔 1720m，年平均降水量 206mm，属半干旱气候条件。

试验设计为空白、烟气脱硫石膏和矿物石膏 3 种处理(因素)，设 0kg/hm$^2$、112kg/hm$^2$、336kg/hm$^2$ 和 1120kg/hm$^2$4 种不同水平的施用量(干重)。随机样方为 3.0m×4.6m，每个处理重复 4 次。

研究结果如下。

(1)烟气脱硫石膏和矿物石膏可以明显改善盐碱土壤性质(图 2-17，图 2-18)，但在两年的试验期内，苜蓿产量没有明显增长(图 2-19)。

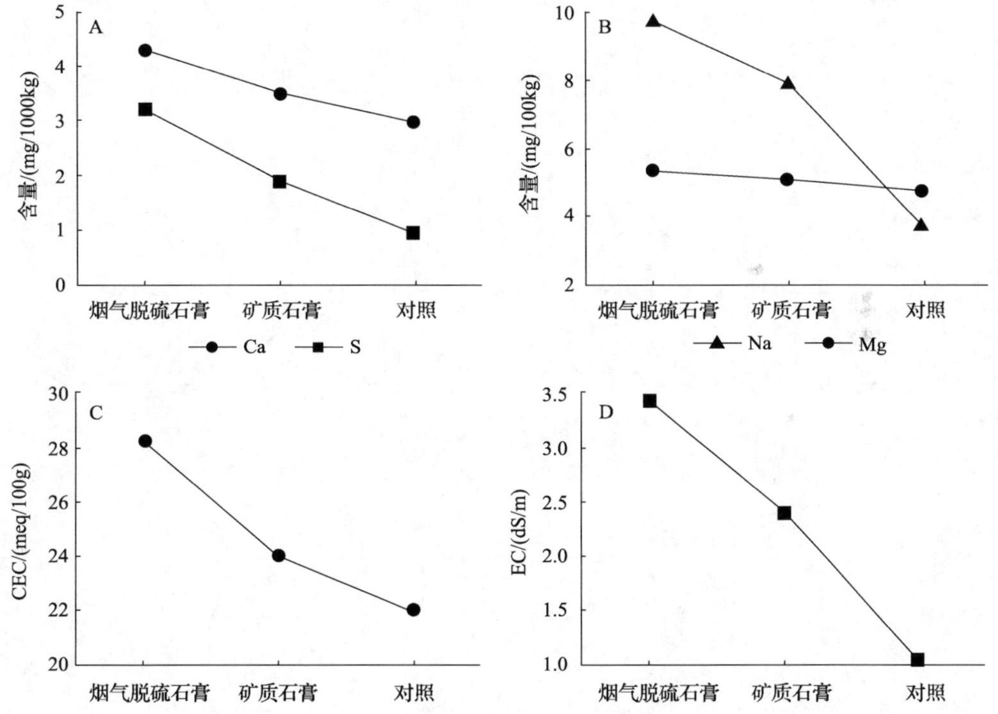


图 2-17　3 种不同处理表层土壤(0～15cm)Ca 和 S 的含量(A)、Na 和 Mg 的含量(B)、CEC(C)和 EC(D)(EPRI，2012b)

烟气脱硫石膏和矿物石膏施用量为 22.4t/hm$^2$，对照为 0t/hm$^2$；测定指标前进行乙酸铵抽提；CEC 为阳离子交换能力，EC 为电导率

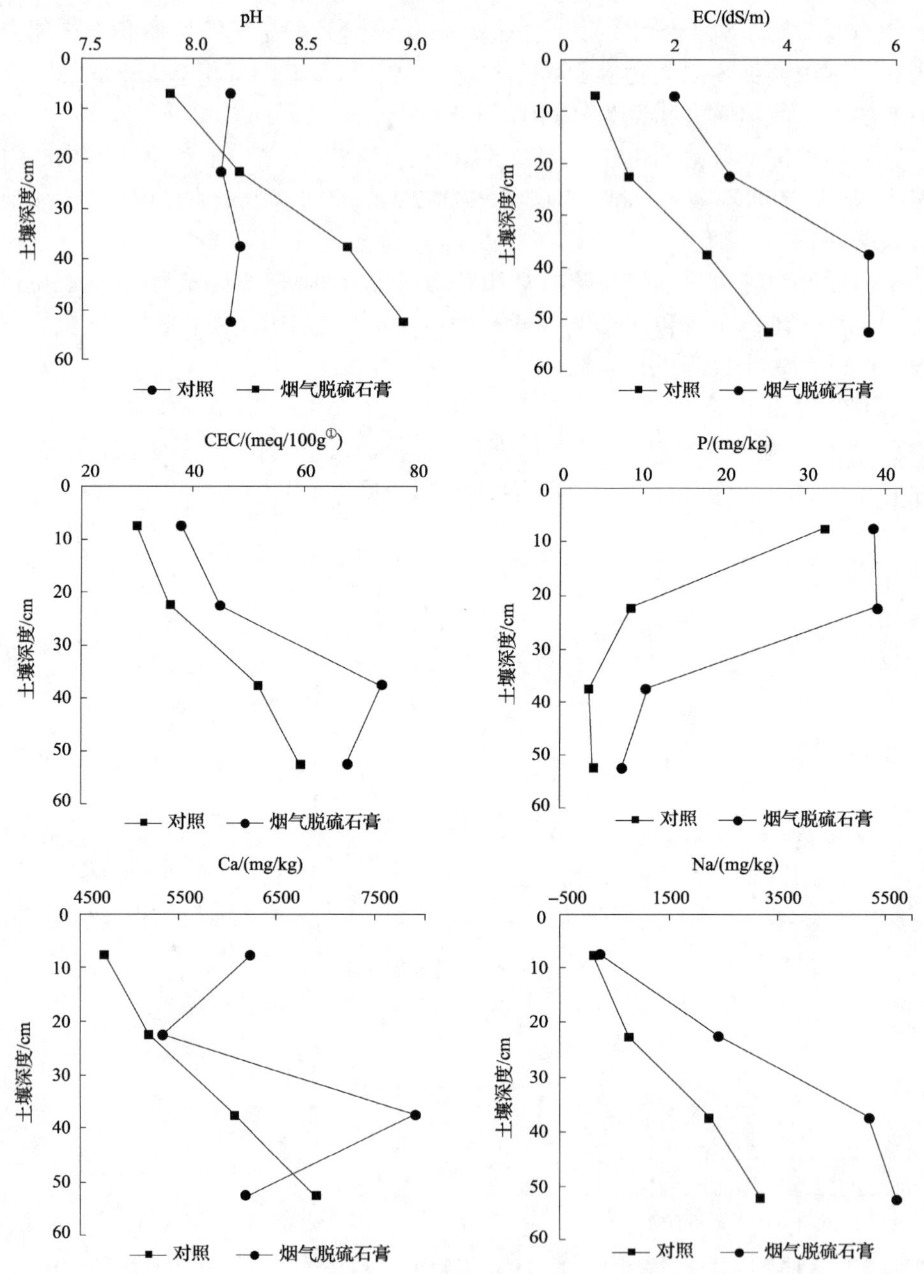


图 2-18　两种不同处理的土壤 pH、EC、CEC、P、Ca 和 Na 随土壤深度（0～60cm）的变化（EPRI，2012b）

烟气脱硫石膏施用量为 22.4t/hm$^2$，对照为 0t/hm$^2$；CEC 为阳离子交换能力，EC 为电导率

① 1meq/100g=0.01mmol/g。

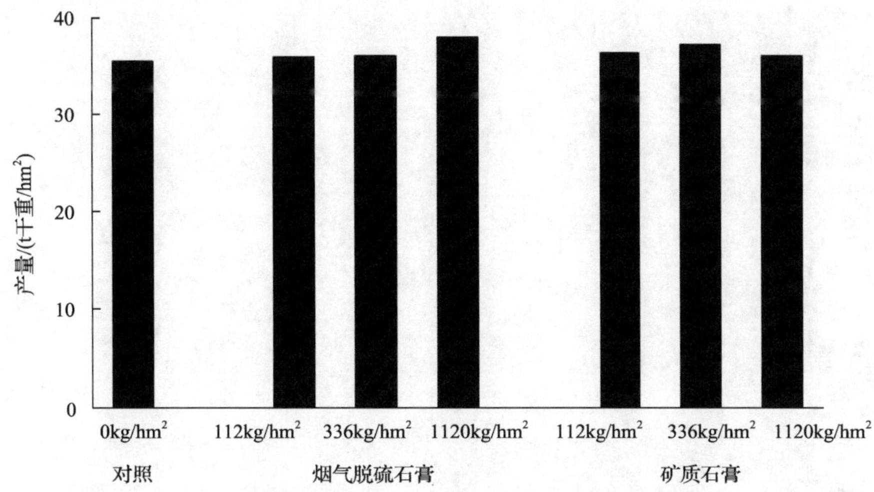


图 2-19 3 种处理对苜蓿产量的影响(2009 年和 2010 年两年总的干物质产量)(EPRI，2012b)

(2)在美国干旱的西南部可以采用烟气脱硫石膏改良盐碱土壤，但在苜蓿生产之前必须通过灌溉将多余的盐分排出。

(3)对烟气脱硫石膏处理过的土壤，以及对植物样品的分析表明，推荐的烟气脱硫石膏施用量不会引起备受关注的环境问题。

### 2.4.4 印第安纳州(玉米和大豆)

在美国中西部地区，商用矿物石膏是可以广泛获取的农用产品，2008～2010 年 EPRI 在美国印第安纳州金曼进行试验研究，比较和评价了商用矿质石膏和烟气脱硫石膏作为土壤改良剂对当地玉米和大豆产量的影响。美国俄亥俄州立大学农业研究和发展中心和普渡大学的美国农业部国家土壤侵蚀研究中心参加了此项试验与研究(EPRI，2013a)。

试验用地选择美国长期进行传统翻耕轮作玉米和大豆的地块。

试验设计为商用矿物石膏和烟气脱硫石膏两种土壤改良剂，4 个不同烟气脱硫石膏施用量分别为 0kg/hm$^2$、340kg/hm$^2$、840kg/hm$^2$ 和 2240kg/hm$^2$。每个处理样方为 18.3m×564m；面积为 1.03hm$^2$，设 4 个重复，一共有 32 个条带状样地(图 2-20)。

烟气脱硫石膏施放和作物种植采用卫星导航系统实时监控，作物产量采用 GPS 遥感监控系统形成条带状的产量数字地图(图 2-21)。

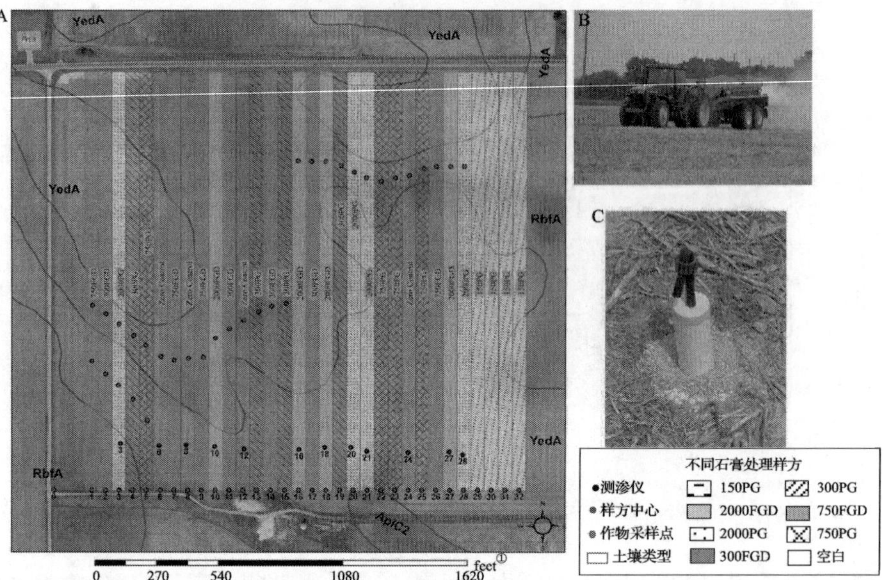


图 2-20　印第安那州大田试验研究 2008/09（Kingman，IN）（EPRI，2013a）（彩图请见文后图版）

A.试验设计示意图；B.石膏施放作业；C.地下水监测井。试验设计为商用矿质石膏（PG）和烟气脱硫石膏（FGD）两种土壤改良剂，商用矿物石膏和烟气脱硫石膏的施用量为 0kg/hm$^2$、340kg/hm$^2$、840kg/hm$^2$ 和 2240kg/hm$^2$。每个处理样方为 18.3m×564m；面积为 1.03hm$^2$，设 4 个重复，一共有 32 个条带状样地

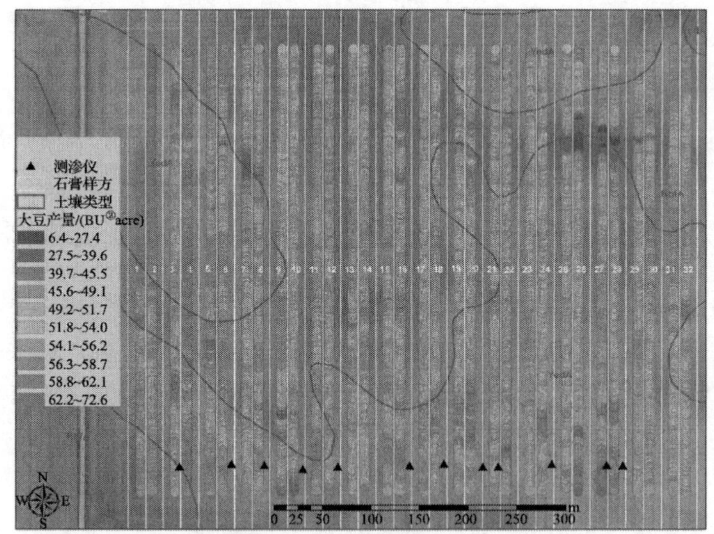


图 2-21　作物产量采用 GPS 遥感监控系统形成条带状的产量数字地图（EPRI，2013a）
（彩图请见文后图版）

① feet 为英尺，简写为 ft，1ft=0.3048m。

② BU 为蒲氏耳，1BU 大豆=0.027216t。

试验结果如下。

(1)烟气脱硫石膏在试验用量的范围内，没有产生对环境的不利影响，可以取代商用矿物石膏。

(2)尽管烟气脱硫石膏比商用矿物石膏含有更多的 Hg，但在试验中没有发现土壤、植物或浅层地下水 Hg 含量升高的现象。

(3)在两年试验期间，无论是玉米还是大豆的产量都没有明显的差别。

### 2.4.5 威斯康星州(苜蓿)

2009～2010 年 EPRI 在威斯康星州德福雷斯特北部威斯康星大学阿灵顿野外站建立了两块试验用地(295 和 27)，分析和评估了烟气脱硫石膏和商用矿物石膏对苜蓿的影响。美国俄亥俄州立大学农业研究和发展中心、普渡大学的美国农业部国家土壤侵蚀研究中心和威斯康星大学麦迪逊分校土壤科学系参加了此项试验和研究(EPRI，2013b)。

烟气脱硫石膏和商用矿物石膏的施用量皆为 0t/hm$^2$、2.24t/hm$^2$、4.48t/hm$^2$ 和 8.96t/hm$^2$。

试验结果如下。

(1)没有发现对土壤、植物、渗滤水(下层水)样品的环境参数有显著的影响。

(2)植物对 Hg 的吸收和渗滤水中的 Hg 含量，没有明显地受到施用烟气脱硫石膏的影响。

(3)烟气脱硫石膏的一般用量短期内没有明显增加苜蓿量，也没有对环境产生负面影响。

### 2.4.6 阿肯色州(棉花)

该项研究的目的是评价烟气脱硫石膏对土壤水渗透性、土壤结痂(crust formation)、$Al^{3+}$毒性的潜在作用。美国俄亥俄州立大学农业研究和发展中心和阿肯色大学作物、土壤和环境系参加了此项试验和研究(EPRI，2013c)。

该研究在 Henry 粉砂壤土(silt loam)和 Calloway 粉砂壤土两种土壤类型中选择 4 种不同剂量烟气脱硫石膏作为改良剂，烟气脱硫石膏施用量分别为 0t/hm$^2$、1.1t/hm$^2$、2.2t/hm$^2$、4.5t/hm$^2$。该试验总计 12 条处理样带，每个样方为 23m×760m，共计 21hm$^2$(图 2-22)。图 2-23 为研究场地 2 使用的装载和施放烟气脱硫石膏的设备。

采用降雨模拟设备研究烟气脱硫石膏对土壤结痂和棉花出苗率的影响。结果表明，烟气脱硫石膏处理过的样方棉花出苗率有高于未经处理样方的趋势；只有烟气脱硫石膏+聚丙烯酰胺处理过的样方，才具有真正统计学意义上的高棉花出苗率。

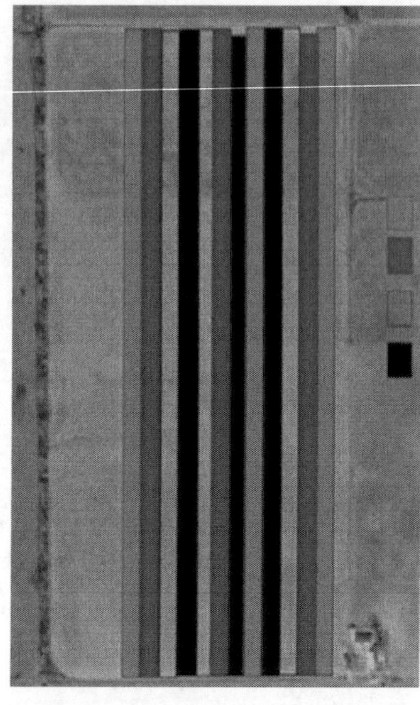


图 2-22　研究场地 2 的试验设计平面图(EPRI，2013c)(彩图请见文后图版)

土壤类型为 Henry 粉砂壤土和 Calloway 粉砂壤土；

每个处理样带为 23m×760m，4 种不同施用量，12 条样带，共计 21hm$^2$

图 2-23　研究场地 2 使用的装载和施放烟气脱硫石膏的设备(EPRI，2013c)

试验期间的头两年，烟气脱硫石膏处理过的样方土壤水分、表面结痂、水渗透性和 $Al^{3+}$浓度没有显著性的变化。从第 3 年起，4.5t/hm$^2$ 烟气脱硫石膏处理的样方水渗透能力增强，导致其蓄水能力比对照处理和低施用量(2.2t/hm$^2$)烟气脱硫石膏处理样方明显提高。

试验结果如下。

(1)烟气脱硫石膏对棉花出苗率没有显著的影响；只有烟气脱硫石膏+聚丙烯酰胺处理过的样方，才具有真正统计学意义上的高棉花出苗率(图 2-24)。

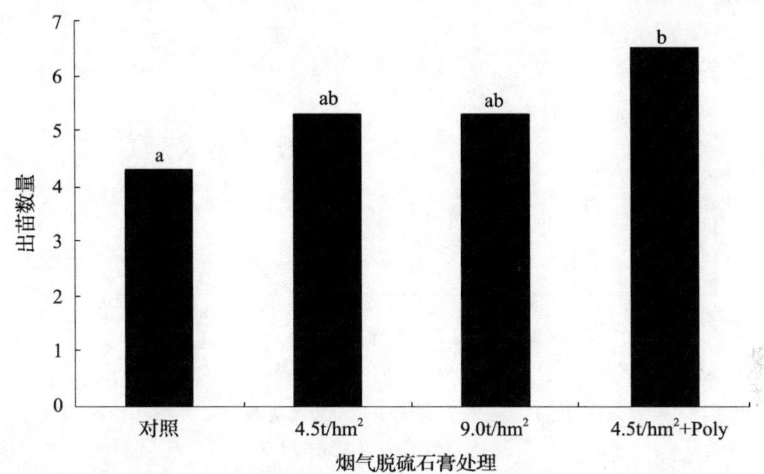


图 2-24 烟气脱硫石膏不同用量对种子萌发和出苗数量的影响(EPRI，2013c)

试验样方为 1m×1m；每个样方添加 10kg/hm$^2$ 的聚丙烯酰胺(polyacrylamide，Poly)；直方柱上方不同字母表示具有显著性差异($P$<0.05)

(2)烟气脱硫石膏对土壤结构有明显的改良作用。灌溉之后(67h 后)，施用烟气脱硫石膏(4.5t/hm$^2$)的土壤湿度急剧上升；灌溉 4 天后，施用烟气脱硫石膏(4.5t/hm$^2$)的土壤依然保持较高的水分。土壤保持水分的能力随烟气脱硫石膏用量的增加而强化(图 2-25～图 2-27)。

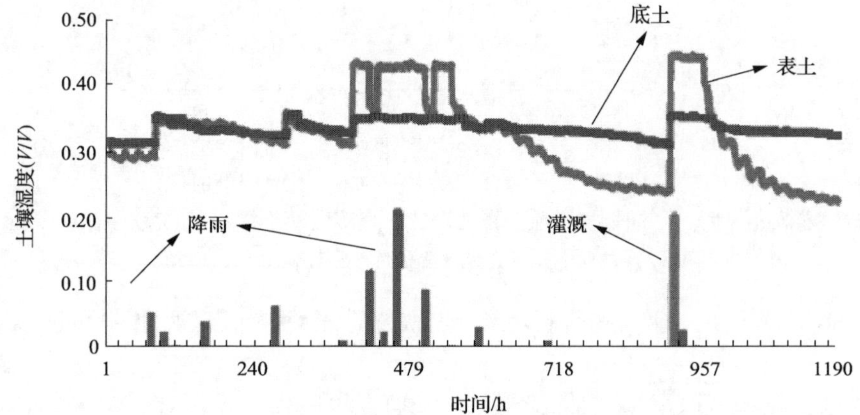


图 2-25 降雨和灌溉对土壤湿度的影响(EPRI，2013c)

测量的表层土壤在 15～17cm，深层土壤在 38～43cm；每间隔 1h 测定一次土壤湿度

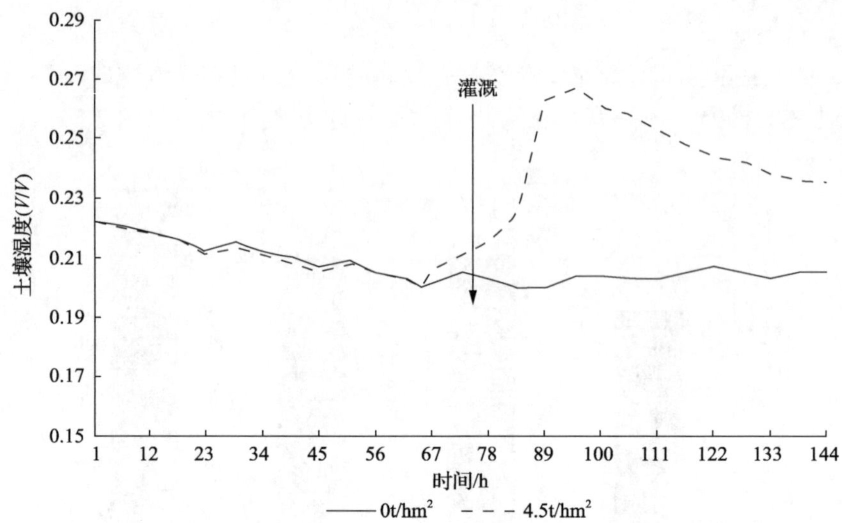


图 2-26　2009 年第一次灌溉后，对照处理和烟气脱硫石膏对土壤湿度(深度 18cm)的影响(EPRI，2013c)

灌溉之后(67h 后)，施用烟气脱硫石膏($4.5t/hm^2$)的土壤湿度急剧上升

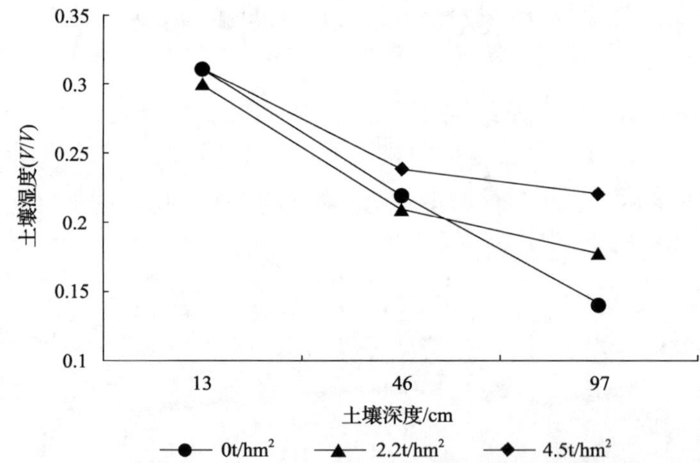


图 2-27　灌溉 4 天后，不同烟气脱硫石膏处理的土壤湿度随土壤深度的变化(EPRI，2013c)

灌溉后，土壤保持水分的能力随烟气脱硫石膏用量的增加而强化

(3)施用两年后，烟气脱硫石膏显著地减少了土壤中可交换性 $Al^{3+}$的平均浓度(图 2-28)。

(4)烟气脱硫石膏对成熟棉花根系生长有显著的促进作用(图 2-29)。(EPRI，2013c)

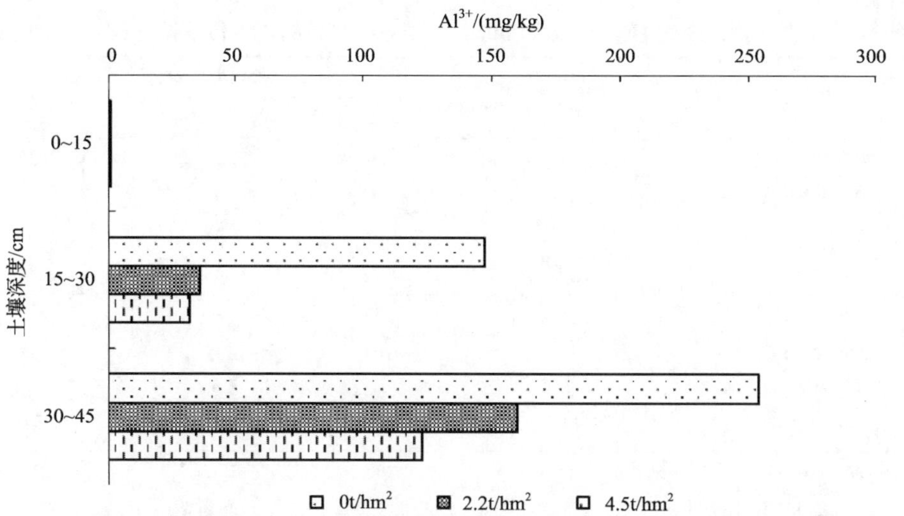


图 2-28 烟气脱硫石膏施用两年后，不同施用量土壤交换性 $Al^{3+}$平均浓度随土壤深度的变化

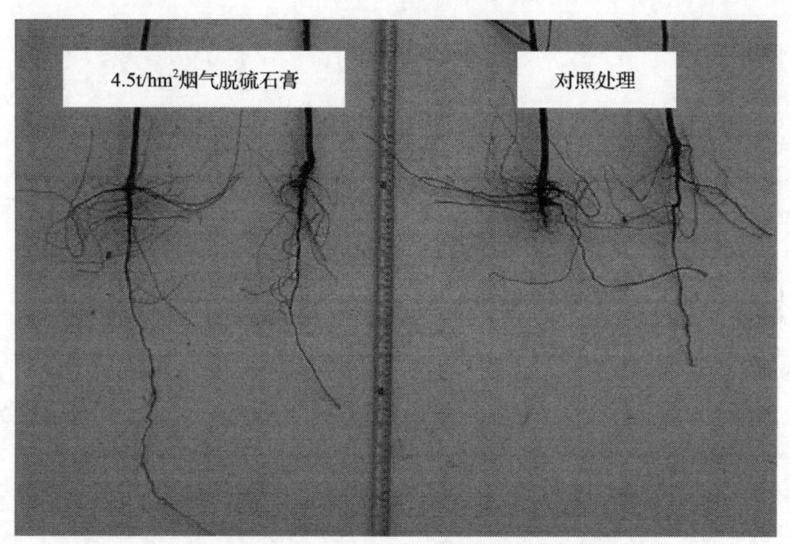


图 2-29 烟气脱硫石膏处理和对照处理成熟棉花根系的生长情况(EPRI，2013c)

### 2.4.7 亚拉巴马州(棉花)

美国俄亥俄州立大学农业研究和发展中心、奥本大学农业农学和土壤系及美国农业部国家土壤动力学实验室参加了此项研究(EPRI，2014)。

表 2-5 给出了实验期间(2009～2011 年)不同处理烟气脱硫石膏和矿物石膏对胡福特大田 60cm 土层(包气带)土壤化学性质的影响，研究结果如下。

**表 2-5 不同石膏处理的 Huford 大田 60cm 土层(包气带)的土壤化学性质(EPRI，2014)**

| 采样日期 | 参数[2,3] | 处理类型和剂量[1] | | |
|---|---|---|---|---|
| | | 对照 | 烟气脱硫石膏 | 矿物石膏 |
| 2009 年 7 月 31 日[5] | pH | 7.16 | 7.19 | 6.95 |
| 2009 年 10 月 27 日 | | 6.77 | 6.78 | 6.77 |
| 2010 年 5 月 5 日 | | 6.75 | 6.48 | 6.89 |
| 2011 年 2 月 3 日 | | 6.21 | 6.46 | 6.86 |
| 2009 年 7 月 31 日 | EC/(μS/cm) | 138 | —[4] | — |
| 2009 年 10 月 27 日 | | 104 | 603 | 154 |
| 2010 年 5 月 5 日 | | 165b | 554a | 389ab |
| 2011 年 2 月 3 日 | | 176 | 425 | 342 |
| 2009 年 7 月 31 日 | 碱度/(mg/L) | 26.4 | 29.7 | 19.1 |
| 2009 年 10 月 27 日 | | 19.0 | 20.0 | 17.8 |
| 2010 年 5 月 5 日 | | 19.5 | 18.3 | 19.5 |
| 2011 年 2 月 3 日 | | 15.3 | 22.0 | 17.8 |
| 2009 年 7 月 31 日 | 酸度/(meq/L) | 0.10 | 0.05 | 0.00 |
| 2009 年 10 月 27 日 | | 0.017 | 0.092 | 0.105 |
| 2010 年 5 月 5 日 | | 0.105 | 0.078 | 0.050 |
| 2011 年 2 月 3 日 | | 0.102 | 0.140 | 0.065 |
| 2009 年 7 月 31 日 | $Cl^-$/(mg/L) | 5.44 | 6.40 | 7.96 |
| 2009 年 10 月 27 日 | | 5.88 | 8.32 | 7.20 |
| 2010 年 5 月 5 日 | | 11.5 | 9.81 | 12.4 |
| 2011 年 2 月 3 日 | | 8.60 | 12.0 | 10.6 |
| 2009 年 7 月 31 日 | $NO_3^-$/(mg/L) | 25.4 | 63.8 | 47.4 |
| 2009 年 10 月 27 日 | | 37.7 | 94.9 | 60.3 |
| 2010 年 5 月 5 日 | | 20.4 | 12.6 | 10.0 |
| 2011 年 2 月 3 日 | | 43.9 | 33.6 | 33.7 |
| 2009 年 7 月 31 日 | $SO_4^{2-}$ /(mg/L) | 16.7 | 326 | 11.1 |
| 2009 年 10 月 27 日 | | 17.0 | 139 | 14.5 |
| 2010 年 5 月 5 日 | | 25.9b | 241a | 139ab |
| 2011 年 2 月 3 日 | | 20.0 | 151 | 100 |

注：1. 在同一个参数和采样日期(行)内，均值后无字母或者具有相同字母表示无显著差异($P>0.05$，最小二乘法)；2. EC=电导率；3. 一些指标由于基本都低于检出限被分析，但未包括在表格里：Al(<0.0099mg/L)，As(<0.0064mg/L)，Be(<0.0046mg/L)，Br(<0.10mg/L)，Co(<0.0073mg/L)，Cu(<0.0022mg/L)，F(<0.10mg/L)，Fe(<0.0018mg/L)，Ni(<0.0013mg/L)，Pb(<0.0039mg/L)，$PO_4^{3-}$(<0.10mg/L)，Se(<0.012mg/L)，Ti(<0.072mg/L)；4. “—”表示未检测；5. 2009 年 7 月为石膏处理两个月后；2009 年 10 月为石膏处理 5 个月后，2010 年 5 月为石膏处理 11 个月后，2011 年 2 月为石膏处理 20 个月后

(1) 烟气脱硫石膏和矿物石膏的施用量高达 8.96t/hm$^2$ 时，对皮棉产量(lint yield)没有显著影响。

(2) 土壤各类元素的总量或提取量没有明显变化。

(3) 虽然烟气脱硫石膏的 Hg 含量高于商业矿物石膏，但没有发现土壤和棉籽中 Hg 含量增加；但在最高施用量 8.96t/hm$^2$ 时，浅层土壤渗滤水中 Hg 含量趋于升高。

(4) 总体来说，烟气脱硫石膏可以取代商业矿物石膏，作为棉花和棉花-花生轮作土壤的改良剂。

### 2.4.8 俄亥俄州(烟气脱硫石膏对土壤化学特性的改变)

Lee 等(2007)于 2003～2004 年在美国俄亥俄州克劳福德，现场研究了烟气脱硫石膏对土壤化学特性的改变。试验随机选取近年没有施用过烟气脱硫石膏的 9 块玉米和大豆轮作地块，每个地块为 10m×10m；试验设计为 3 个处理，烟气脱硫石膏的表面施用量分别为 0、1.1t/hm$^2$ 和 2.2t/hm$^2$，每个处理设 3 个重复。

烟气脱硫石膏取自俄亥俄州辛辛那提附近辛纳杰集团公司旗下捷迈燃煤电厂，其主要元素和微量元素见表 2-6，关注的重金属含量低于美国国家环境保护局允许的限值。供试土壤不同深度的主要特性指标见表 2-7。按每年 5t/hm$^2$ 的施用量计算，100 年也不会出现土壤重金属超标的现象。

**表 2-6 烟气脱硫石膏主要元素和微量元素总浓度**(Lee et al., 2007)

| Ca/(g/kg) | Mg/(g/kg) | S/(g/kg) | Al/(mg/kg) | As/(mg/kg) | B/(mg/kg) | Cd/(mg/kg) | Co/(mg/kg) |
|---|---|---|---|---|---|---|---|
| 287 | 0.31 | 213 | 250 | <1.24 | 32 | <0.5 | <0.5 |
| **Cr/(mg/kg)** | **Cu/(mg/kg)** | **Fe/(mg/kg)** | **Mo/(mg/kg)** | **Ni/(mg/kg)** | **Pb/(mg/kg)** | **Se/(mg/kg)** | **Zn/(mg/kg)** |
| 0.62 | <0.5 | 140 | 0.25 | 0.55 | <0.5 | 2.0 | 1.69 |

**表 2-7 试验土壤的部分性质**(Lee et al., 2007)

| 土壤深度/cm | 粒径分布/% | | | pH | | 有机碳/(g/kg) | 可交换阳离子/(cmol/kg) | | |
|---|---|---|---|---|---|---|---|---|---|
| | 沙土 | 粉土 | 黏土 | $H_2O$ | $CaCl_2$ | | $Ca^{2+}$ | $Mg^{2+}$ | $K^+$ |
| 0～10 | 25.0 | 58.4 | 16.6 | 6.0 | 5.5 | 15.2 | 10.2 | 1.5 | 0.38 |
| 10～20 | 24.3 | 48.9 | 26.8 | 5.3 | 4.5 | 12.5 | 8.5 | 1.4 | 0.26 |
| 20～30 | 25.6 | 46.9 | 27.5 | 5.0 | 4.5 | 8.0 | 9.3 | 1.8 | 0.23 |
| 30～40 | 18.1 | 49.5 | 32.4 | 5.3 | 4.9 | 5.8 | 11.9 | 2.5 | 0.31 |
| 40～50 | 20.5 | 50.7 | 28.8 | 5.9 | 5.6 | 5.4 | 12.8 | 3.3 | 0.28 |
| 50～60 | 23.2 | 54.0 | 22.8 | 6.4 | 5.4 | 5.0 | 13.9 | 3.8 | 0.24 |
| 60～70 | 22.0 | 57.8 | 20.2 | 6.7 | 6.5 | 5.2 | 16.8 | 4.0 | 0.22 |
| 70～80 | 24.4 | 54.1 | 21.5 | 7.1 | 6.6 | 5.6 | 15.9 | 3.5 | 0.21 |
| 80～90 | 23.7 | 53.8 | 22.5 | 7.3 | 6.9 | 5.6 | 18.0 | 3.7 | 0.20 |
| 90～100 | 23.9 | 52.9 | 23.2 | 7.5 | 7.1 | 11.1 | 25.5 | 4.0 | 0.19 |
| 100～110 | 22.8 | 52.9 | 24.3 | 7.5 | 7.1 | 10.1 | 24.8 | 4.0 | 0.18 |

研究结果如图 2-30 所示。

(1)表层(0～10cm)pH 略有下降。

(2)随着烟气脱硫石膏的增加，可交换性 $Al^{3+}$明显减少，减轻了 $Al^{3+}$的毒性效应。

(3)土壤 EC 和水溶性 S 随烟气脱硫石膏的增加而增加，影响至 80cm 的土壤深度。

(4)水溶性 Ca 和 Mg 也随烟气脱硫石膏的增加而增加，影响至 80cm 的土壤深度。

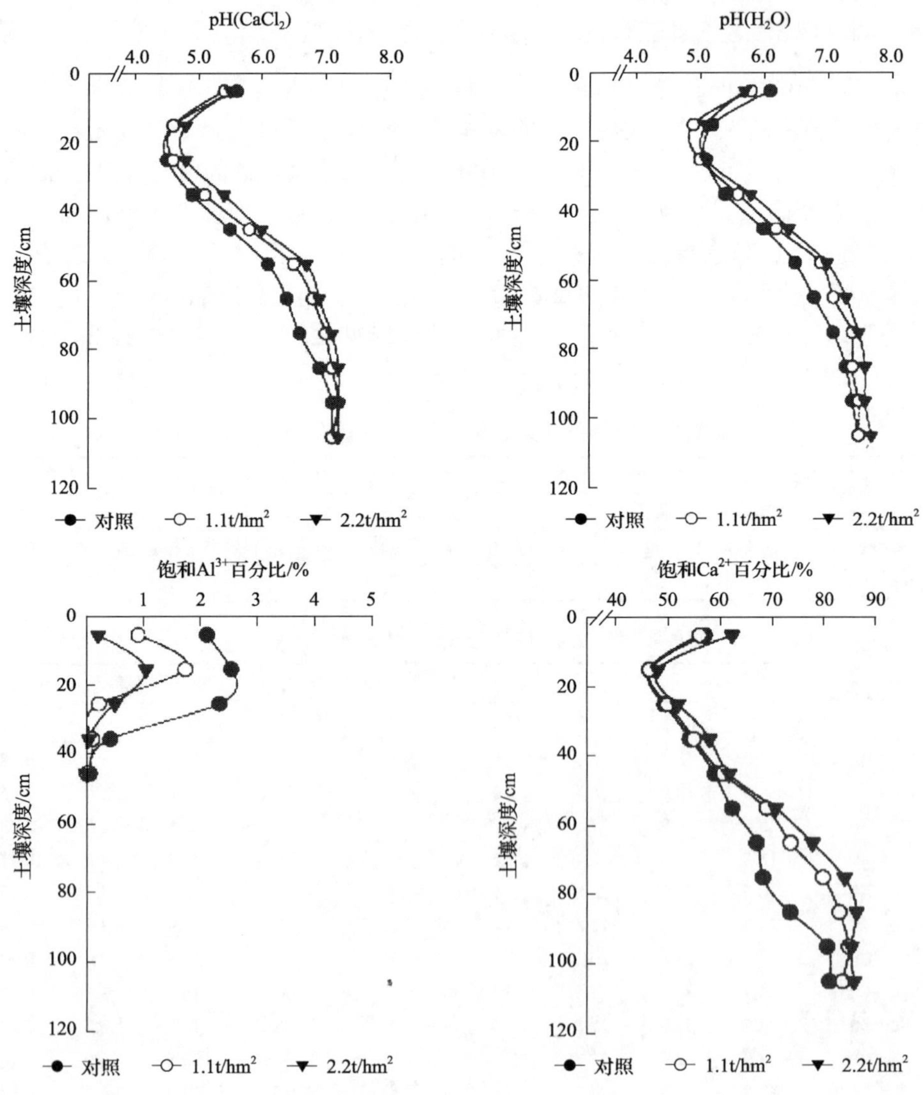

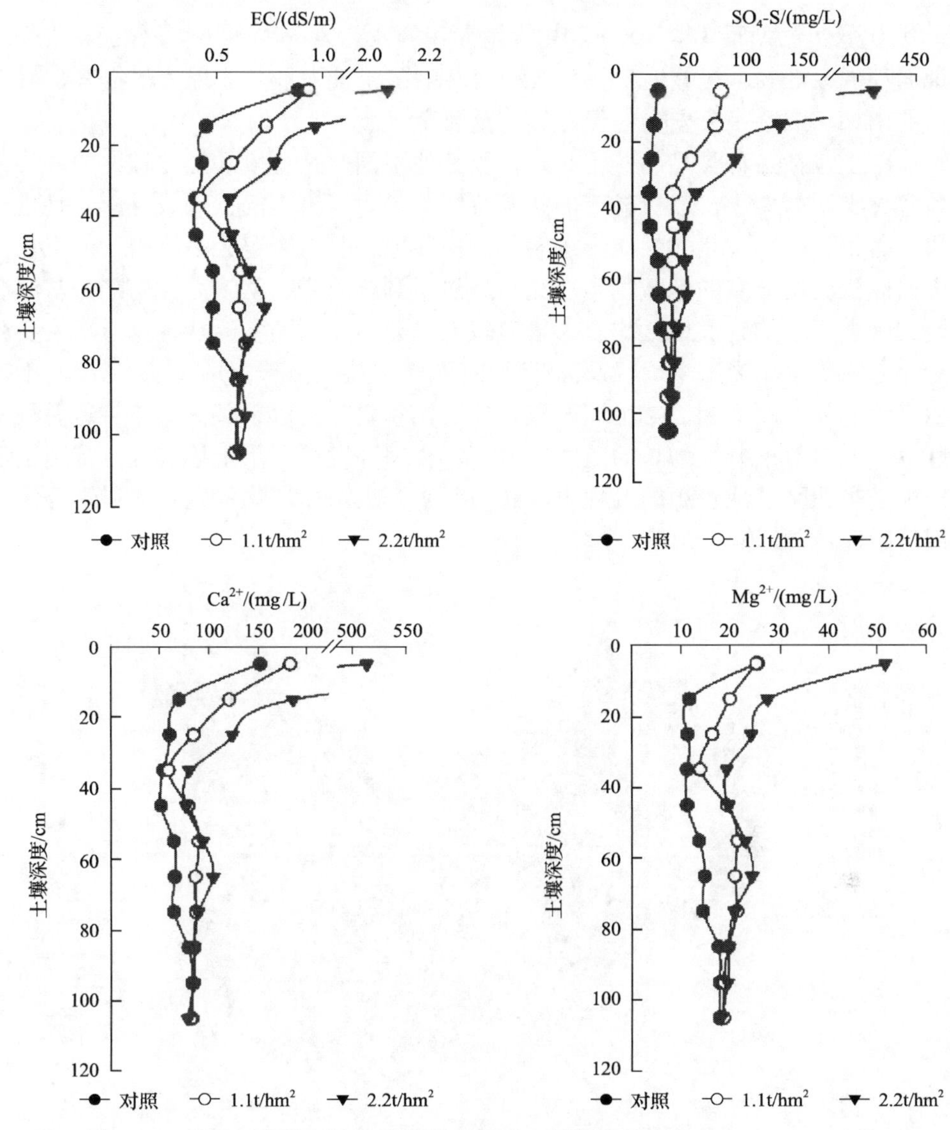


图 2-30 不同石膏处理的土壤化学特性随土层深度的变化(Lee et al.，2007)

# 2.5 我国的研究和示范

当前，土壤盐碱化已经成为一个全球性的问题。据估计，全球的盐碱化土壤每年以 100 万～1500 万 $hm^2$ 速度增长。我国盐渍土分布广泛且资源量多。据全国第二次土壤普查数据显示，盐渍土主要分布在中国的西北、华北、东北和沿海地区，其中盐渍土总面积占全国可利用土地面积的4.88%，耕地中盐渍化面积占全国耕地面积的6.62%。盐碱地农业高效利用对中国耕地农业生产能力的提升、耕地数量的增加、国家粮食安全的保障具有重要意义。

盐碱土包括各种类型的盐土和碱土及其他不同盐化程度和碱化程度的各类土壤。各种类型盐碱土一般所具有的共同特征就是含有许多的盐碱成分，并且导致土壤具有不良的物理化学性质，进而不同程度地抑制或毒害大多数植物的生长。中国盐碱化土壤分布的地域相当广泛，从热带到寒温带、从滨海到内陆、从湿润地区到极端干旱的荒漠地区均有大量盐碱土的分布，大面积的盐碱化土壤主要分布于北方的干旱、半干旱地区及沿海地带(图2-31)。由于气候、人类活动、不当利用土地等多方面原因，常迅速导致土壤退化和生产力水平降低。在耕地面积不断减少、人口数量持续增长的巨大压力下，合理开发和利用土壤资源，特别是干旱和半干旱地区土地资源的过程中，必须要重视土壤盐渍化问题才能科学开发和利用盐碱地(王静等，2015)。

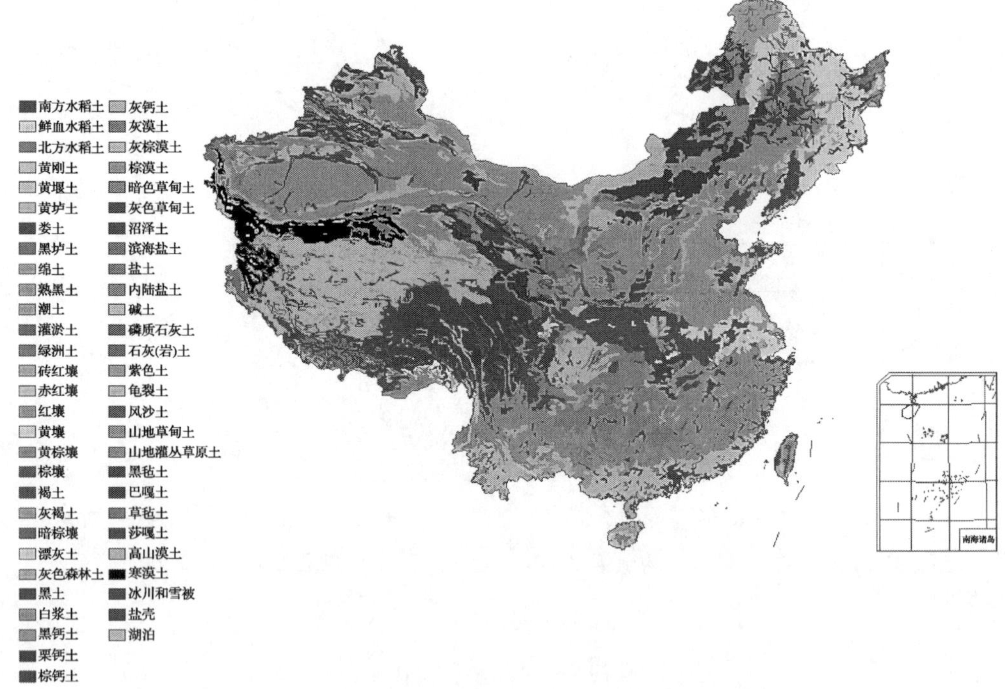


图2-31　我国各种土壤类型的分布(彩图请见文后图版)

烟气脱硫石膏作为土壤改良剂，在非盐渍化土壤上有良好的应用效果(Alva et al.，1998)，但在中国，它的农业研究和应用主要集中在盐渍土壤上(表2-8)。

表 2-8 我国利用烟气脱硫石膏改良盐碱土的研究和示范

| 地区 | 试验位点 | 供试植物/土壤理化 | 试验方法 | 文献 |
|---|---|---|---|---|
| 吉林 | 大安 | 水稻 | 现场 | 王云贺等，2013，2014 |
| | 白城 | 向日葵 | 现场 | 邢秀芹等，2013 |
| | 白城 | 玉米/紫花苜蓿 | 盆栽 | 李玉波和许清涛，2013；李玉波等，2015 |
| | 白城 | 玉米 | 盆栽 | 许清涛等，2011；许清涛和李玉波，2013 |
| | 白城 | 燕麦 | 盆栽 | 李玉波等，2014 |
| | 白城 | 水稻 | 现场 | 李玉波等，2012 |
| 山西 | 大同 | 紫花苜蓿 | 现场 | 郑普山等，2012 |
| | 大同 | 土壤理化 | 实验室/土柱 | 梁龙等，2015 |
| | 山阴 | 玉米(郑单 958) | 现场 | 王斌等，2011 |
| | 大同 | 玉米/油葵 | 现场 | 王立志等，2011 |
| 内蒙古 | 河套地区 | 草木犀 | 现场 | 温国昌等，2016 |
| | 河套地区 | 向日葵(5009) | 现场 | 张三粉等，2013 |
| | 和林格尔 | 玉米 | 大田 | 王英男和张伟华，2014 |
| | 乌拉特前旗 | 向日葵 | 现场 | 石懿等，2005 |
| | 乌拉特前旗 | 向日葵 | 盆栽 | 王金满等，2005 |
| | 呼和浩特 | 土壤理化 | 实验室/土柱 | 刘云超和李跃进，2012 |
| | 呼和浩特 | 草地 | 现场 | 其力格尔等，2012 |
| | 鄂尔多斯 | 羊草 | 现场 | 许毅等，2015 |
| 宁夏 | 银川 | 油葵 | 现场 | 王智明等，2014 |
| | 平罗县西大滩 | 油葵(KWS-203) | 现场 | 肖国举等，2010b |
| | 平罗县西大滩 | 油葵 | 盆栽/土柱 | 肖国举等，2010a |
| | 平罗县西大滩 | 向日葵 | 现场 | 张俊华等，2009 |
| | 红寺堡 | 油葵(KWS-203) | 现场 | 张峰举等，2010 |
| | 平罗县西大滩 | 油葵 | 现场 | 张峰举等，2013 |
| | 西大滩 | 枸杞 | 现场 | 孙兆军等，2012 |
| | 西大滩 | 水稻 | 现场 | 肖国举等，2009 |
| | 西大滩 | 水稻 | 现场 | 田蕾等，2014 |
| | 平罗县西大滩 | 油葵 | 现场 | 杨军等，2015 |
| | 西大滩 | 甜高粱 | 现场 | 秦萍等，2008 |

续表

| 地区 | 试验位点 | 供试植物/土壤理化 | 试验方法 | 文献 |
| --- | --- | --- | --- | --- |
| 上海 | 滨海滩涂 | 土壤理化 | 实验室/土柱 | 程镜润等，2014 |
| | 南汇滩涂 | 黑麦草/番茄 | 盆栽 | 毛玉梅和李小平，2016 |
| | 崇明滩涂 | 非盐生乔灌木 | 现场 | 李小平等，2014 |
| | 崇明滩涂 | 水稻 | 现场 | 贺坤等，2016 |
| 天津 | 汉沽区/东丽区 | 油菜 | 盆栽 | 邵玉翠等，2009 |
| | 汉沽区/东丽区 | 玉米(天塔 1 号) | 现场 | 邵玉翠等，2010 |
| | 滨海新区 | 高羊茅/猎狗草 | 盆栽 | 端韫文等，2013 |
| 辽宁 | 康平县 | 玉米 | 现场 | 杨宏等，2008 |
| 山东 | 黄河三角洲 | 紫花苜蓿 | 盆栽 | 吴保庆和郭洪海，2008 |
| 广东 | 广东酸性土 | 花生/大豆/豇豆 | 盆栽 | 李淑仪等，2003 |
| 北京 | 海淀区 | 矮牵牛 | 盆栽/土柱 | 姜美玲等，2015 |
| 新疆 | 克拉玛依 | 新疆杨、沙棘 | 现场 | 李彦等，2010a |

烟气脱硫石膏改造盐碱土壤，最早由日本东京大学教授松本聪和定方正毅于 20 世纪 90 年代初提出，在东京大学经初步实验研究后，即与沈阳市科学技术委员会在我国沈阳市的康平县进行田间试验，后又和清华大学煤的清洁燃烧技术国家重点实验室进行合作研究。沈阳市康平县有 10.7 万 $hm^2$ 盐碱地，属于基本不能生长植物的内陆盐碱地，经连续 4 年从小块试验到大田种植玉米，土壤的 pH、碱化度(ESP)和可溶性 $Na^+$大大减少，改良效果良好。从开始的不长庄稼，到施加烟气脱硫石膏后即长出玉米并有相当好的产量，充分证明了烟气脱硫石膏改造盐碱地的潜力。自此之后，中国农业大学、清华大学煤的清洁燃烧技术国家重点实验室和中国科学院生态环境研究中心合作，在河北省曲周县黄淮海平原的盐碱地上进行种植小麦的试验，效果显著。

由中央电视台《走近科学》节目组策划制作，并于 2013 年 4 月 26 日 20:30 在 CCTV-10 黄金档播出的专题片《盐碱地里的风波》讲述了清华大学“利用燃煤烟气脱硫废弃物改良盐碱地”的科技成果转化项目。

清华大学利用烟气脱硫石膏改良碱化土壤的工作是在徐旭常院士的领导下开展起来的。从 20 世纪 90 年代开始，徐旭常院士带领他的研究团队，历经 20 多年的理论研究、技术开发和田间应用，在国际上率先利用烟气脱硫石膏对我国大面积基本不长任何作物的碱化土壤进行改良。改良的土壤类型几乎涵盖了我国所有的碱化土壤。种植的作物有玉米、苜蓿、水稻、向日葵、甜高粱、葡萄和枸杞等，以及 10 种左右的树木。技术的实施范围已经覆盖黑龙江、辽宁、吉林、内蒙古、天津、宁夏、甘肃、青海、新疆、山西等我国北方有碱化土地的大部分省(自治区、直辖市)，改良规模2012年达15万亩以上。目前已形成了烟气脱硫石膏改良碱化土壤的完整的理论和技术工艺。本项目技术已经获得中国和美国发明专利授权，国际上未见同类技术发明或应用的报道。利用烟气脱硫石膏进行土壤改良取得了极其显著的效果。

(1)见效快。在长年荒芜甚至寸草不生的盐碱地上，当年改良当年作物就能够正常出苗、生长，2～3年后达到当地高产田水平；经改良的土壤理化性质得到明显改善，土壤pH降低了1～2个单位，碱化度从改良前的30%以上降低到了改良后的10%以下；土壤板结硬度明显降低，渗透性明显提高。

(2)年效长。一次改造多年有效，1995年改造的第一块土地至今仍保持良好的理化性能。

(3)安全性高。权威检测表明，作物秸秆和果实中的重金属及其他微量、痕量元素的含量均符合国家标准。

通过本项目的实施可以同时达到如下目的。

(1)解决每年数以千万吨计的含少量水分的脱硫石膏的处置问题。

(2)改造我国大面积的碱化土壤，改善土壤的理化性质，从而彻底改变目前大量的碱化土壤不能种植农作物的问题，这不仅大大改善了盐碱地区的生态环境，而且从不能种植作物的荒地到高产稳产的良田，经济效益十分显著。

(3)对于地处偏远、改良后不宜种植粮食作物的碱化土地，可以种植能源作物，解决生物柴油、乙醇等的原料来源。

(4)改良后的碱化土地及其植被，可以固定空气中的$CO_2$，减少温室效应。

事实证明，本项技术集中体现了发展农业、增加能源、保护环境和实施循环经济的国家战略，是一个成本很低且能立即收到显著效果的多赢项目。

### 2.5.1　新疆

以烟气脱硫石膏作为化学改良剂，在新疆克拉玛依地区进行碱化土壤改良，土壤改良后种植新疆杨(*Populus bolleana*)、白榆(*Ulmus pumila*)、沙棘(*Hippophae rhamnoides*)，研究烟气脱硫石膏对盐碱地土壤理化性质和树木生长状况的影响。

该研究采用甘肃张掖电厂的烟气脱硫石膏(表2-9)，烟气脱硫石膏的施用量按下式估算：

$$w = (0.087\,28 \times \mathrm{ESP} + 0.4412) \times H \times D / (\eta \times 10) \tag{2-6}$$

式中，$w$为烟气脱硫石膏的施用量(kg/m$^2$)；ESP为碱化度(%)；$H$为土壤改良深度(m)；$D$为土壤容重(kg/m$^3$)；$\eta$为脱硫石膏中石膏的质量分数(%)。

**表 2-9　甘肃张掖电厂烟气脱硫石膏的成分与含量**

| 成分 | $SO_3$ /% | CaO /% | $SiO_2$ /% | $Al_2O_3$ /% | MgO /% | $Fe_2O_3$ /% | $P_2O_5$ /% | $K_2O$ /% | As /(mg/kg) | Hg /(mg/kg) | Pb /(mg/kg) | Cd /(mg/kg) | Cr /(mg/kg) |
|---|---|---|---|---|---|---|---|---|---|---|---|---|---|
| 含量 | 41.7 | 33.1 | 2.95 | 0.86 | 0.35 | 0.32 | 0.1 | 0.1 | 30.0 | ＜1.0 | 6.4 | ＜1.0 | 2.0 |

结果表明：处理区土壤的 pH 和全盐量比对照区有明显降低，处理区的原始碱化度(ESP)越高，改良后碱化度的下降幅度越大，而且表层土壤中碱化度的下降最为明显，从 29.9%下降到 1.43%(图 2-32)，并且施用烟气脱硫石膏不会带来土壤环境安全风险(表 2-10)。改良后树木的平均成活率为 71%，比对照区树木的成活率高 41%，用烟气脱硫石膏改良新疆克拉玛依地区碱化土壤种植树木具有极大的推广应用价值(李彦等，2010a)。

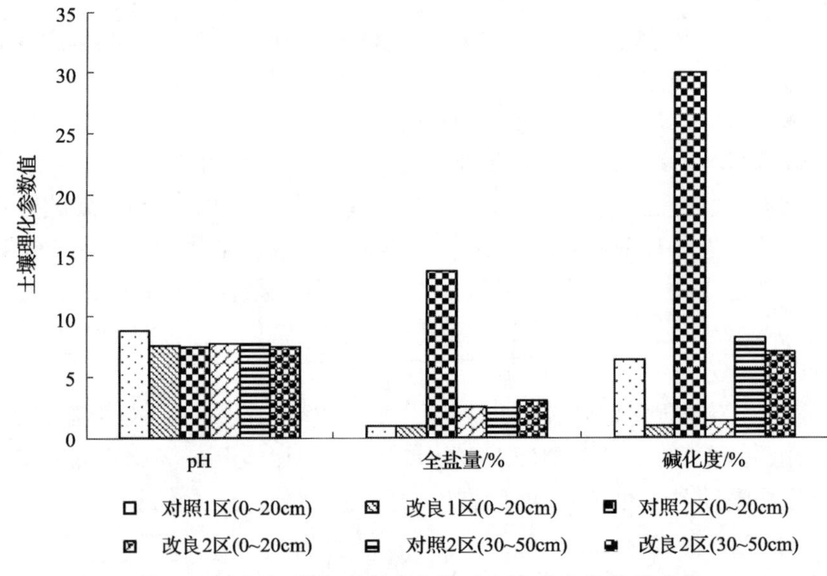


图 2-32　烟气脱硫石膏改良前后土壤理化参数的变化

**表 2-10　烟气脱硫石膏对土壤中重金属的影响**

| 样品名称 | 含量/(mg/kg) | | | | |
|---|---|---|---|---|---|
| | As | Pb | Cd | Cr | Hg |
| 原始土壤 | 14 | 18.4 | 7 | 41 | 0 |
| 改良后的土壤 | 15 | 18.3 | 7.5 | 40.8 | 0 |
| 张掖电厂烟气脱硫石膏 | 30 | 6.4 | 0.5 | 2 | ＜1.0 |
| 土壤环境标准(三级) | 30 | 500 | 1 | 300 | 1.5 |

注：引自《土壤环境质量标准》(GB 15618—1995)

### 2.5.2 宁夏

秦萍等(2008)使用烟气脱硫石膏改良宁夏西大滩碱化土壤种植甜高粱，试验研究表明，施用烟气脱硫石膏可以有效降低土壤碱化度、总碱度和pH，显著提高甜高粱的出苗率和产量。但其改良效果并不与烟气脱硫石膏的施用量呈正相关关系，烟气脱硫石膏施用量过大反而会抑制甜高粱的生长发育。当烟气脱硫石膏施用量为1.72～1.79t/亩时，对降低土壤碱化度、总碱度和土壤pH的效果较好。当烟气脱硫石膏施用量为1.75t/亩时，甜高粱出苗率和产量最高，分别达到78.41%和1265.8kg。

肖国举等(2009)选择宁夏西大滩碱化土壤，采用拉丁方田间试验设计进行烟气脱硫石膏改良碱化土壤种植水稻(*Oryza sativa*)的施用量研究。研究表明：施用烟气脱硫石膏能够降低土壤碱化度、总碱度和pH，提高水稻的出苗率和产量。但烟气脱硫石膏施用量不同，土壤碱化度、总碱度和pH降低的值不同。根据烟气脱硫石膏施用量与土壤碱化度、总碱度、pH降低的模拟曲线关系，当烟气脱硫石膏施用量为2.8～3.1kg/m$^2$时，土壤碱化度、总碱度、pH降低的值达到最大。同时，根据烟气脱硫石膏施用量与水稻出苗率和产量的模拟曲线关系，当烟气脱硫石膏施用量为2.86kg/m$^2$，水稻出苗率达到最大，为84.7%；当烟气脱硫石膏施用量为2.79kg/m$^2$时，水稻产量达到最大。因此，建议烟气脱硫石膏改良碱化土壤种植水稻的施用量为2.8～3.1kg/m$^2$。

肖国举等(2010a)选择宁夏西大滩碱化土壤，采用田间试验进行犁翻与旋耕施用烟气脱硫石膏改良碱化土壤的效果研究。研究表明，犁翻与旋耕施用烟气脱硫石膏，对降低土壤碱化度、总碱度和pH，提高油葵出苗率和产量的效果有所不同。采用旋耕较犁翻对降低土壤碱化度、总碱度和pH，提高油葵出苗率和产量的效果更好。旋耕施用烟气脱硫石膏较犁翻油葵出苗率提高9.4%，产量提高8.2%：犁翻后再旋耕施用烟气脱硫石膏较犁翻与旋耕效果更好。犁翻后再旋耕较旋耕和犁翻油葵出苗率分别提高13.6%和3.8%，产量分别提高16.2%和7.4%。旋耕施用脱硫石膏较犁翻施用有利于提高产投比，其产投比提高0.13；犁翻后再旋耕较旋耕和犁翻更有利于提高产投比，其产投比分别提高0.13和0.01。

张峰举等(2010)使用烟气脱硫石膏改良宁夏西大滩碱化土壤种植油葵，通过田间试验探讨了烟气脱硫石膏不同施用量(0t/hm$^2$、11.25t/hm$^2$、22.5t/hm$^2$、33.75t/hm$^2$、45t/hm$^2$)对次生碱化盐土的改良效果。结果表明，施用烟气脱硫石膏可有效降低次生碱化盐土pH、碱化度和总碱度，提高土壤入渗率，促进盐分离子淋洗。当烟气脱硫石膏的施用量为11.25t/hm$^2$时，土壤pH、碱化度和总碱度分别降低至8.20、7.66%和0.12cmol/kg，且低于土壤发生碱化的临界指标，油葵成熟期株高、根长、单株干重和产量分别达到74cm、18.6cm、57.69kg/hm$^2$和1077.0kg/hm$^2$。

烟气脱硫石膏改良效果与其用量不呈正相关关系，烟气脱硫石膏过量可增加土壤可溶性全盐含量，抑制油葵生长发育。烟气脱硫石膏中的 Hg、Pb、Cr、Cd 等重金属元素含量低于我国相关标准要求及试验田土壤背景值，施用烟气脱硫石膏不会引起土壤重金属元素总量变化。

### 2.5.3 天津

邵玉翠等(2010)研究利用烟气脱硫石膏与天然有机物混合土壤改良剂对天津市汉沽区茶店镇后沽村大田土壤的改良效果。试验设计采用改良剂成分比例不同的两种配方、4 个施用量(1500kg/hm$^2$、3000kg/hm$^2$、4500kg/hm$^2$、6000kg/hm$^2$)，以不施改良剂处理为对照，共计 9 个处理，每个处理设 3 次重复。结果表明：烟气脱硫石膏与天然有机物混合的改良剂与基础土壤相比，降低土壤容重 2.30%～11.86%；增加土壤总孔隙度 0.16%～10.52%；增加毛管孔隙 6.28%～26.30%；降低非毛管孔隙 7.82%～52.38%。两种配方改良剂的不同施用量与对照相比，土壤 ESP、$Na^+$、$K^+$和 $Cl^-$分别下降了 5.88%～127.27%、1.74%～95.69%、34.05%～185.5%和 164.94%～471.2%。增加土壤 $SO_4^{2-}$ 和 $Ca^{2+}$最多分别达到 481.19%和 478.25%。施用烟气脱硫石膏与天然有机物混合的土壤改良剂不仅能够有效地改善土壤物理结构和化学离子组成，同时也为作物提供了丰富的腐殖酸及 Ca、S 等营养物质，提高了玉米产量，与对照相比提高玉米产量 10.19%～30.99%，增加经济效益 10.72%～18.67%(图 2-33)。

### 2.5.4 内蒙古

从 1999 年开始，清华大学煤的清洁燃烧技术国家重点实验室与内蒙古农业大学合作，针对内蒙古土默川近 20 万 hm$^2$ 碱化土壤进行改良试验，在实验室研究的基础上，2000～2002 年在 0.33hm$^2$ 碱地上进行田间试验，2001 年，每公顷施入 12t 烟气脱硫石膏(相当于试验土层重量的 0.5%)后，其玉米出苗、成苗率比不施入烟气脱硫石膏的土地高 39.1%，达到 58.2%，株高平均高度高出 20cm，达到 155.5cm，产量达 3147kg/hm$^2$，而不施烟气脱硫石膏的土地的玉米产量仅为 1012.5kg/hm$^2$。2002 年处理区比对照区提高出苗率 30%～40%，提高生物产量 78%～114%；2003 年籽粒产量提高 48.8%～79.1%，重度碱化和碱土改良对照区几乎是绝产绝收。

从 2002 年开始，清华大学煤的清洁燃烧技术国家重点实验室与中国农业大学合作，对内蒙古巴彦淖尔市乌拉特前旗的碱化土壤进行改良试验，在实验室研究的基础上结合大田试验进行了 3 年的试验研究，取得了显著的效果。试验表明，烟气脱硫石膏降低了土壤中的 ESP、pH，大大提高了作物产量。强度碱化土和碱土都达到了非碱化土壤的标准，强度碱化土和碱土区作物的产量分别达到了

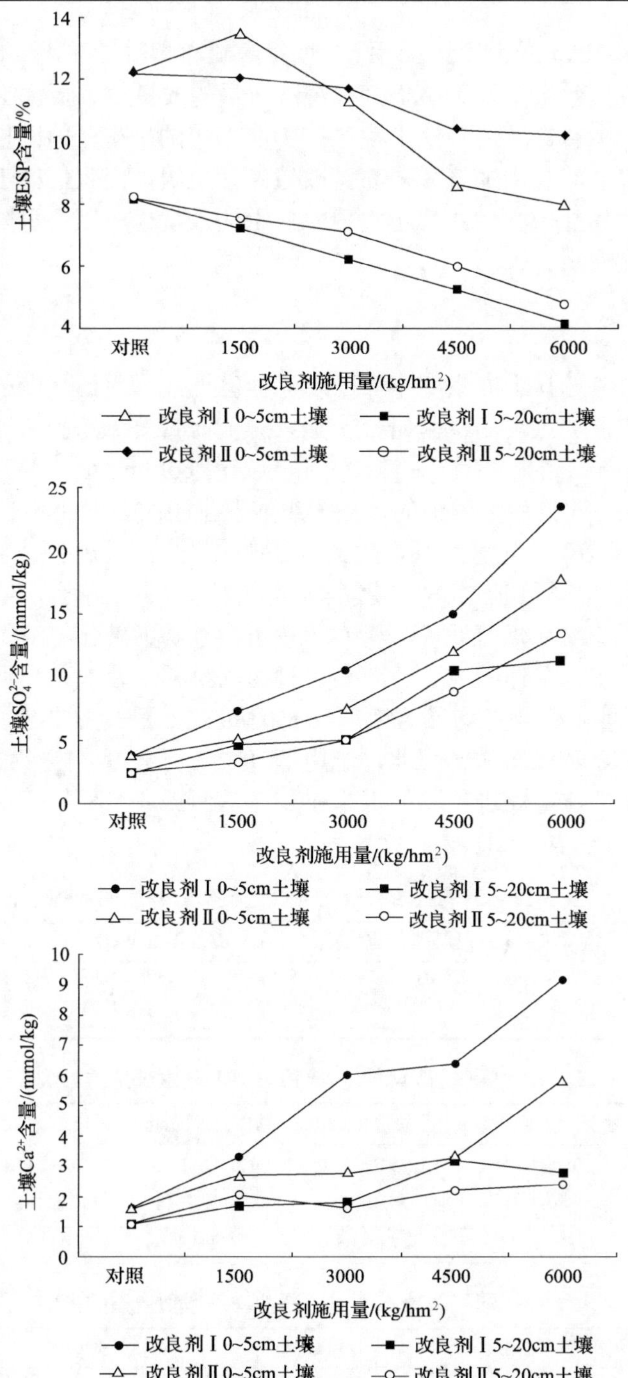


图 2-33　烟气脱硫石膏与天然有机物混合改良剂对土壤碱化度和营养元素(Ca 和 S)的影响(邵玉翠等，2010)

2250kg/hm$^2$ 和 1650kg/hm$^2$ 以上。因此，烟气脱硫石膏改良碱化土壤具有可行性。强度碱化土的改良效果要好于碱土，高淋洗水量的改良效果要优于低淋洗水量。

在国际上，用石膏改造碱性土壤已有 100 多年的历史，但因投资过高并无实际应用。近年来开始利用烟气脱硫石膏改造碱性土壤，而且仍处于研究阶段。用烟气脱硫石膏改良盐碱土壤并真正实现农业上的大规模应用还只限于我国沈阳康平县和内蒙古土默川。

### 2.5.5 上海

贺坤等(2016)选择上海崇明东滩的滩涂盐碱地，采用已获得的技术参数和烟气脱硫石膏配比，通过现场试验研究了烟气脱硫石膏对滩涂盐碱地土壤理化性质和旱稻生长的影响。结果表明，在滩涂盐碱地施用 60t/hm$^2$ 烟气脱硫石膏改良盐碱土壤并种植旱稻，改良后土壤中的盐离子组成发生了明显变化，土壤 pH、交换性 $Na^+$ 及土壤碱化度(ESP)显著降低，盐碱土壤理化性质明显改善。旱稻收获后改良土壤中的有机质、总氮、速效钾等营养物质均比未改良土壤有所降低，土壤速效磷含量降低了近 50%，烟气脱硫石膏对土壤可溶性磷的转化、滞留，降低了土壤径流中可溶性磷进入水体的风险。改良土种植的旱稻主要根系指标、地上部分株高，以及地下、地上生物量均显著增加($P<0.05$)，旱稻的主要产量指标及总产量也较未改良土壤显著性增加。因此，施用烟气脱硫石膏可以能够显著改良滨海滩涂盐碱地的理化性质，促进旱稻的根系生长，从而提高旱稻的产量，并改善农业生态环境(表 2-11～表 2-13)。

**表 2-11 烟气脱硫石膏对盐碱土壤营养物质的影响**

| 处理 | 总氮/(mg/kg) | 有机质/% | 有效磷/(mg/kg) | 速效钾/(mg/kg) |
|---|---|---|---|---|
| 对照 | 808 | 1.6 | 47.0 | 75.4 |
| 烟气脱硫石膏 | 593 | 1.5 | 6.8 | 38.1 |

**表 2-12 烟气脱硫石膏对旱稻地下部分生长量的影响**

| 处理 | 地下部分生物量/g | 总根长/cm | 总根表面积/cm² | 分支数/根 | 总根体积/cm³ |
|---|---|---|---|---|---|
| 对照 | 0.30±0.07 | 299.2±15.12 | 175.1±32.32 | 5210±344.2 | 1.57±0.22 |
| 烟气脱硫石膏 | 0.60±0.39 | 457.4±100.1 | 221.4±36.48 | 6818±1704 | 2.10±0.39 |
| 显著性 | $P<0.01$ | $P=0.03$ | $P=0.04$ | $P=0.046$ | $P=0.02$ |

**表 2-13 烟气脱硫石膏对滩涂盐碱地旱稻产量的影响**

| 处理 | 分蘖数/个 | 穗数/个 | 穗粒数/个 | 总粒鲜重/g | 总粒干重/g |
|---|---|---|---|---|---|
| 对照 | 3.3±1.0 | 3.6±0.8 | 197.8±37.9 | 2.12±0.55 | 1.93±0.50 |
| 烟气脱硫石膏 | 4.2±1.2 | 4.1±1.5 | 259.2±47.46 | 4.42±0.65 | 3.63±0.61 |
| 显著性 | $P=0.22$ | $P=0.48$ | $P=0.03$ | $P<0.01$ | $P<0.01$ |

## 2.6 烟气脱硫石膏安全使用指南

由于烟气脱硫石膏的使用存在一些可能引起生态和环境安全的污染物质(例如,我国的烟气脱硫石膏混有含重金属的飞灰,也可能富集一些重金属如 Hg、Pb、Zn、Cd 等),大规模循环利用或使用必须进行风险评估,按照一定的质量标准和规范指南进行,并在使用过程中对可能产生的生态和环境安全问题采取预处理、风险规避或防范措施。

### 2.6.1 烟气脱硫石膏安全使用的原则和计算公式

为了科学地使用烟气脱硫石膏,确保土壤环境的生态安全,必须考虑以下几方面。

(1)使用烟气脱硫石膏的特殊目的(如脱盐或增加产量等)。

(2)烟气脱硫石膏的重金属含量。

(3)土壤重金属的背景含量。

(4)使用成本(运输、存储、施放和辅助设施等)。

其中土壤重金属的背景含量是计算烟气脱硫石膏安全使用量的基础。

在实际运用中,通常会遇到如表 2-14 中的几种情况和处理方法。当烟气脱硫石膏所关注的重金属含量都小于土壤重金属的背景含量时,使用烟气脱硫石膏一般不会产生生态安全性问题;当烟气脱硫石膏部分所关注的重金属含量都大于土壤重金属的背景含量时,要尽可能地减少烟气脱硫石膏的使用量和使用次数,以免造成土壤重金属的累积;当烟气脱硫石膏多数重金属含量大于土壤重金属的背景含量时,要慎用或弃用烟气脱硫石膏。在后两者情况下,还应该做一些实验室和现场研究,评估烟气脱硫石膏的重金属可能给土壤和作物带来的生态安全风险。

**表 2-14 烟气脱硫石膏使用情景及建议**

| 重金属含量 | 使用建议 | 实验研究 |
| --- | --- | --- |
| 烟气脱硫石膏＜土壤背景 | 可以直接使用 | 一般不需要 |
| 烟气脱硫石膏部分重金属＞土壤背景 | 尽可能地减少烟气脱硫石膏的使用量和使用次数 | 需要一定的实验研究(土壤),评估可能风险 |
| 烟气脱硫石膏大部分重金属＞土壤背景 | 慎用或弃用 | 需要实验研究(土壤和作物),评估可能的生态和安全风险 |

Ritchey 等(1995)和 Hecht(2006)在总结了多年实践的基础上，得到了如下经验公式。

(1)下层酸性土壤改良剂(Ritchey et al.，1995)。

$$GR(kg/hm^2)=(-114+82.773\times As^2)\times 5.44$$

式中，GR 为每公顷烟气脱硫石膏的施用量($kg/hm^2$)；As 为吸收的 S/溶液中的 S；2g 土壤在 20ml 0.75mmol/L 的 $CaSO_4 \cdot 2H_2O$ 溶液中振荡 18h。

(2)Mg 土壤改良剂(Hecht，2006)。

$$GR=[(\%Mg\text{ 饱和液}-20)/100\times CEC\times 2000]+[(pH-7.2)\times 2000]\text{，或}$$

$$GR=\{[ppmMg/(120\times CEC)-0.20]\times CEC\times 2000\}+[(pH-7.2)\times 2000]$$

式中，GR 同上；CEC 为阳离子交换率(meq/100g)。

(3)盐碱地改良剂(Hecht，2006)。

$$GR=\{[ppmNa/(230\times CEC)-0.02]\times CEC\times 2000]\}+\{[ppmMg/(120\times CEC)-0.20]\times CEC\times 2000\}+[(pH-7.2)\times 2000]$$

式中，GR 同上；CEC 为阳离子交换率(meq/100g)；ppm=mg/kg。

### 2.6.2 按作物的需求量使用烟气脱硫石膏

表 2-15 给出了烟气脱硫石膏不同使用量所能提供的营养物 Ca 和 S 的数量。烟气脱硫石膏的使用量可以从每公顷数百千克到数十吨，使用量越大，为作物所提供的营养物 Ca 和 S 越多。表 2-16 给出了以收获作物从土壤中去除的 S 为计算基础，烟气脱硫石膏作为含 S 肥料的推荐使用量。表 2-17 则是按不同作物生长对 S 养分需求量计算的烟气脱硫石膏使用量。

**表 2-15 烟气脱硫石膏不同使用量所能提供的营养物 Ca 和 S 的数量**(Chen and Dick，2011)

| 烟气脱硫石膏/($t/hm^2$) | S/($kg/hm^2$) | Ca/($kg/hm^2$) |
|---|---|---|
| 0.0625 | 11 | 14 |
| 0.125 | 22 | 26 |
| 1.25 | 211 | 264 |
| 2.50 | 422 | 528 |
| 6.25 | 1055 | 1321 |
| 12.50 | 2109 | 2642 |
| 18.75 | 3164 | 3963 |
| 25.00 | 4218 | 5284 |

**表 2-16 以收获作物从土壤中去除的 S 为计算基础，烟气脱硫石膏作为含 S 肥料的推荐使用量**（Chen and Dick，2011）

| 作物 | 作物产量/($t/hm^2$) | 收获去除的 S/($kg/hm^2$) | 推荐的烟气脱硫石膏使用量/($kg/hm^2$) |
|---|---|---|---|
| 玉米 | 14.5 | 17 | 92 |
| 高粱 | 10.5 | 25 | 134 |
| 小麦 | 6.0 | 8 | 43 |
| 油菜(籽) | 2.5 | 14 | 74 |
| 黄豆 | 4.5 | 14 | 74 |
| 向日葵 | 4.3 | 7 | 36 |
| 苜蓿 | 14.5 | 34 | 183 |
| 冷季牧草 | 10.0 | 18 | 98 |
| 棉花 | 2.0 | 45 | 244 |
| 花生 | 5.0 | 24 | 128 |
| 水稻 | 8.8 | 14 | 74 |
| 甜菜 | 75.0 | 51 | 274 |
| 橘子 | 67.5 | 32 | 171 |
| 番茄 | 75.0 | 46 | 249 |
| 马铃薯 | 62.5 | 25 | 134 |

**表 2-17 按不同作物生长对 S 养分需求量计算的烟气脱硫石膏使用量**（Chen and Dick，2011）

| 作物 | S 的用量/($kg/hm^2$) | 推荐的烟气脱硫石膏使用量/($kg/hm^2$) |
|---|---|---|
| 玉米 | 34 | 181 |
| 高粱 | 45 | 250 |
| 小麦 | 34 | 181 |
| 油菜(籽) | 34 | 181 |
| 黄豆 | 34 | 181 |
| 向日葵 | 17 | 91 |
| 苜蓿 | 79 | 431 |
| 冷季牧草 | 34 | 181 |
| 棉花 | 113 | 612 |
| 花生 | 57 | 306 |
| 水稻 | 34 | 181 |
| 甜菜 | 113 | 612 |
| 橘子 | 68 | 362 |
| 番茄 | 113 | 612 |
| 马铃薯 | 57 | 306 |

### 2.6.3 按用途使用烟气脱硫石膏

烟气脱硫石膏的施用方法非常简单，通常采用直接向农田、草坪表面喷撒的方法，也有采用垄沟填埋和现场翻拌的方法。图 2-34 给出了农田和草坪烟气脱硫石膏的施用方式，图 2-35 则是垄沟填埋和现场翻拌的施用方式。表 2-18 给出了烟气脱硫石膏不同用途的施用量、施用时间和施用方式。

图 2-34　烟气脱硫石膏直接喷撒方式：播种前喷撒(A)、草坪喷撒(B)、冬季喷撒(C)、秋收后喷撒(D)、中耕期喷撒(E～G)(彩图请见文后图版)

图 2-35 烟气脱硫石膏垄沟填埋(A)和现场翻拌(B)的方式(彩图请见文后图版)

**表 2-18 烟气脱硫石膏不同用途的施用量、施用时间和施用方式**(Chen and Dick，2011)

| 用途 | 建议的施用量/(kg/hm$^2$) | | | 施用时间 | 施用方法 | 参考文献 |
|---|---|---|---|---|---|---|
| | 低 | 正常 | 高 | | | |
| 含 S 肥料<br>——增加作物产量 | 113 | 340 | 567 | 种植前 | 土壤表面 | Chen et al., 2008<br>Desutter and Cihacek, 2009 |
| 含 Ca 肥料<br>——作物产量(有根作物) | 1 134 | 2 268 | 4 536 | 花生花针期前 | 土壤表面 | Grichar et al., 2002 |
| 土壤改良剂<br>——修复下层酸性土壤 | 3 402 | 6 804 | 11 340 | 种植前 1～180 天 | 土壤表面 | Chen et al., 2005 |
| 土壤改良剂<br>——修复盐碱土壤 | 2 268 | 11 340 | 22 680 | 雨季前，种植前 90～180 天 | 土壤表面 | Xu, 2006 |
| 土壤改良剂<br>——改善水质(控磷) | 1 134 | 6 804 | 10 206 | 种植前 1～180 天 | 土壤表面 | Norton and Rhoton, 2007 |
| 土壤改良剂<br>——改善土壤物理性质和渗透性 | 1 134 | 3 402 | 10 206 | 种植前 1～180 天 | 土壤表面 | Sumner, 2007 |
| 草坪和运动场地的养护产品 | 4 536 | 9 072 | 15 876 | 春、夏或秋季 | 土壤表面 | Schlossberg, 2006 |
| 育苗用合成土壤的组分/% | 5 | 10 | 20 | 合成土壤的制备阶段 | 与其他成分混合 | Bardhan et al., 2004 |

# 3　烟气脱硫石膏控制农业面源磷的研究与应用

## 3.1　概　　述

目前，中国、欧盟及美国的大部分水体均出现严重的富营养化问题，其中农业面源和农田径流是污染水体的主要营养来源和驱动力(李小平，2002)。农业土壤中过量的磷通过地表径流、土壤侵蚀、淋溶等途径逐渐向水体迁移，引起了许多河流和湖泊的藻类水华和富营养化问题。寻找既能提高农业系统生产力，又能保护好生态环境的修复材料，研发一整套经济且可大规模应用的方法控制农田营养物，特别是磷的流失，是减少农业面源污染和改善水质的关键(Hooda et al., 2001；程江等，2009)。

图 3-1 给出了 2013 年美国伊利湖西部水域藻类水华的 MODIS 卫星图片，图 3-2 则是伊利湖西部主要入湖河流莫米河多年可溶性活性磷(DRP)的平均浓度。近年来莫米河 DRP 的浓度又回升到 20 世纪 70 年代的水平，被认为是造成伊利湖西部水域藻类水华暴发的元凶，除了气候变化等原因之外，农业面源磷的流失则是主要原因。

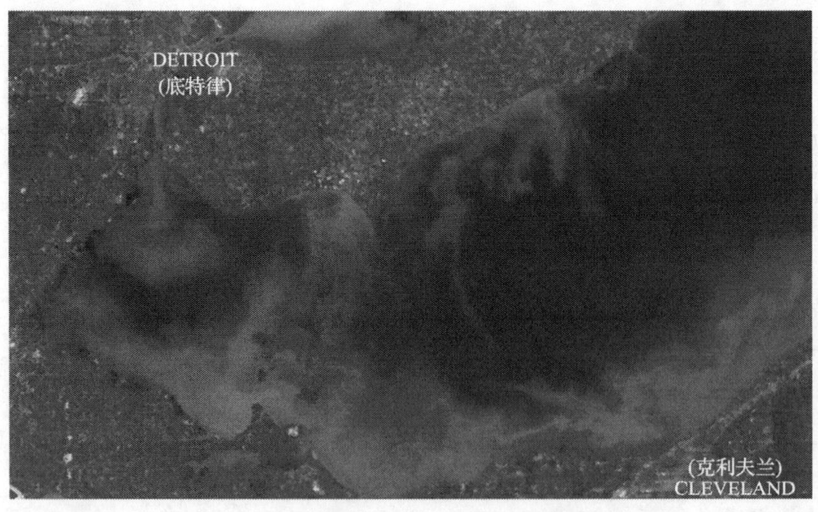


图 3-1　美国伊利湖西部水域藻类水华的 MODIS 卫星图片(美国国家航空航天局提供)
(彩图请见文后图版)

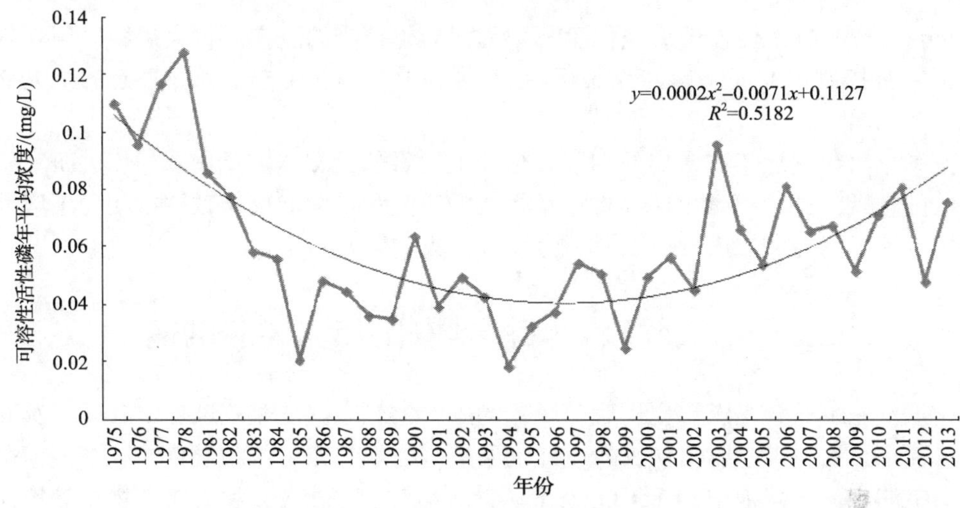


图 3-2　伊利湖西部主要入湖河流莫米河多年可溶性活性磷(DRP)的平均浓度(缺少 1979 年和 1980 年数据)

最近十多年，美国俄亥俄州北部伊利湖西部水域的广大汇水区大量种植黄豆，越来越多的农民采用低成本的免耕技术(no-till farming technique)。免耕技术不需要翻耕土壤，减少了土壤侵蚀，但施用的磷肥会大量残留在上层土壤，很容易在暴雨期间随暴雨径流入湖。大田施用越来越多的畜禽粪便肥料，也会增加磷的流失。

很久以来，石膏($CaSO_4 \cdot 2H_2O$)就用于农业的收成增加和土壤改良(Electric Power Research Institute，2006)。近年来，由电厂烟气脱硫而产生的更为优质的烟气脱硫石膏被广泛应用于建材(石膏板、涂料、水泥缓凝剂等)、农业土壤改良、矿山复垦、滩涂盐碱地脱盐和修复，烟气脱硫石膏已经不再是需要循环利用的废弃物(李小平等，2014)。最近的科学研究也表明，烟气脱硫石膏在控制农田径流中磷(P)的流失方面也起着重要的作用。近年来，国内外的农业或环保专家在使用烟气脱硫石膏改良土壤时，开始关注烟气脱硫石膏减少农业面源磷流失的可能性(Buckley and Wolkowski，2011，2014；Stout et al.，1998，2000；Favaretto et al.，2006；Allen，2012)，向土壤中添加烟气脱硫石膏能够显著减少农业径流中的可溶性活性磷(DRP)。美国的一些州和水污染控制区域(如切萨皮克湾)也要求在畜禽粪便处理过程中添加烟气脱硫石膏，以减少磷的流失。

美国 EPA 于 2008 年发布《烟气脱硫石膏的农业用途》文件，认为施用脱硫石膏可以减少土壤中营养物质和其他污染物质向水体的输送。为了控制伊利湖日趋严重的富营养化问题，美国于 21 世纪初就开始进行用烟气脱硫石膏控制农业面源磷的研究和最佳管理实践(BMP)示范(Dick et al.，2013)。2014 年 8 月 3 日，西伊利湖再次暴发蓝藻水华，导致密歇根州东南部和俄亥俄州托莱多地区 40 万人断水

(Plumer，2014)，促使当局强化伊利湖富营养化控制的进程，将大规模采用烟气脱硫石膏控制农业面源磷的流失(与俄亥俄州立大学 Warren Dick 教授的个人交流，2014 年)。

本章将根据近年在国内外期刊和会议上发表的论文，以及作者的相关研究结果，回顾烟气脱硫石膏控磷的机理及相关的研究和试验成果，以期推动我国应用烟气脱硫石膏控制农田营养物(特别是磷)流失的研究和实践。

## 3.2 烟气脱硫石膏控制农田径流磷的机理

烟气脱硫石膏是燃煤电厂废气脱硫的副产物。在湿法脱硫过程中，以石灰石为脱硫剂，通过向吸收塔内喷入脱硫剂浆液，与烟气充分接触混合并洗涤，使得烟气中的 $SO_2$ 与浆液中的 $CaCO_3$ 及鼓入的强氧化空气反应，生成比矿物石膏粒径更细匀、纯度更高的烟气脱硫石膏($CaSO_4 \cdot 2H_2O$)(反应方程式 3-1)。1t $SO_2$ 就能副产脱硫石膏 2.7t，一个 30 万 kW 的燃煤电厂，如果燃煤含硫 1%，每年就要排出脱硫石膏 3 万 t。截至 2010 年，我国燃煤电厂脱硫产生的烟气脱硫石膏约为 0.523 亿 t，其中 69%被回用，累积库存 0.8 亿 t (http://www.cpnn.com.cn，March 5，2010)。大量脱硫石膏的堆积本身也会对大气与地下水造成严重污染，尽管相关环境问题的研究仍在继续，但烟气脱硫石膏中的重金属在土壤中对植物和水质的潜在影响已经经过广泛的研究，并没有被认为会造成严重的环境问题(Chen et al.，2014；Briggs et al.，2014)。

$$SO_2 + CaCO_3 + 1/2O_2 + 2H_2O \longrightarrow CaSO_4 \cdot 2H_2O + CO_2\uparrow \tag{3-1}$$

相关研究表明，烟气脱硫石膏控制农田径流磷流失的机理主要有两方面：①增加土壤渗透性，减少农田径流；②增加土壤对磷的吸持能力，减少总磷(TP)和可溶性磷的流失。

### 3.2.1 改善土壤结构，减少农田径流

当土壤的 pH 为中性时，石膏的溶解度比石灰石高 200 倍(EPRI，2006a)。石膏的溶解度允许钙和硫从土壤表面向根部区域移动(Chen and Dick，2011)，可以改善土壤理化性质，促使土壤聚合，增加土壤渗透性和水在土壤中的运动(图 3-3)。例如，在盐碱土壤中掺入含有大量 Ca 的烟气脱硫石膏后，由于 $Ca^{2+}$比 $Na^+$对土壤中胶体粒子的吸附能力强，原已吸附的 $Na^+$会和土壤溶液中的 $Ca^{2+}$发生离子交换。含 $Ca^{2+}$胶体微粒的外层不吸附水分子，土壤胶体微粒自身能互相靠近而聚团，形成团粒结构，通过土壤胀缩形成颗粒间通道，增强土壤的渗透性和通气性，减少土壤侵蚀和水土流失(图 3-3)。同时 $Na^+$被置换下来后形成的 $Na_2SO_4$ 可随水移动

被排出土壤，降低碱化土壤的盐碱度。土壤渗透性的增加，导致农田径流的减少，从而降低土壤中磷素随着地表径流流失的可能性。

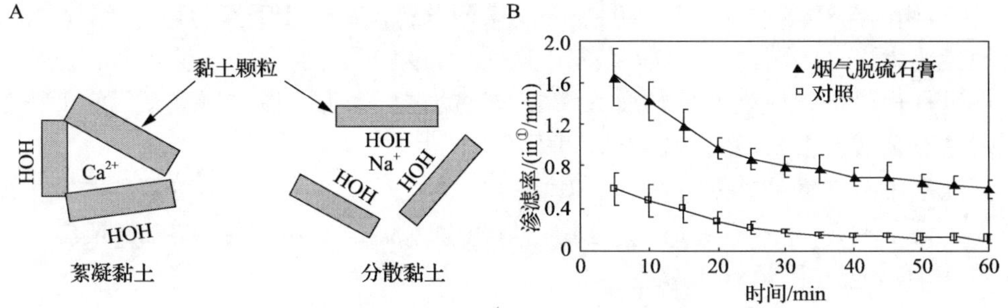


图 3-3 烟气脱硫石膏改变土壤物理特性(A)和增加土壤水的渗透性(B)(Chen and Dick，2011)

### 3.2.2 增加土壤对磷的吸持能力，减少磷的流失

土壤中各种含磷化合物，从可溶性或速效状态转变为不溶性或缓效性状态，称为土壤中磷的固定，固定方式包括吸附固定和化学固定。其中，化学固定是磷肥施入土壤后最常发生的固定作用，即在中性和石灰性土壤中，水溶性磷酸根离子可与碳酸钙($CaCO_3$)生成难溶性磷酸钙盐。例如，在 CaCl 介质中，土壤对磷的吸持量大约自 pH 6 以后显著增加。按溶度积计算结果表明，在 pH 6 以上可能有 $CaHPO_4$ 和 $CaHPO_4·2H_2O$ 等磷酸钙类盐沉淀产生(王光火和朱祖祥，1991)。Bertrand 等(2003)研究了几种钙质土壤，认为高钙质土壤磷吸附的决定因素是 $CaCO_3$，非钙质碱性土壤对磷的吸附能力低，沉淀作用是这些土壤保持磷的主要机制。Afif 等(1993)认为，土壤中施用大量磷肥，磷元素的植物有效性与 $CaCO_3$ 含量呈负相关关系。Ca 对沉积物中的磷有钝化作用(王敬富等，2013)。

磷的固定作用包括吸附和吸收两个难以截然区分的反应，一般统称为吸持。吸附作用一般是指土壤固相上磷酸根离子浓度高于溶液中磷酸根离子浓度，即磷酸根离子被保持在土壤固相表面的过程，这是一个可逆的过程。吸收作用则是指吸附在土壤固相表面的磷酸根离子部分、均匀地渗入土壤固相内部的现象，是不可逆的化学固定(陆文龙等，1998；宋付朋，2006)。

文献研究表明(陆文龙等，1998；张新明等，2001)，磷的吸附主体是土壤中的碳酸钙、无定形氧化铁和氧化铝、土壤黏粒。Lopez 等(1997)认为，在高能吸附位点中，以碳酸钙吸附为主，在低能吸附位点中，以游离氧化铁吸附为主。磷与土壤中钙发生的化学固定过程如下。

① lin=2.54cm。

(1)磷被钙吸附。

(2)被吸附的磷与钙反应生成磷酸二钙($CaHPO_4 \cdot 2H_2O$)。

(3)磷酸二钙缓慢地向溶解度更小的磷酸八钙[$Ca_8H_2(PO_4)_6 \cdot 5H_2O$]转变，并缓慢地转化为稳定的磷酸十钙[即羟基磷灰石，$Ca_{10}(PO_4)_6(OH)_2$]。这个转化过程在初期进行得很快，磷酸二钙转变为磷酸八钙的过程较为缓慢，磷酸八钙转变为羟基磷灰石则需要很长时间(鲁如坤，1990)。

烟气脱硫石膏被施入土壤后，其中含的大量钙可以与土壤中可溶性磷发生反应，形成一种不可溶的 Ca-P 复合物：氢氧(羟基)磷灰石或氟磷灰石[反应方程式(3-2)和反应方程式(3-3)]。

$$3\,Ca^{2+} + 2\,PO_4^{3-} \rightarrow Ca_3(PO_4)_2\text{(磷酸钙)} \tag{3-2}$$

$$3\,Ca_3(PO_4)_2 + CaF_2 \rightarrow 2\,Ca_5(PO_4)_3F\text{(氟磷灰石)} \tag{3-3}$$

$Ca_5(PO_4)_3F$ 中的 F 为羟基(OH)所取代也可形成 [$Ca_5(PO_4)_3OH$](羟基磷石灰)。3 种磷灰石中磷的有效性以氟磷灰石最低，碳酸磷灰石最高，羟基磷灰石居中。除磷灰石外，烟气脱硫石膏还可与土壤中的可溶性磷生成诸如磷酸一钙、磷酸二钙、磷酸三钙、磷酸八钙和磷酸十钙等多种磷酸盐的化合物，以及一系列的水化和含羟基的磷酸钙。其中，磷酸一钙、磷酸二钙含量较高，磷酸八钙为缓效性磷源，磷酸十钙只是一种潜在性磷源(Gu and Jiang，1990)。

## 3.3 烟气脱硫石膏对磷形态的影响

### 3.3.1 磷的形态

土壤中磷(P)的不同形态对研究磷(P)在土壤中行为和生物可获取性十分重要，而且其生物地球化学循环过程与环境效应密切相关。土壤磷按照化学结构可以分为有机磷和无机磷两种形态，在大多数土壤中，磷以无机形态存在，主要以正磷酸盐的形式存在；有机磷含量较低，且变化幅度较大。土壤中磷按照溶解度还可以分为水溶性磷、枸溶性磷(弱酸溶性磷)和难溶性磷(图 3-4)。

1)土壤有机磷

土壤中的有机磷一般占土壤全磷的 10%～30%，有少数耕地土壤可达土壤全磷的 50%，草地、森林土壤有机磷占全磷的 20%～50%。土壤有机磷化合物包括植酸、核酸、磷脂、磷蛋白、糖脂和磷酸盐等，其中植酸类有机磷占土壤有机磷的 40%～80%，可在植酸酶或植素酶的作用下分解释放出磷酸(袁可能，1983)。

近年来，土壤有机磷在植物磷素营养中的作用已逐步受到重视。溶解于水的有机磷是可以直接为作物所吸收利用的形态。与无机磷相比，有机磷在土壤中具有较大的移动性，被土壤无机矿物固定的程度低，即使是难溶于水的有机磷经矿化后也可持续释放出无机磷，对作物生长极为有利(Tate，1984；Dalal，1977)。

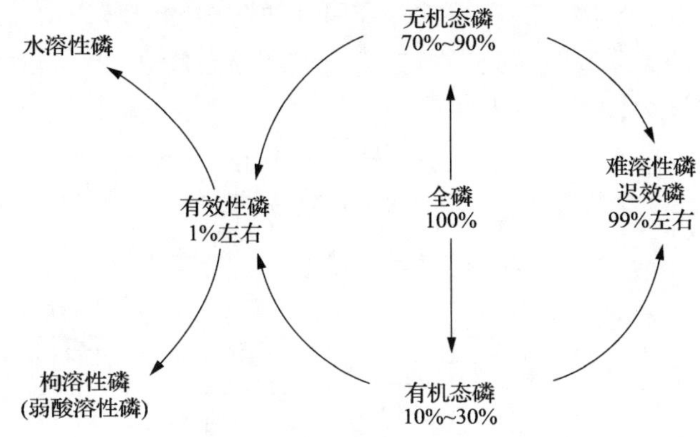


图 3-4　土壤中磷的动态变化

2) 土壤无机磷

土壤中无机磷的种类较多，成分十分复杂，但大体上可分为矿物态、吸附态和水溶态 3 种形态。土壤无机磷中主要以矿物态为主，含磷矿物按照其所结合阳离子的不同，可以分为三大类。

第一类是磷酸钙类化合物(Ca-P)，包括各种原生的磷酸钙盐，如磷灰石、次生的磷酸二钙、磷酸八钙等。其中，磷灰石包括氟磷灰石、羟基磷灰石和碳酸磷灰石 3 种类型的混合物或其中间产物。氟磷灰石因为是原生矿物残留，在土壤中的数量不多，含磷量为 18.44%；羟基磷灰石在土壤中含量最多，为土壤中氟磷灰石的同晶替代产物，或由土壤中的磷酸二钙和磷酸三钙转化而来。3 种磷灰石中磷的有效性以氟磷灰石最低，碳酸磷灰石最高，羟基磷灰石居中。除磷灰石外，土壤中还有磷酸一钙、磷酸二钙、磷酸三钙、磷酸八钙、磷酸十钙等多种磷酸盐的化合物，以及一系列的水化和含羟基的磷酸钙。其中，$Ca_2$-P 是磷酸二氢钙[$Ca(H_2PO_4)_2$]和磷酸氢钙[$CaHPO_4{\cdot}nH_2O$]的等价物质；$Ca_8$-P 是一组化学结构类似于磷酸八钙的磷酸盐，其植物可获取性较 $Ca_2$-P 低；$Ca_{10}$-P 则是一组化学结构类似于磷灰石的磷酸盐，一般为风化产物。

第二类是磷酸铁、磷酸铝类化合物(Fe-P、Al-P)。在酸性土壤中磷与土壤中的铁铝矿物会发生化学固定。酸性的磷酸根溶解土壤中的铁铝矿物，并与铁离子和铝离子反应生成无定形的磷酸铁($FePO_4{\cdot}nH_2O$)和磷酸铝($AlPO_4{\cdot}nH_2O$)。无定形的磷酸铁和磷酸铝会进一步水解，形成结晶性好的盐基性磷酸铁[$Fe(OH)_2H_2PO_4$]和磷酸铝[$Al(OH)_2H_2PO_4$]，其中常见的是粉红磷酸铁[$Fe(OH)_2H_2PO_4$ 或 $FePO_4{\cdot}2H_2O$]和磷铝石($AlPO_4{\cdot}2H_2O$)。磷酸铁、磷酸铝类化合物溶解度较低，有效性也很低。矿物中的 Al 和 Fe 可以彼此掺杂，Fe、Al 和 $H_2PO_4$ 组分可随 pH 而变化(黄万盛等，2004)。

与此同时，由于土壤中的磷酸铁盐在风化过程中的水解作用，无定形磷酸铁、磷酸铝表面会形成 $Fe_2O_3$ 膜包裹，形成第三类闭蓄态磷(O-P)，很难被作物吸收，其转化过程可表述为图 3-5。

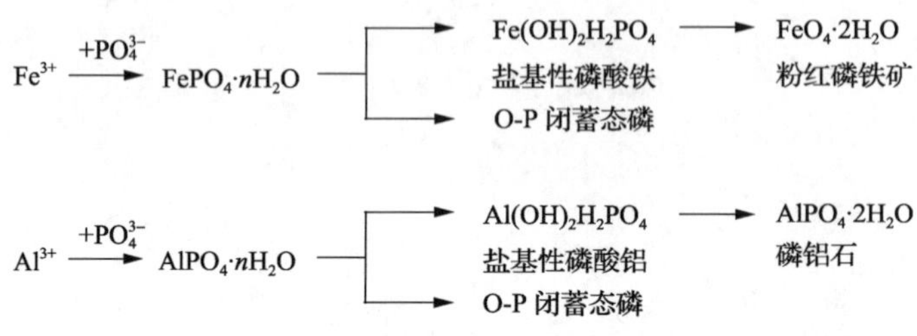


图 3-5　土壤中闭蓄态磷的形成过程

土壤中吸附态磷的含量一般很低，是土壤中为黏土矿物或有机物所吸持的那部分磷酸盐。通常以 $H_2PO_4^-$ 和 $HPO_4^{2-}$ 为主，$PO_4^{3-}$ 很少。吸附态磷一般随 pH 下降而升高，且能通过 pH 调节而释放。

土壤水溶态磷是可供植物直接吸收利用的磷，其含量极低，一般只有 0.1～1mg/kg，最低甚至只有 0.1μg/kg，远不能满足植物正常生长所需。它的补给主要依赖于磷酸盐矿物的溶解和吸附固定态磷的释放(袁可能，1983)。

3)无机磷的固定

一般认为，磷肥利用率低的主要原因是土壤对磷的固定，即能被作物吸收利用的有效态磷在土壤中转化为不能被作物利用的无效态磷。在中性和石灰性土壤中，由于土壤中含有大量的碳酸钙，因此当磷肥被施入土壤后，以碳酸钙对磷的固定为主。在酸性土壤中，磷主要被土壤中所含有的大量无定形氧化铁和氧化铝所固定(安迪等，2013)。我国南方大面积的酸性土壤(红壤、砖红壤、赤红壤等)由于风化程度高，当磷肥被施入土壤后大部分被土壤中大量游离铁、铝氧化物和水化氧化物所固定，很快转化成 Fe-P 和 Al-P，两者的总量可达 80%～90%，并向闭蓄态磷转化，Ca-P 在这些土壤中所占比例很少。随着时间的延长，Al-P 含量减少，Fe-P 含量增加，大约一年后无机磷基本转化为 Fe-P。

石灰性土壤由于风化程度低，土壤中含有大量 Ca，当水溶性磷酸钙被施入土壤后，可以通过沉淀作用很快生成磷酸二钙并逐步向磷酸八钙转化，最后转化为磷酸十钙。在石灰性土壤中的各形态无机磷中，Ca-P 化合物以 $Ca_{10}$-P 占绝对主导，平均占无机磷总量的 70%左右，其次是 $Ca_8$-P，占 10%左右，$Ca_2$-P 最少，约占 1%，Fe-P 和 Al-P 比较少，占无机磷的 4%～5%，O-P 占 10%左右。

对植物的有效性而言，不同形态的无机磷相差很大。研究表明，$Ca_2$-P 的有效性最好，且持续性也好；$Ca_8$-P 有一定的有效性，是一种潜在的缓效磷源（曹一平和崔健宇，1994）。Al-P 是一种相当有效的无机磷源。与 $Ca_2$-P 和 Al-P 相比，Fe-P 的有效性稍差，大致属于中等偏下水平。非晶质的 Fe-P 在石灰性土壤中的供磷能力相当于 $Ca(H_2PO_4)_2 \cdot 2H_2O$ 的 30%～40%。$Ca_{10}$-P 在石灰性土壤上只是一种潜在的磷源，而 O-P 作为作物有效磷源的可能性很小。

### 3.3.2　不同形态磷的溶解度

研究表明，磷酸钙盐的溶度积越高，其稳定性越高，对植物的有效性则越小。磷酸钙盐体系是一个涉及多种参数的复杂体系，其结构取决于溶液的温度、pH、钙和磷的离子浓度、过饱和态及离子强度、离子类型等。在一定温度和 pH 条件下，根据热力学平衡反应，可以得到各类磷酸钙盐的溶解度曲线图（孙放和赵中伟，2006）。

Kuroda 和 Okido（2012）根据 $Ca(OH)_2$-$H_3PO_4$-$H_2O$（或者 CaO-$P_2O_5$-$H_2O$）三元体系中的溶解度等温曲线提出，在水溶液中磷酸钙盐的沉积主要有下列 4 种形式：$CaHPO_4 \cdot 2H_2O$（二水磷酸钙，DCPD）、$Ca_8H_2(PO_4)_6 \cdot 5H_2O$（磷酸八钙，OCP）、$Ca_3(PO_4)_2 \cdot nH_2O$（磷酸三钙，TCP）、$Ca_{10}(PO_4)_6(OH)_2$ 或者 $2[Ca_5(PO_4)_3(OH)]_2$（羟基磷灰石，HAP）。

这 4 种磷酸钙盐的溶解度由小到大的顺序为 HAP、TCP、OCP、DCPD。其中 HAP 是一种微溶于水的弱碱性磷酸钙盐，在中性或碱性溶液中，HAP 是所有磷酸钙盐中最稳定的存在形式。图 3-6 是主要磷酸钙盐 37℃时在不同 pH 条件下的溶解度。如图 3-6 可见，在 pH＜5 时磷酸二钙（DCPA）是最稳定的磷酸钙化合

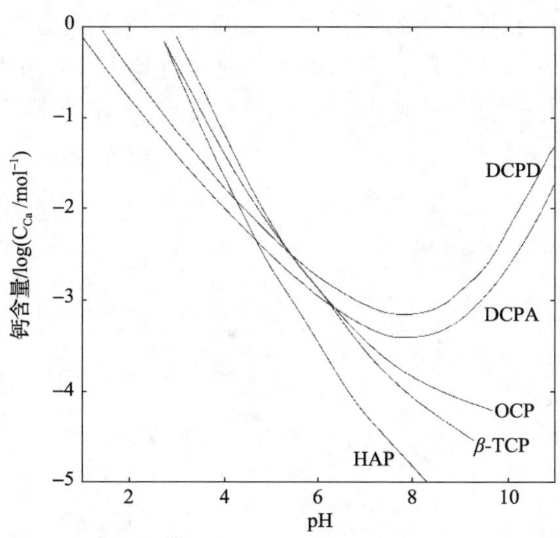


图 3-6　磷酸钙化合物的溶解度与 pH 的关系（37℃）（Kuroda and Okido，2012）

物，而 HAP 则在 pH＞5 时最为稳定。因此在 pH＞5 时，在一定的离子强度和温度下，HAP 很容易出现。在酸性条件下(pH＞5)一般不会出现 HAP 沉淀，也不会出现具有生物活性的磷酸三钙[$\beta$-$Ca_3(PO_4)_2$]的氢化过程(Kuroda and Okido，2012)。

根据 Recillasa 等(2012)对磷酸盐水溶液化学平衡的研究成果，得知磷酸钙盐的沉淀取决于溶液中各类物质组合的浓度，此外，pH 和反应条件对羟基磷灰石的选择性沉淀至关重要。表 3-1 显示了 25℃时磷酸钙系在饱和溶液中发生的平衡反应及溶度积常数。

**表 3-1　不同形态磷酸盐的溶度积常数**(Recillasa et al.，2012)

| |
|---|
| 磷酸十钙(HAP)；$Ca_5(PO_4)_3OH$ |
| $[Ca^{2+}]^5[PO_4^{3-}]^3[OH^-]\ y_2^5y_3^3y_1=4.7\times10^{-59}$ |
| 磷酸三钙(TCP)；$Ca_3(PO_4)_2$ |
| $[Ca^{2+}]^3[PO_4^{3-}]^2\ y_2^3y_3^2=1.2\times10^{-29}$ |
| 磷酸八钙(OCP)；$Ca_4H(PO_4)_3 2.5H_2O$ |
| $[Ca^{2+}]^4[PO_4^{3-}]^3[H^+]\ y_4^2y_3^3y_1=1.25\times10^{-47}$ |
| 磷酸二钙(DCPA)；$CaHPO_4$ |
| $[Ca^{2+}][HPO_4^{2-}]\ y_2^2=1.26\times10^{-7}$ |
| 二水磷酸钙(DCPD)；$CaHPO_4\cdot2H_2O$ |
| $[Ca^{2+}][HPO_4^{2-}]\ y_2^2=2.49\times10^{-7}$ |

Recillasa 等(2012)还对不同离子浓度强度下各类磷酸盐的溶度积变化进行了讨论，实验结果如表 3-2 所示。25℃时磷酸钙系在饱和溶液中发生的平衡反应及平衡常数如表 3-3 所示。研究结果还显示，在 pH=7 和离子强度 $I$=0.143 时，高浓度的 $Ca^{2+}$和低浓度 $PO_4^{3-}$ (如 $Ca^{2+}$=$3.2\times10^{-2}$mol/L，$PO_4^{3-}$=$1.0\times10^{-10}$mol/L)可能出现 HAP 的沉淀。当 pH 大于 8 时(图 3-7，pH=8、9 和 10)，出现沉淀的顺序为 HAP、TCP、OCP、DCPA 和 DCPD。

**表 3-2　不同离子强度下的溶度积**(Recillasa et al.，2012)

| 复合物 | *Ksp* | *Ksp* 1 = 0.143 | *Ksp* 1 = 0.2 |
|---|---|---|---|
| 磷酸十钙(HAP) | $4.7\times10^{-59}$ | $1.69\times10^{-53}$ | $4.44\times10^{-53}$ |
| 磷酸三钙(TCP) | $1.2\times10^{-29}$ | $3.56\times10^{-26}$ | $6.51\times10^{-26}$ |
| 磷酸八钙(OCP) | $1.25\times10^{-47}$ | $1.55\times10^{-42}$ | $3.60\times10^{-42}$ |
| 二水磷酸钙(DCPA) | $1.26\times10^{-7}$ | $1.06\times10^{-6}$ | $1.24\times10^{-6}$ |
| 磷酸二钙(DCPD) | $2.49\times10^{-7}$ | $2.10\times10^{-6}$ | $2.47\times10^{-6}$ |

**表 3-3 不同形态磷酸盐的热力学常数**(Recillasa et al., 2012)

| | |
|---|---|
| $H^+ + H_2PO_4^- = H_3PO_4$ | $K_a = 164.1$ |
| $H^+ + HPO_4^{2-} = H_2PO_4^-$ | $K_b = 1.58\times10^7$ |
| $H^+ + PO_4^{3-} = HPO_4^{2-}$ | $K_c = 2.33\times10^{12}$ |
| $K^+ + HPO_4^{2-} = KHPO_4^-$ | $K_d = 3.98$ |
| $Ca^{2+} + H_2PO_4^- = CaH_2PO_4^+$ | $K_1 = 31.91$ |
| $Ca^{2+} + HPO_4^- = CaHPO_4$ | $K_2 = 681$ |
| $Ca^{2+} + PO_4^{3-} = CaPO_4^-$ | $K_3 = 2.9\times10^6$ |
| $Ca^{2+} + OH^- = CaOH^+$ | $K_4 = 32.4$ |
| $H^+ + OH^- = H_2O$ | $K_W = 1\times10^{14}$ |

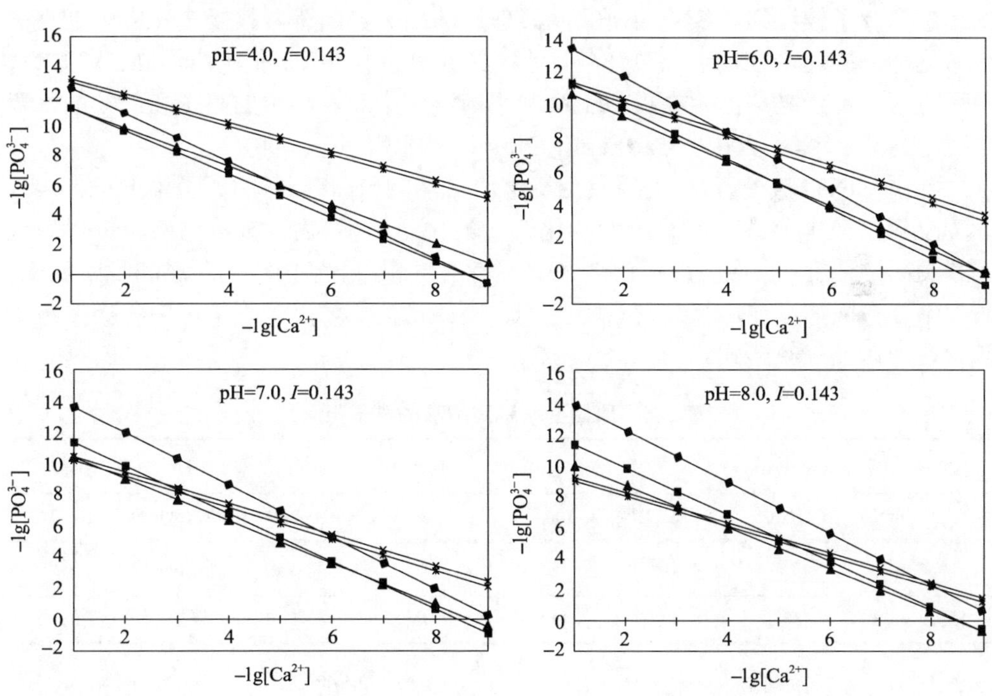

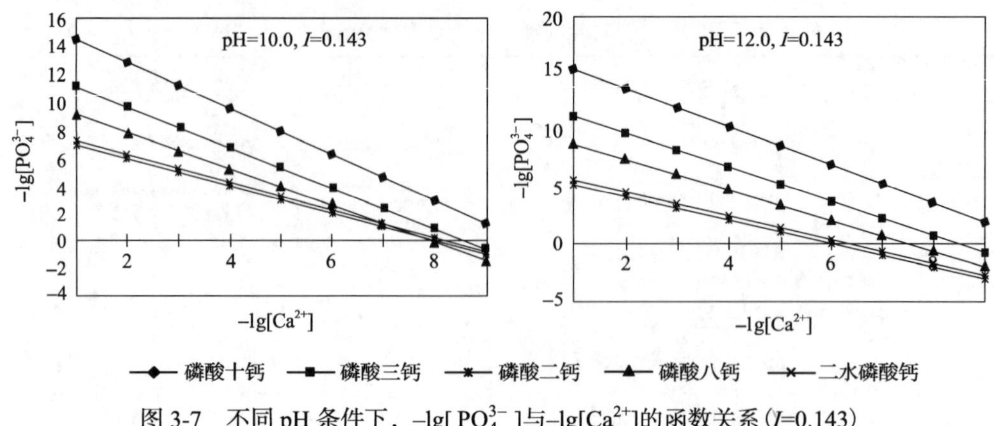


图 3-7　不同 pH 条件下，$-\lg[PO_4^{3-}]$与$-\lg[Ca^{2+}]$的函数关系（$I$=0.143）

### 3.3.3　MINTEQ 程序计算下不同形态磷的溶解度

美国国家环境保护局(EPA)开发的 MINTEQ(2.5 版)，对土壤环境中各类离子的形态进行了较详细和权威的研究，其理论基础是美国著名教授 Lindsay 创立的土壤化学平衡理论(Lindsay，1986)。近年经计算机软件窗口化(Visual MINTEQ)，使用方便，已经被广泛用在模拟土壤水平衡溶液中或水体中的离子和矿物的平衡情况中(孙卫玲等，2001；Cao et al.，2004；朱兆州等，2006)。

利用MINTEQ模型，根据原始土壤淋溶溶液的pH和测得的离子强度(表3-4)，计算土壤溶液中的各种离子浓度和化合物的化学平衡(输入参数包括无机形态金属和阴离子浓度，反应温度设为 25℃，不考虑气相，不考虑氧化还原和吸附反应，假设不存在固体沉淀)，分析在不同 pH、不同钙离子浓度下，溶液中各类无机磷的存在形态及分布形式。

**表 3-4　原始土壤淋溶溶液的离子强度**

| 离子 | P | $HCO_3^-$ | $Cl^-$ | N(NO) | Cr | Pb | As |
|---|---|---|---|---|---|---|---|
| 浓度/(mg/L) | 1050 | 366 | 100.4 | 66.0 | 75.2 | 24.29 | 10.53 |
| 离子 | Fe | Al | K | Na | Ca | Mg | $SO_4^{2-}$ |
| 浓度/(mg/L) | 38.5 | 79.4 | 43.8 | 36.7 | 49.0 | 23.5 | 10.4 |

其中，pH 分别模拟强碱、碱性、中性、酸性、强酸性条件，分别取 pH 为 9、8、7、6、5。根据相关文献设定不同的钙用量水平(mg/L)，土壤中烟气脱硫石膏的施用量最大可以达到 280t/hm$^2$。本次模拟按照试验测定的原始钙离子浓度(49.87mg/kg)，以及 $CaSO_4$ 的溶解系数(4.93×10)和溶解度(30℃下 0.264)，钙离子浓度取值如下：50mg/L、100mg/L、200mg/L、400mg/L、800mg/L、1600mg/L、

3200mg/L 和 6400mg/L。

运用模型 Visual MINTEQ 计算的结果证实土壤无机磷形态主要为钙磷，其中又以 $CaPO_4^-$ 和 $CaHPO_4^+$ 为主。随着土壤溶液中钙离子浓度的增加，矿物态的钙磷酸盐数量逐渐增加，但不同 pH 条件下，增加的钙磷酸盐不同。碱性条件下，增加的钙磷主要以 $CaPO_4^-$ 和 $CaHPO_4^+$ 为主，随着 pH 升高，$CaPO_4^-$ 含量逐渐增加；酸性条件下，增加的钙磷主要以 $CaH_2PO_4^+$ 和 $CaHPO_4$ 为主，随着 pH 降低，$CaH_2PO_4^-$ 含量逐渐增加。随着钙离子浓度的增加，吸附态磷含量则逐渐降低，且降低趋势显著。同时其他矿物态无机磷则逐渐减少(碱性条件下主要以 Na-P、Mg-P、Fe-P 为主，酸性条件下以 Al-P、Fe-P 为主)，但变化趋势不明显(pH>7 时，所占比例不超过 10%)(图 3-8)。

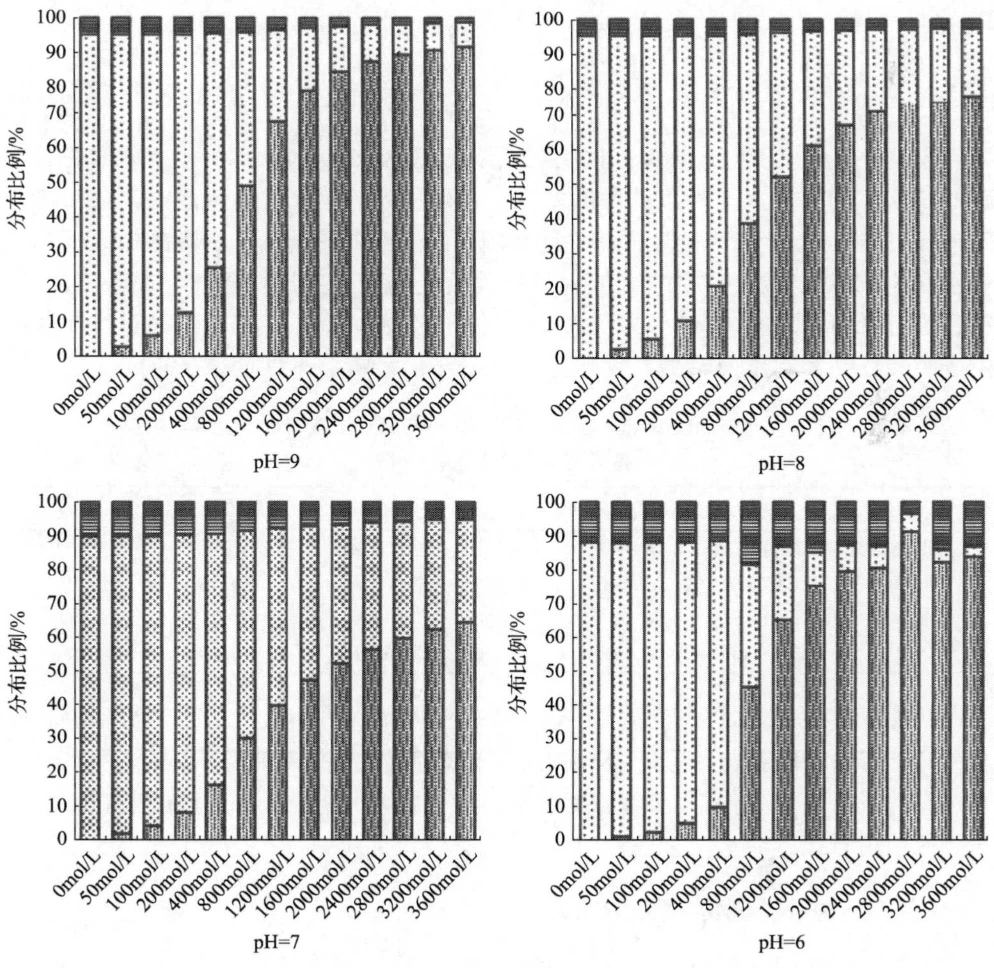

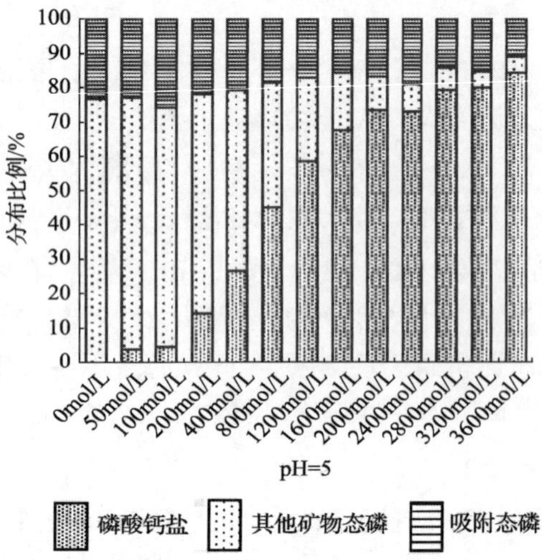


图 3-8　Visual MINTEQ 模型计算不同 pH 条件、不同钙离子浓度下土壤溶液无机磷形态分布

模型模拟结果表明，当施加的钙离子浓度超过 1600mg/L 时，土壤钙磷百分比超过 50%，随着钙离子浓度的不断增大，钙磷所占的比例也越来越高，最后接近 90%(表 3-5)。随着烟气脱硫石膏的逐渐施入，土壤中的钙离子和磷酸根离子形成一系列的水溶性磷酸一钙化合物，且这些化合物占全磷的比例随着钙离子浓度(烟气脱硫石膏用量)增加而增大。当水溶性磷酸一钙施入土壤后，可以通过沉淀作用生成磷酸二钙并逐步向磷酸八钙转化，最后转化为磷酸十钙(Li，1991)。

**表 3-5　Visual MINTEQ 模型计算不同钙离子浓度下碱性土壤中各类 Ca-P 的形态及分布**　(单位：%)

| 钙离子浓度 | 200mg/L | 400mg/L | 800mg/L | 1600mg/L | 3200mg/L | 6400mg/L |
|---|---|---|---|---|---|---|
| $CaHPO_4/P$ | 4.662 | 9.096 | 16.940 | 26.740 | 31.665 | 32.623 |
| $CaPO_4/P$ | 6.967 | 13.548 | 25.148 | 40.168 | 49.759 | 52.718 |
| $CaH_2PO_4/P$ | 0.011 | 0.021 | 0.038 | 0.061 | 0.076 | 0.080 |
| Ca-P/P | 11.640 | 22.665 | 41.126 | 66.969 | `81.500 | 85.421 |

此外，模型计算结果还显示，碱性或者酸性条件下溶液中的可溶性磷更容易与钙离子形成磷酸钙盐。且随着 pH 的增加或者降低，磷酸钙盐的含量逐渐增加，即在碱性或者酸性条件下，磷酸钙盐的溶解度更高，与 Kuroda 和 Okido(2012)等的研究结果一致。

### 3.3.4　各种形态无机磷的提取方法

由于不同研究者采用的无机磷分组方法不一致，对无机磷形态表述各不相同。Chang 和 Jackson(1957)、沈仁芳和蒋柏藩(1992)等根据正磷酸盐所结合的主要阳离子的不同，将土壤无机磷分成铝磷酸盐（Al-P）、铁磷酸盐（Fe-P）、磷酸钙盐（Ca-P）和闭蓄态磷（O-P），并进一步将土壤磷酸钙盐按其溶解度和有效性细分为磷酸二钙型（$Ca_2$-P）、磷酸八钙型（$Ca_8$-P）和磷石灰型（$Ca_{10}$-P），客观上反映了土壤无机磷的全貌，成为土壤无机磷分级研究中广泛采用的方法。顾益初和蒋柏藩根据我国石灰性土壤无机磷的组成特点提出了无机磷的提取方法（表 3-6）。该方法有效地将石灰性土壤中的磷酸钙区分为 $Ca_2$-P、$Ca_8$-P 和 $Ca_{10}$-P 3 种组分，并将土壤中的 Fe-P、Al-P 和 O-P 较好地分离开来（表 3-6）。这种测试方法已经被广泛地应用于中国南方（Gu and Jiang，1990；Shen et al.，2004）和西澳大利亚（Samadi and Gilkes，1998）的土壤磷组分对施肥的响应和有效性研究中。

**表 3-6 顾益初、蒋柏藩提出的无机磷分类提取方法**

| 步骤 | 提取方法 | 提取的 P 形态 |
|---|---|---|
| 1 | 1g 土壤，50ml 0.25mol/L $NaHCO_3$（pH 7.5）溶液，振荡 1h | 方解石表面磷复合物，或者离散的磷酸钙磷（$Ca_2$-P） |
| 2 | 残渣用 95%的乙醇冲洗 2 遍，50ml 0.5mol/L $NH_4CH_3COO$（pH 4.2）溶液，浸泡 4h 后振荡 1h | 磷酸八钙（$Ca_8$-P） |
| 3 | 残渣用饱和的 NaCl 冲洗 2 遍，50ml 0.5mol/L $NH_4F$，振荡 1h | 非晶态铝磷（Al-P） |
| 4 | 残渣用饱和的 NaCl 冲洗 2 遍，1∶1 的 0.1mol/L NaOH 和 0.1mol/L $Na_2CO_3$（pH 8.2），振荡 2h，静置 16h 后再振荡 2h | 吸附在铁氧化物表面上的磷（Fe-P） |
| 5 | 残渣用饱和的 NaCl 冲洗 2 遍，40ml 0.3 mol/L 柠檬酸钠加 1g 二硫磺酸钠，80℃加热 15min | 包裹在铁氧化物中的 P，或者非晶态铁氧化物中的 P（Occl-P） |
| 6 | 残渣，50ml 0.5mol/L $H_2SO_4$，振荡 1h | 羟基磷灰石（$Ca_{10}$-P） |

目前，国内外应用较为普遍的尤其适用于酸性土壤的无机磷分级方法是 Chang-Jackson 法（1957 年），该分级体系后经 Peterson 和 Corey（1962）改进后，将土壤无机磷分为：①1mol/L $NH_4Cl$ 提取的易溶态磷；②0.5mol/L $NH_4F$ 提取的铝磷酸盐（Al-P）；③0.1mol/L NaOH 提取的铁磷酸盐（Fe-P）；④0.5mol/L $H_2SO_4$ 提取的钙磷酸盐（Ca-P）；⑤0.3mol/L 柠檬酸钠—0.5g $Na_2SO_4$—0.1mol/L NaOH 提取的闭蓄态磷（O-P）。到目前为止，Chang-Jackson 提出的无机磷分级方法及以此为基础的改进方法仍是国际上应用最为普遍的方法之一。但由于该法不能很好地区分石灰性土壤中不同形态的无机钙盐，其在石灰性土壤的无机磷形态研究中应用受到了限制。

Zhang 和 John（2009）提出连续提取方法进行磷形态分析的研究如下。分别用 $NH_4Cl$ 溶液（1mol/L）、$NH_4F$ 溶液（0.5mol/L，pH=8.2）、NaOH 溶液（0.1mol/L）、CBD 溶液（0.3mol/L $Na_3C_6H_5O_7$、1mol/L $NaHCO_3$，0.5g $Na_2S_2O_4$）、稀 $H_2SO_4$ 溶液（0.25mol/L）及浓 $H_2SO_4$ 与 $HClO_4$ 混合液，依次提取出易吸附态磷（L-P）、铝磷

(Al-P)、铁磷(Fe-P)、可还原态磷(RS-P)、钙磷(Ca-P)和残余态磷(Res-P)。每个样品平行测定 3 次，磷形态含量取其平均值。Al-P、Fe-P、Ca-P 的相对标准偏差均在 10%以内，L-P 的相对标准偏差在 15%以内，Res-P 的相对标准偏差在 15%以内，而 RS-P 由于氧化还原条件的影响，相对标准偏差稍大，在 20%以内(表 3-7)。

**表 3-7　Zhang 和 John 提出的无机磷形态提取方法**

| 步骤 | 提取方法 | 提取的 P 形态 |
|---|---|---|
| 1 | $NH_4Cl$ 溶液(1mol/L) | 易吸附态磷(L-P) |
| 2 | $NH_4F$ 溶液(0.5mol/L，pH=8.2) | 铝磷(Al-P) |
| 3 | NaOH 溶液(0.1mol/L) | 铁磷(Fe-P) |
| 4 | CBD 溶液(0.3mol/L $Na_3C_6H_5O_7$、1mol/L $NaHCO_3$，0.5g $Na_2S_2O_4$) | 可还原态磷(RS-P) |
| 5 | 稀 $H_2SO_4$ 溶液(0.25mol/L) | 钙磷(Ca-P) |
| 6 | 浓 $H_2SO_4$ 与 $HClO_4$ 混合液 | 残余态磷(Res-P) |

### 3.3.5　烟气脱硫石膏对滨海土壤磷形态的影响

2014～2015 年，贺坤等(2016)在位于上海市奉贤区的上海应用技术大学校内植物园试验基地，通过不同烟气脱硫石膏施用水平的田间试验，系统研究了烟气脱硫石膏对上海地区滨海农耕土壤中磷素养分有效性和无机磷形态组成变化的影响，目的在于探讨烟气脱硫石膏对土壤磷素的固定作用及形态变化特征，为控制农业面源污染，降低水体富营养化发生概率，从而为保障区域水生态系统环境安全提供理论依据。

本次田间试验以不同的烟气脱硫石膏使用量为处理，共 4 个处理，分别为 CK($0t/hm^2$)、T1($15t/hm^2$)、T2($30t/hm^2$)、T3($45t/hm^2$)。每个处理 3 次重复，共计 12 个试验小区。各试验小区长 3.0m，宽 2.0m，小区间距 0.5m，小区间田埂宽 30cm，用塑料薄膜覆盖，埋深 40cm 以防止水肥串流。试验小区一侧设有收集土壤渗流液的排水沟槽，各小区底部各设两根聚氯乙烯(PVC)穿孔管通向排水沟槽。PVC 排水管被土壤覆盖的部分等距离设置 5 个直径为 5.0cm 的透水孔，为防止泥土进入管道，利用过滤网缠绕透水孔。PVC 管放置时略微倾斜，以保证渗滤液能顺利流出，利用广口瓶在排水沟槽一侧收集降雨时的土壤渗滤液。

研究结果表明，滨海农耕土壤中施加烟气脱硫石膏后，并没有引起土壤全磷含量的变化，对照(CK)和不同烟气脱硫石膏处理间的土壤全磷含量均没有显著性的差异($P>0.05$)。施用烟气脱硫石膏一年后，对照(CK)和各个处理之间的土壤全磷含量均较半年时有所下降，但差异也不显著($P>0.05$)。说明烟气脱硫石膏的施用不会改变土壤中总磷含量，且随着时间的推移，土壤中也没有过多的磷损失(图 3-9)。

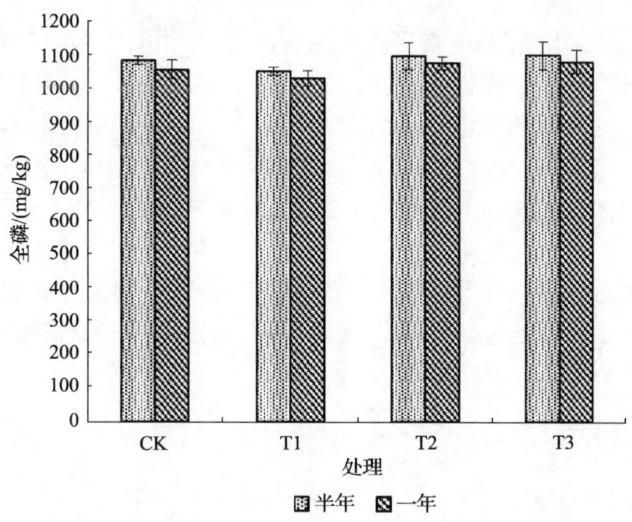


图 3-9　不同烟气脱硫石膏施用量土壤总磷的变化

然而随着脱硫石膏配比的上升，土壤中的有效磷含量呈现下降的趋势(图 3-10)，且在大量使用情况下土壤有效磷的下降较为显著，T3(45t/$hm^2$)处理与对照相比土壤有效磷平均含量下降了近 20%，说明烟气脱硫石膏抑制了土壤中磷的有效作用。究其原因应该是烟气脱硫石膏中含有大量的钙离子，在施入土壤后，部分钙离子会交换盐碱土壤胶体上的钠离子，降低土壤的 pH 和碱化度，但仍会有大量的钙离子以交换态形式留在土壤中，与土壤中富集的磷酸根离子发生反应，形成难溶性磷。

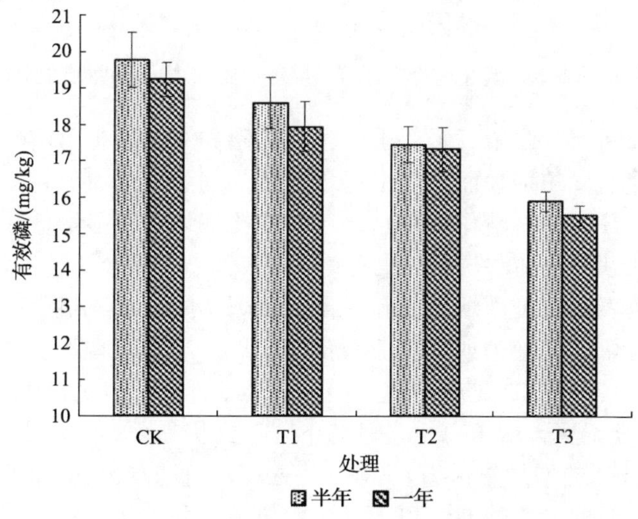


图 3-10　不同烟气脱硫石膏施用量土壤有效磷的变化

土壤磷素由于降雨淋失及农田浇灌等进入地下，可能会造成地下水的污染，进而进入水环境，加重了水体富营养化。由图 3-11 可知在施用烟气脱硫石膏后，不同月份土壤渗滤液中的可溶性磷含量均随着烟气脱硫石膏施用量的增加而显著降低，其中 6 月、7 月、8 月、9 月 4 个月份不同处理的土壤渗滤液中可溶性磷较对照(CK)分别减少了 25.1%～49.1%、25.0%～44.8%、43.7%～65.9%和 16.0%～58.1%。4 个月份，T1、T2 和 T3 不同处理下，渗滤液中可溶性磷平均分别下降 27.5%、41.9%和 54.5%。结果表明烟气脱硫石膏施入土壤一段时间后，烟气脱硫石膏对磷的固定作用开始逐渐显现，且对土壤渗滤液中可溶性磷的影响远大于对土壤有效磷的影响。

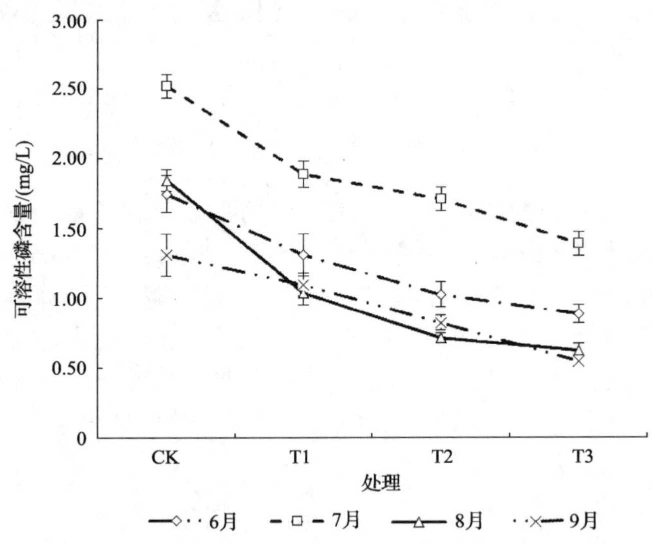


图 3-11 不同烟气脱硫石膏施用量对渗滤液中可溶性磷的影响

因此，在施用烟气脱硫石膏后土壤中有效磷和渗滤液中可溶性磷含量均随着烟气脱硫石膏使用量的增加而呈现出逐步下降的趋势，滨海农耕土壤过量积累的磷素，通过地表径流、淋溶作用向水体迁移的概率均会明显降低，在一定程度上会减轻对河流和湖泊水体水质恶化的影响。

实验结果也表明，施用烟气脱硫石膏能显著影响土壤无机磷组分，增加土壤中总的无机磷含量。在施用烟气脱硫石膏一年后，所有处理下土壤无机磷总量均显著高于对照，其中在 T2 处理时达到最大，为 895.18mg/kg，较对照处理增加了 24.40%，T3 处理土壤无机磷总量又略有下降，但仍显著高于 CK 和 T1。从单位增加值来看，Ca-P 的增加量最为显著，T3 处理较对照(CK)增加了 134.13mg/kg，增加量占总无机磷增加量的 80%以上，由此可见，随着烟气脱硫石膏施用量的增加，土壤中无机磷增加主要以磷酸钙盐为主(表 3-8)。

**表 3-8 不同烟气脱硫石膏使用量水平下各形态无机磷含量的变化**

| 磷形态测试方法处理 | 铝磷酸盐 Al-P | | 铁磷酸盐 Fe-P | | 闭蓄态磷 O-P | | 钙磷酸盐 Ca-P | | 无机磷量/(mg/kg) |
|---|---|---|---|---|---|---|---|---|---|
| | 0.5mol/L 氟化铵 | | 0.1mol/L 氢氧化钠与碳酸钠混合液 | | 0.3mol/L 柠檬酸钠和连二亚硫酸钠溶液 | | 见表 3-9 测试方法 | | |
| | 含量/(mg/kg) | 总量比/% | 含量/(mg/kg) | 总量比/% | 含量/(mg/kg) | 总量比/% | 含量/(mg/kg) | 总量比/% | |
| CK | 45.58a | 6.33 | 15.43a | 2.14 | 185.14a | 25.73 | 473.47a | 62.79 | 719.62a |
| T1 | 47.08a | 5.78 | 11.89b | 1.46 | 203.93b | 25.06 | 548.95b | 67.69 | 813.86b |
| T2 | 53.43b | 5.96 | 10.49b | 1.17 | 242.26c | 27.06 | 588.65c | 65.79 | 895.18c |
| T3 | 56.27b | 6.68 | 10.69b | 1.26 | 207.76b | 19.92 | 607.60c | 72.13 | 882.15c |

注：数字后不同字母表示相互间有显著性差异

进一步对土壤中各类磷酸钙盐组分的变化趋势进行分析，结果如表 3-9 所示，土壤磷酸钙盐组分中 $Ca_{10}$-P 的含量最高，占磷酸钙盐总量的 60%以上，$Ca_8$-P 含量次之。结果表明施用烟气脱硫石膏后，土壤中增加的交换性钙离子与磷酸根离子发生了反应，引起了土壤中各类磷酸钙盐含量的普遍增加。其中，随着施用烟气脱硫石膏量的增加，$Ca_2$-P 的含量呈先升后降的趋势，其中在 T2 处理时达到最大，为 78.02mg/kg，且所有处理均显著高于对照(CK)，含量较对照增加了 30.8%～68.9%。$Ca_8$-P 和 $Ca_{10}$-P 的含量均随着烟气脱硫石膏使用量的增加呈现逐渐增加的趋势，含量分别较对照增加 35.2%～66.3%和 7.3%～17.8%，其中 $Ca_8$-P 增量最为显著，土壤中各类磷酸钙盐平均含量增加的变化顺序依次为 $Ca_8$-P＞$Ca_{10}$-P＞$Ca_2$-P。

**表 3-9 不同烟气脱硫石膏使用量水平下各类磷酸钙盐组分的含量变化**

| 磷形态测试方法处理 | $Ca_2$-P | | $Ca_8$-P | | $Ca_{10}$-P | | 钙磷酸盐 Ca-P 总量 | |
|---|---|---|---|---|---|---|---|---|
| | 0.25mol/L 碳酸氢钠溶液 | | 0.5mol/L 乙酸铅溶液 | | 0.5mol/L 硫酸溶液 | | | |
| | 含量/(mg/kg) | 总量比/% | 含量/(mg/kg) | 总量比/% | 含量/(mg/kg) | 总量比/% | 含量/(mg/kg) | 总量比/% |
| CK | 46.20a | 9.76 | 90.56a | 19.13 | 336.71a | 71.11 | 473.47a | 100 |
| T1 | 64.90b | 15.87 | 122.45b | 22.31 | 361.60b | 61.82 | 548.95b | 100 |
| T2 | 78.02c | 13.26 | 132.23b | 22.46 | 378.40b | 64.28 | 588.65b | 100 |
| T3 | 60.19b | 9.91 | 150.63c | 24.79 | 396.78b | 65.30 | 607.60c | 100 |

注：同列内带有不同字母的均值表示相互间有显著性差异

本研究中土壤 Ca-P 的增加主要是 $Ca_8$-P 和 $Ca_{10}$-P，说明大部分磷可以被烟气脱硫石膏固定为较为稳定的形态，但在植物生长利用需要时，有效磷源 $Ca_2$-P 和缓效性的 $Ca_8$-P 也可以被释放出来满足作物需求。

### 3.3.6　烟气脱硫石膏对家禽废弃物磷形态的影响

混合家禽粪便和垫料的废弃物是上好的肥料，提供了作物生长必要的氮、磷营养物质和有机物。土壤可以通过包括固定、吸附和沉淀在内的各种转化过程，滞留家禽废弃物中的磷；但家禽废弃物施用于土壤表面时，某些形态的磷可能被溶解，随着表面径流输送至附近的水体，加速湖泊和河流的富营养化。当烟气脱硫石膏与可溶性磷作用时，可以将 P 转化成难溶的 Ca-P 化合物，减少家禽废弃物中水溶性磷的损失。

Mishra 等(2012)研究了家禽废弃物堆肥过程中磷形态随烟气脱硫石膏添加量增加的变化，发现在堆肥过程中增加烟气脱硫石膏的用量，可以减少水溶部分的总磷和无机磷(可以减少 50%)，增加 $NaHCO_3$ 可溶部分的总磷和无机磷(表 3-10)，而对于 NaOH 和 HCl 而言没有效果。研究结果同时表明，增加堆肥的时间也可以减少水溶部分的总磷和无机磷(减少近 4000mg/kg)，增加 $NaHCO_3$ 可溶部分的总磷和无机磷，同时 NaOH 和 HCl 中也有较小的下降(表 3-11)。

**表 3-10　受添加的家禽粪便和烟气脱硫石膏(重量的 0%、25%、50%和 75%)影响的土壤 $H_2O$、$NaHCO_3$、NaOH、HCl 浸提溶液中总磷和无机磷含量**(Mishra et al.，2012)

| 处理 | | $H_2O$ | $NaHCO_3$ | NaOH | HCl |
|---|---|---|---|---|---|
| 总磷/(mg/kg) | 土壤 | 15c | 43c | 122a | 24c |
| | 土壤+垃圾 | 34a | 52c | 120a | 29bc |
| | 25% FGDG | 29b | 62b | 123a | 38a |
| | 50% FGDG | 28b | 71a | 134a | 32ab |
| | 75% FGDG | 31b | 65ab | 126a | 35ab |
| 无机磷/(mg/kg) | 土壤 | 14c | 40c | 85a | 22c |
| | 土壤+垃圾 | 34a | 50b | 85a | 28b |
| | 25% FGDG | 28b | 58a | 90a | 34a |
| | 50% FGDG | 26b | 63a | 95a | 30ab |
| | 75% FGDG | 29b | 58a | 89a | 33a |

注：同列内带有不同字母的均值表示相互间有显著性差异[最小二乘法(LSD)，$P<0.05$]

研究结果显示，在家禽粪便中加入烟气脱硫石膏可以减少地表径流中的垃圾污染，而这对磷的有效性无明显影响。此外，作者也建议应该加大对加入烟气脱硫石膏对家禽垃圾实际的植物磷吸收影响的评估，以确认研究结果。

**表 3-11　家禽粪便 25℃培养(0 天、27 天、63 天和 93 天)的土壤 $H_2O$、$NaHCO_3$、NaOH、HCl 浸提液中总磷和无机磷含量**(Mishra et al.，2012)

| 处理/天 | | $H_2O$ | $NaHCO_3$ | NaOH | HCl |
|---|---|---|---|---|---|
| 总磷/(mg/kg) | 0 | 5505a (27) | 4786c (23) | 1941a (10) | 6618a (32) |
| | 27 | 1232c (6) | 9081a (45) | 1279ab (6) | 6038b (30) |
| | 63 | 1465 (7) | 8869a (44) | 1133b (6) | 5182c (25) |
| | 93 | 2551b (13) | 6283b (31) | 1090b (5) | 4330d (21) |
| 无机磷/(mg/kg) | 0 | 5743a (28) | 4303d (21) | 1579a (8) | 5841a (29) |
| | 27 | 975d (5) | 7612a (37) | 1078ab (5) | 4777b (23) |
| | 63 | 1248c (6) | 6840b (34) | 993ab (5) | 4119c (20) |
| | 93 | 2392b (12) | 5621c (28) | 925b (5) | 3722c (18) |

注：同列内带有不同字母的均值表示显著差异[最小二乘法(LSD)，$P<0.05$]，括号内的值为不同处理总磷或无机磷占总粪肥磷的百分比(%)

Watt 等(2017)为了评价烟气脱硫石膏作为铺垫基料的可行性，在 3 组肉仔鸡群中研究了烟气脱硫石膏铺垫对肉仔鸡生长表现(体重、饲料消耗、饲料转化效率和足掌皮肤炎)、铺垫物特性(结块、水分和表面温度)，以及氨氮挥发等方面的影响，并与松木花(PS)、松树皮(PB)、PS+FGDG(FGDG 作为撒在第一层上面的材料)、PB+FGDG、PS+PB、FGDG+PS，以及 FGDG+PB 等不同的饲养基料铺垫进行了比较，结果如下。

(1)不同的铺垫基料对饲料消耗、饲料转化效率和肉仔鸡死亡率没有显著的差异。

(2)第一肉仔鸡群：与以 PS 为基料相比较，有 FGDG 铺垫的基料使肉仔鸡体重和调整的饲料转化效率显著下降，肉仔鸡足掌的发病率下降；FGDG 铺垫基料与其他基料相比较没有显著差异。

(3)第二和第三肉仔鸡群：生长表现没有显著差异。

(4)不同基料对铺垫表面温度没有显著影响，FGDG 的铺垫水分较低，但易于结块。

(5)在第一肉仔鸡群中，FGDG 铺垫可以观察到氨氮挥发的减少，但在第二和第三肉仔鸡群的挥发效率降低。

因此，烟气脱硫石膏(FGDG)可以成为一种可行的、低成本的肉仔鸡饲养铺垫基料(bedding material)。

## 3.4　烟气脱硫石膏控制农业面源磷

### 3.4.1　美国得克萨斯州

由于畜禽肥料的大量应用，美国许多地区农田的土壤测试磷(soil test P)大幅升高，大大增加了农田径流流失磷对水环境质量的风险。继续在这些土地上进行农业生产活动，必须要减少磷的流失。Brauer 等(2005)在美国得克萨斯州 Kurten 的含高磷(用 Bray-1 法测试的有效磷超过 3000mg/kg 土壤)Zulch 细砂壤土大田比较了 7 种土壤改良剂(烟气脱硫石膏、Al、废纸浆及其组合)对土壤可溶性活性磷(DRP)的影响，其中烟气脱硫石膏的用量分别为高钙(5.0t/hm$^2$)和低钙(1.5t/hm$^2$)两个处理。从 1999 年至 2001 年 3 月，连续 3 年采用小型拖拉机在表层土壤(10cm)施放上述 7 种土壤改良剂。1999～2004 年的连续监测结果表明，7 种土壤改良剂中只有高钙处理显著降低了土壤中的可溶性活性磷(DRP)(图 3-12)。2001 年停止施用烟气脱硫石膏后，土壤可溶性活性磷(DRP)逐年升高(图 3-13)，说明只有施用足够数量的烟气脱硫石膏，为高磷土壤不断提供水溶性 Ca(图 3-14)，才能有效地减少土壤可溶性活性磷。一般认为是 3 年施放一次(与俄亥俄州立大学 Warren Dick 教授的个人交流，2016 年)。

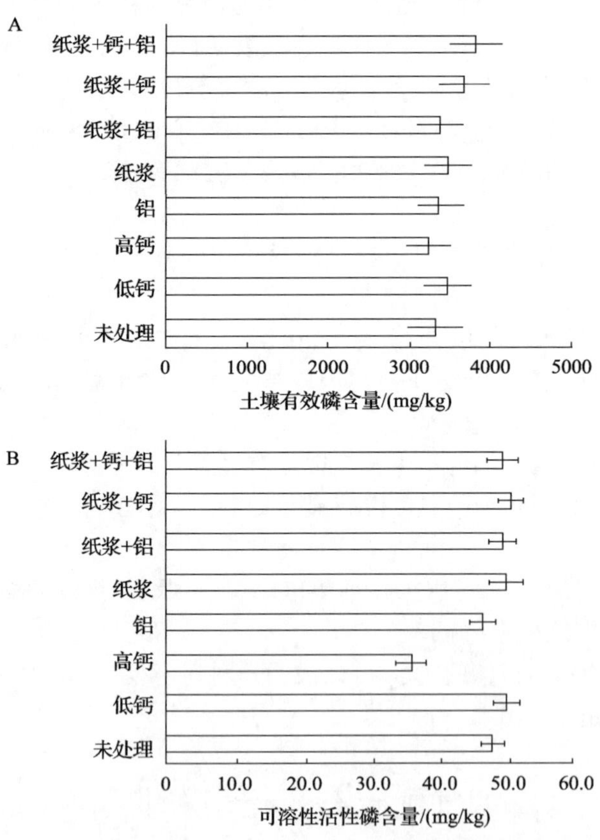


图 3-12　不同土壤改良剂对土壤有效磷(A)和可溶性活性磷(B)的影响(Brauer et al.，2005)

图 A 是用 Bray-1 法测量的有效磷；

图中磷的数据为两个试验土壤深度(0～7.5cm,7.5～15cm)、6 年(1999～2004 年)、4 个重复的平均值

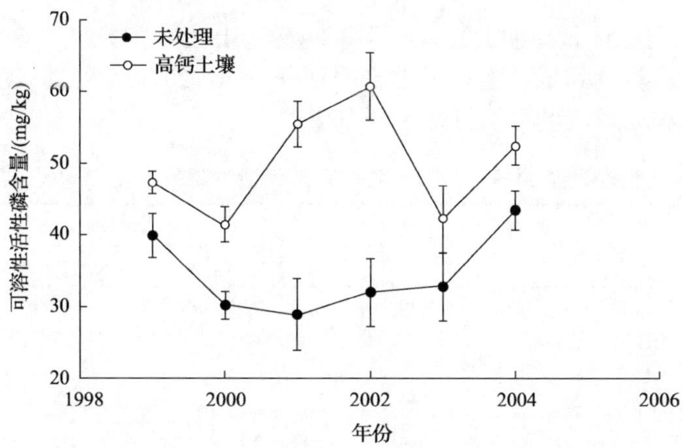


图 3-13 空白和烟气脱硫石膏($5.0t/hm^2$)处理土壤可溶性活性磷随时间的变化(Brauer et al., 2005)

1999 年至 2001 年 3 月，连续 3 年施放 $5.0t/hm^2$ 烟气脱硫石膏；2001 年停止

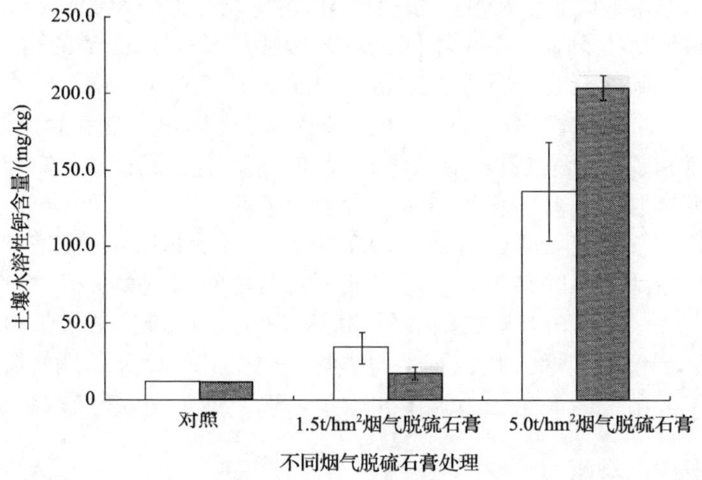


图 3-14 表层土壤(0～7.5cm)不同处理样品(空白及烟气脱硫石膏施用量)中水溶性 Ca 的含量水平(Brauer et al., 2005)

空心柱为 1999 年的测量值；实心柱为 2001 年的测量值

### 3.4.2 美国威斯康星州

Wolkowski 等(2010)在美国威斯康星州布朗的黏土(VWG 地块)和砂壤土(SVG 地块)大田上进行了烟气脱硫石膏对土壤结构影响的现场研究。试验设计为 4 个烟气脱硫石膏施用量(0t/acre、0.5t/acre、1.0t/acre、2.0t/acre)，苜蓿种植前表面施撒。初步结果表明，在试验期间土壤结构和作物产量没有明显改善，但两处土壤可溶性活性磷(DRP)随着烟气脱硫石膏施用量的增加而显著减少(表 3-12)。

他们认为，12 周的试验周期太短，不足以观察到土壤性质的明显变化；一般需要数年的时间才能测量到统计学意义上的差别(Fisher，2011)。但烟气脱硫石膏的确能够显著减少农业径流的可溶性活性磷(DRP)。

**表 3-12 施用烟气脱硫石膏 30 天后两处土壤中可溶性活性磷的浓度**(Wolkowski et al.，2010)

| 处理 | 土壤类型 | |
|---|---|---|
| | 砂壤土/(mg/kg) | 黏土/(mg/kg) |
| 对照 | 1.97 | 5.93 |
| FGDG 0.5t/acre | 1.33 | 4.74 |
| FGDG 1.0t/acre | 0.92 | 2.33 |
| FGDG 2.0t/acre | 0.78 | 1.83 |
| Pr＞$F$ | 0.15 | ＜0.01 |
| 最小二乘法(显著性差异) | NS | 2.27 |

Endale 等(2014)也评价了模拟降雨活动下使用烟气脱硫石膏减少磷损失和提高水渗透率的影响。该研究在威斯康星州附近种植有狗尾草(*Cynodon dactylon*)典型的板结土壤地块上设置了 7 个不同处理，即接受了 13.5t/hm$^2$ 的肉用鸡粪便的 4 个梯度的烟气脱硫石膏(0t/hm$^2$、2.2t/hm$^2$、4.5t/hm$^2$ 和 9.0t/hm$^2$)、一个脱硫石膏浓度为 9.0t/hm$^2$、不添加肉用鸡粪便和对照(不添加肉用鸡粪便和烟气脱硫石膏)，对地表水径流和营养元素(氮、磷、钙、镁)的流失进行了评估。3 年的实验研究结果表明，烟气脱硫石膏的使用导致了径流量减少；与对照组(未处理)相比，经肉用鸡粪便和烟气脱硫石膏结合处理(9.0t/hm$^2$)组径流量每年减少 30%。烟气脱硫石膏处理组只在两年中的一年有效地降低了营养物的浓度和负荷：2009 年的磷和铵态氮(高达 83%)和 2011 年的硝酸根(高达 73%)。Endale 等(2014)发现径流和营养元素流失不仅受到烟气脱硫石膏的影响，也受其他因素如烟气脱硫石膏处理的间隔时间、降雨能否产生径流强度和数量，以及地形地貌等影响。

### 3.4.3 美国亚拉巴马州

2008～2011 年，奥本大学分别在亚拉巴马州东北部和中东部的两处狗牙根草皮牧场进行了现场试验，评价不同烟气脱硫石膏施用量对减少土壤可溶性磷的有效性(William，2013)。东北部的试验地位于克罗斯维尔，土壤为细砂壤土(fine sandy loam)，试验时间为 2008～2009 年；以家禽垫料废弃物作为肥料，施用量为一次性 4t/acre；烟气脱硫石膏的施用量分别为 0t/acre、1t/acre、5t/acre 和 10t/acre；分别采集 0～2in 和 5～10in 的土壤样品，分析水溶 TP。中东部的试验地位于 Shorter，土壤为砂壤土(sandy loam)，试验时间为 2009～2011 年；以家禽垫料废弃物作为肥料，施用量为一次性 6t/acre；烟气脱硫石膏的施用量分别为 0t/acre、1t/acre、2t/acre 和 4t/acre；模拟降雨强度为 3.5in/h，形成径流 60min 后采集径流水样分析可溶性 TP。实验结果如图 3-15～图 3-17 所示。

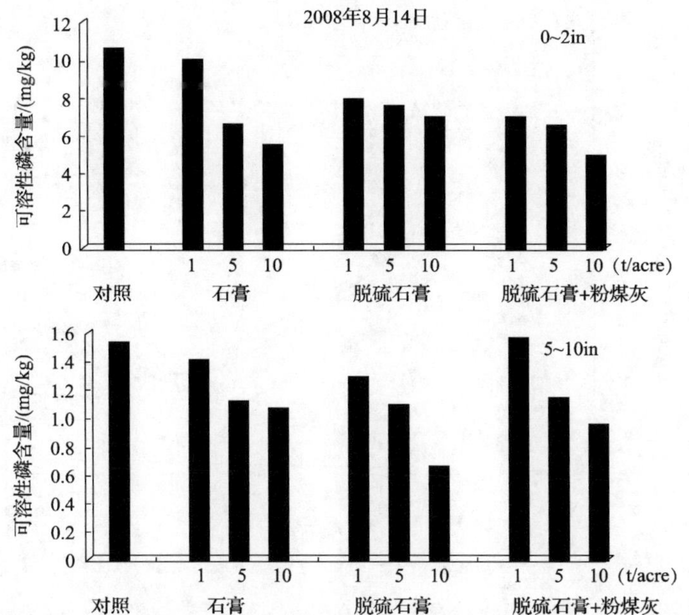


图 3-15 两种不同土壤深度中可溶性 P 浓度变化(William，2013)

由左到右分别为未使用任何改良剂的家禽粪便处理，以及分别施用石膏、脱硫石膏和脱离石膏+粉煤灰的处理，上下两图分别为施用量为 1.5t/hm$^2$ 和 10t/hm$^2$ 的变化情况。要注意不同规模之间的垂直轴深度

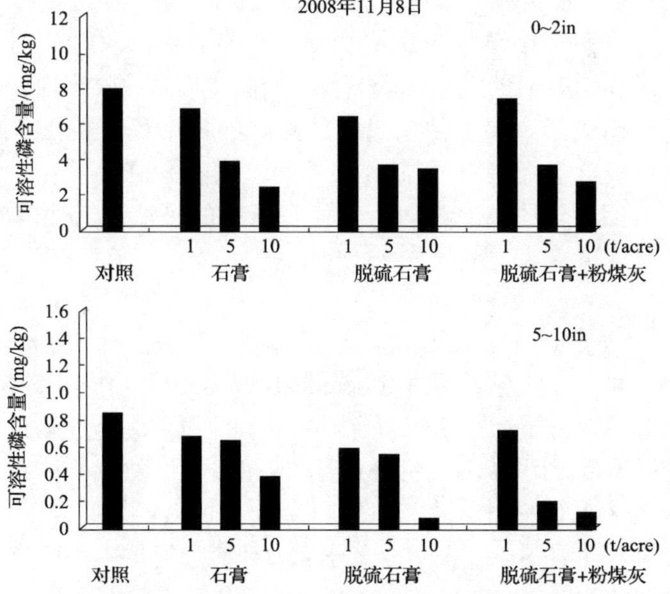


图 3-16 两种不同土壤深度中可溶性 P 浓度变化(William，2013)

由左到右分别为未使用任何改良剂的家禽粪便处理，以及分别施用石膏、脱硫石膏和脱离石膏+粉煤灰的处理，上下两图分别为施用量分别为 1.5t/hm$^2$ 和 10t/hm$^2$ 的变化情况。要注意不同规模之间的垂直轴深度

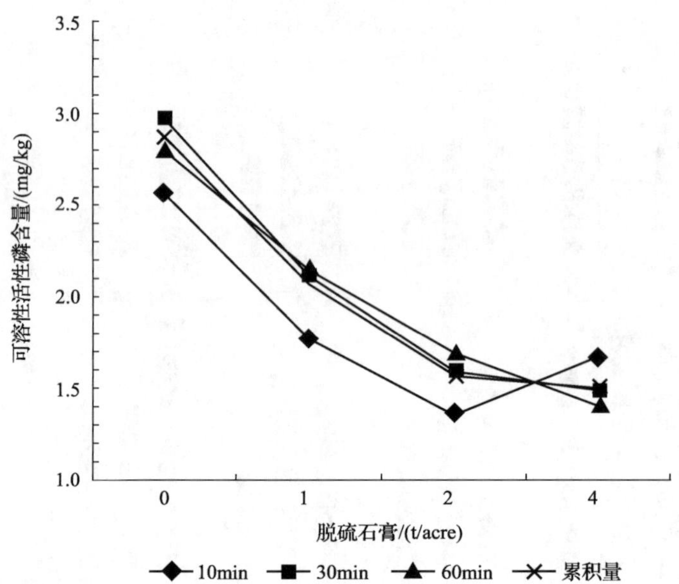


图 3-17　家禽垃圾施用 5 周后脱硫石膏施用量 (0t/hm$^2$、1t/hm$^2$、2t/hm$^2$ 和 4t/hm$^2$) 与径流中的可溶性活性磷浓度的线性回归关系 (采样间隔 10min、30min、60min) (William，2013)

针对家禽粪便使用中引起的土壤磷过量等问题，Watts 和 Torbert(2009) 在高羊茅草坪设置了缓冲带实验，以评估施用烟气脱硫石膏减少地表径流中可溶性活性磷的有效性。在每公顷草坪中施用 250kg 的鸡粪便，同时分别使用 0t/hm$^2$、1t/hm$^2$、3.2t/hm$^2$ 和 5t/hm$^2$ 的烟气脱硫石膏，间隔 4 周两次收集地表径流，分析其中的可溶性活性磷含量。实验结果表明使用烟气脱硫石膏显著降低了初始径流中的可溶性活性磷含量，但 4 周后收集的第二次径流中的可溶性活性磷的含量下降不显著，说明烟气脱离石膏对于初始径流中的可溶性活性磷的降低效果更为显著。

### 3.4.4　美国俄亥俄州

2014 年俄亥俄州立大学和绿叶 (Greenleaf) 咨询公司合作，在俄亥俄州的莫米河流域 7 个试验地评价了烟气脱硫石膏对农业径流可溶性活性磷 (DRP) 的作用。结果表明，在每英亩施用 1t 烟气脱硫石膏的条件下，7 块试验地农业径流流失的 DRP 平均减少了 55%(图 3-18，图 3-19)。

Mao 等 (2014) 在美国俄亥俄州立大学农业研究和发展中心研究了烟气脱硫石膏不同施用量 (0kg/hm$^2$、336kg/hm$^2$、3360kg/hm$^2$) 和施用方式 (混合、表面施放) 对两种农业土壤 (黏质壤土和粉砂壤土) 磷流失的影响，结果表明土壤渗滤液中可溶性活性磷随着烟气脱硫石膏施放量的增加而减少；对于免耕土壤系统，表面施用烟气脱硫石膏可以显著减少粉砂壤土渗滤液中的磷(图 3-20)。由于美国俄亥俄州西北部农田多采用地下暗管排水(即农田渗滤液)，施用烟气脱硫石膏减少农业渗滤液的可溶性磷，将有助于控制进入伊利湖的磷负荷。

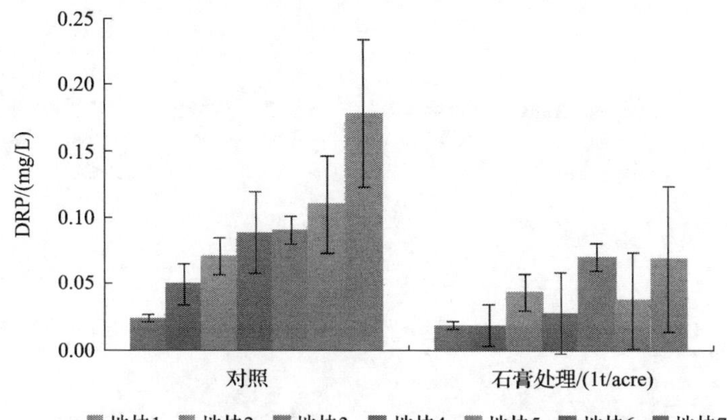


图 3-18 施用烟气脱硫石膏后农业径流流失的 DRP 的变化情况(左侧为对照处理，右侧为施加烟气脱硫石膏的处理，7 个地块的土壤径流中 DRP 均有显著降低)(Greenleaf，2014)

图 3-19 试验收集的土壤径流(施加烟气脱硫石膏的处理收集的土壤径流明显较对照处理清澈，说明溶液中的营养物质明显减少)(Greenleaf，2014)

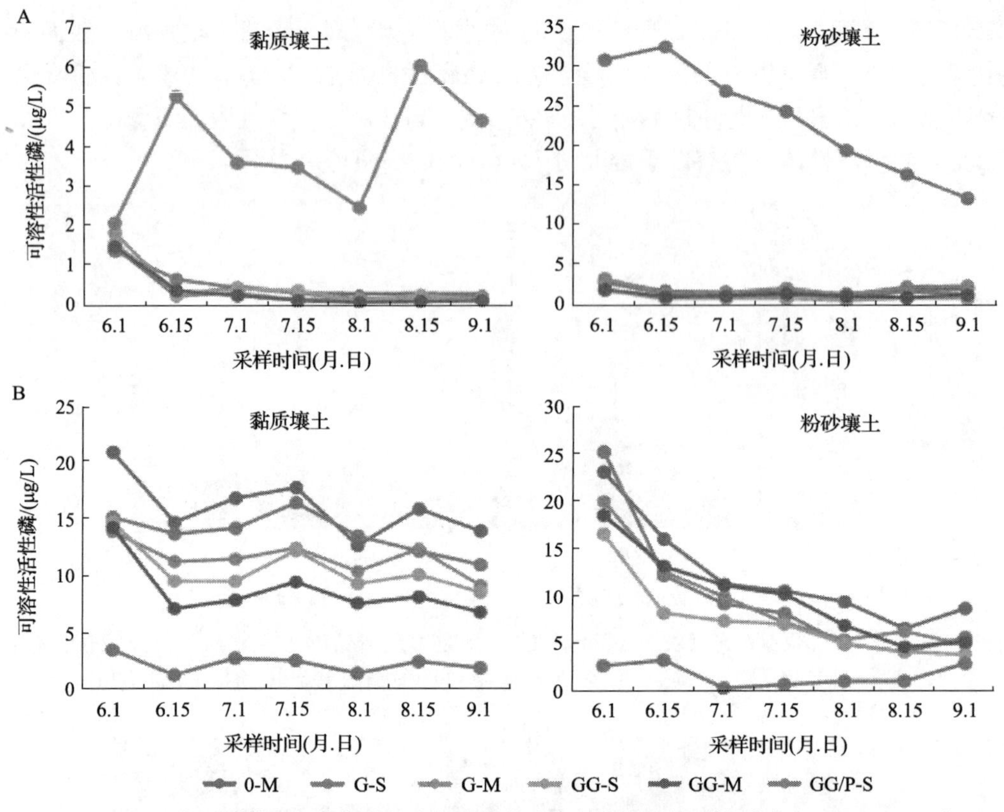


图 3-20 两种不同类型土壤径流(A)和渗滤液(B)中的可溶性活性磷(Mao et al.，2014)
(彩图请见文后图版)

M 为与土壤混合；S 为表面施放；0 为烟气脱硫石膏施用剂量为 0t/hm$^2$；G 为烟气脱硫石膏施用剂量为 0.336t/hm$^2$；GG 为烟气脱硫石膏施用剂量为 3.36t/hm$^2$；GG/P 为 3.36t/hm$^2$ 烟气脱硫石膏与磷肥混合

### 3.4.5 美国马里兰州

Bryant 等(2012)在 2007 年 4 月设计和建造了一条用烟气脱硫石膏作为滤料的排水渠，水渠中排有 6 条长 30m、直径 10cm 的排水管，周边填有 110t 烟气脱硫石膏滤料(图 3-21)。2007～2010 年共 29 次暴雨形成径流的监测表明，由降雨形成通过排水渠的农田径流按平均浓度计算去除了(73±27)%(95%置信区间)总可溶性磷(TDP)，按总量负荷计算去除了(65±27)%(95%置信区间)总可溶性磷(TDP)。如果考虑排水渠的旁通流量和底流，烟气脱硫石膏排水渠运行了 3 年 7 个月，总的 TDP 负荷的去除效率约为 22%。由于维护和清理的原因，作者认为用烟气脱硫石膏作为滤料的排水渠并不适于大规模使用。如果在排水渠两侧构建平行的烟气脱硫石膏沟槽，则可有效地拦截和处理渗入排水渠的含磷地下水(图 3-21，图 3-22)。

图 3-21　用烟气脱硫石膏作为滤料的排水渠(Bryant et al.，2012)(彩图请见文后图版)

A. 使用的 110t 烟气脱硫石膏；B. 测量排水渠流量的溢流堰；C. 6 条长 30m、直径 10cm 的排管；D. 将排水管埋置于沙土和烟气脱硫石膏之中，并安装测量仪器设备

图 3-22　烟气脱硫石膏过滤设施(上)收集处理 17hm$^2$ 的排水，脱硫石膏地毯(下)则是第二代的设计(Bryant et al.，2012)

### 3.4.6　我国宁夏西大滩

为探明烟气脱硫石膏对碱化土壤磷素有效性影响的机制，宁夏大学的张峰举等(2013)在位于宁夏平罗县西大滩前进农场进行了田间试验研究，目的在于研究不同烟气脱硫石膏施用量对碱化土壤全磷、有效磷、无机磷组分等的影响。

田间试验采用单因素拉丁方设计，以不同烟气脱硫石膏施用量为处理，试验共分 5 个处理，每处理 5 次重复，共计 25 个试验小区。将烟气脱硫石膏按试验设计一次性均匀施于地表，并给每小区施用等量有机肥作为底肥，采取人工开沟种植油葵。在油葵收获后，测定土壤有机质、碱解氮、速效钾、全磷、速效磷、盐分离子等，并采用石灰性土壤无机磷分级的方法测定土壤无机磷分组。

研究结果表明：与对照相比，施用烟气脱硫石膏没有引起土壤全磷含量的变化，对照和脱硫石膏改良处理间土壤中的全磷含量没有显著性的差异(图 3-23)。然而，烟气脱硫石膏的施用却引起土壤速效磷含量的明显变化，与对照相比，各处理土壤速效磷含量平均下降 3.9%～17.2%。而且随着烟气脱硫石膏施用量的增加，速效磷含量呈现下降的趋势，当烟气脱硫石膏为最大施用量时，速效磷含量降至 10.6mg/kg 的最低值，明显低于对照(图 3-24)。

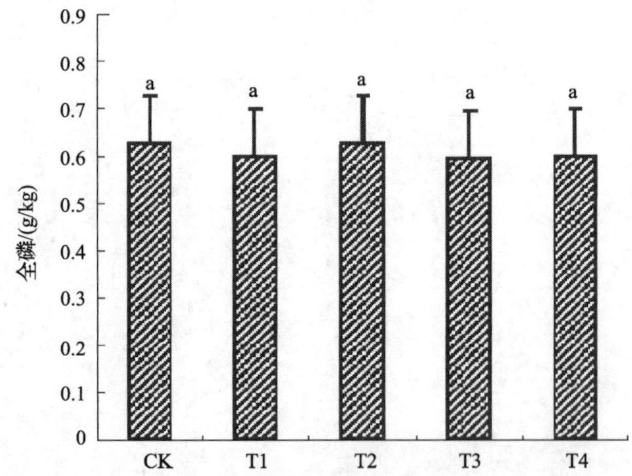


图 3-23　不同烟气脱硫石膏处理下土壤全磷含量变化(张峰举等，2013)

CK 为对照；T1 为 11.25t/hm²；T2 为 22.50t/hm²；T3 为 33.75t/hm²；T4 为 45t/hm²

随着烟气脱硫石膏用量的增加，土壤无机磷总量稍有提高，T3 处理土壤无机磷总量达到最大；T4 处理土壤无机磷总量又有下降的趋势，但仍高于对照。随着脱硫石膏施用量的增加，土壤中无机磷增加主要以钙磷为主，即主要以 $Ca_2$-P 和 $Ca_8$-P 态为主，无机磷平均含量增加的变化顺序依次为 $Ca_2$-P＞$Ca_8$-P＞Fe-P＞O-P＞Al-P＞$Ca_{10}$-P。

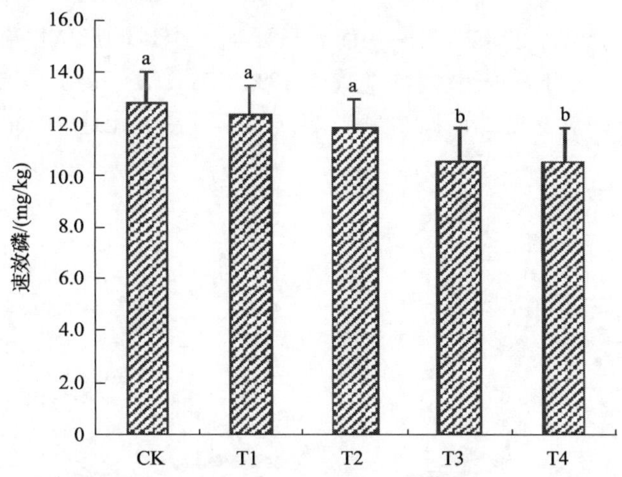


图 3-24　不同烟气脱硫石膏处理下土壤速效磷含量变化(张峰举等，2013)

CK 为对照；T1 为 11.25t/hm$^2$；T2 为 22.50t/hm$^2$；T3 为 33.75t/hm$^2$；T4 为 45t/hm$^2$

土壤有效磷的降低和无机磷组分磷酸钙盐的增加在一定范围内未影响到油葵对磷素的吸收。在整个生育期内，施用烟气脱硫石膏各处理组油葵单株干重均大于对照，并随着烟气脱硫石膏施用量的增加呈先升后降的趋势(图 3-25)，表明烟气脱硫石膏改良碱化土壤整体上提高植株吸收磷素的能力，但其过量使用也将影响油葵对磷素的吸收。

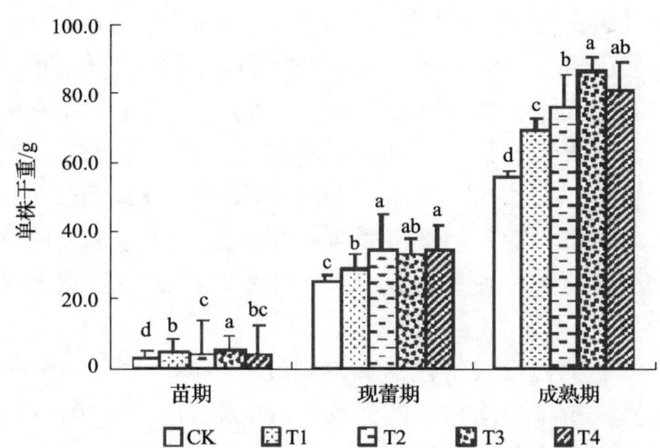


图 3-25　不同烟气脱硫石膏处理下油葵植株单株干重变化(张峰举等，2013)

CK 为对照；T1 为 11.25t/hm$^2$；T2 为 22.50t/hm$^2$；T3 为 33.75t/hm$^2$；T4 为 45t/hm$^2$

### 3.4.7　其他研究

程镜润等(2014)对滨海盐碱地土壤的土柱淋洗试验表明，烟气脱硫石膏可以有效减少土柱渗滤液中的 TP 浓度；而且只要加入少量的烟气脱硫石膏(如 1%的烟气脱硫石膏)，TP 的流失率就可以减少 40%左右(图 3-26)。有效磷的流失率随烟气脱硫石膏添加量的增加而减少，当烟气脱硫石膏配比达 10%时有效磷流失率达到最小。

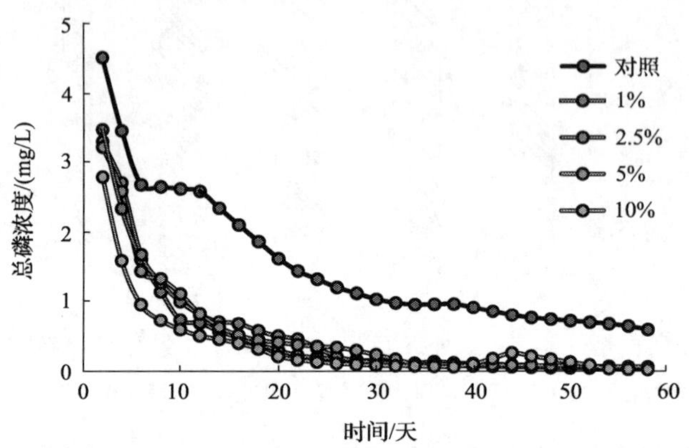


图 3-26 不同烟气脱硫石膏配比下总磷的时间-浓度关系(程镜润等,2014)(彩图请见文后图版)

Torbert 和 Watts(2014)利用降雨模拟研究脱硫石膏对美国沿海平原土壤径流的营养元素流失(卢文沙壤土，典型简育湿润极育土)。该研究在种植有狗尾草(*Cynodon dactylon*)的试验田设置了 6 种不同处理，即接受了 13.4t/hm$^2$ 的家禽粪便的 4 个梯度的脱硫石膏(0t/hm$^2$、2.2t/hm$^2$、4.4t/hm$^2$ 和 8.9t/hm$^2$)，没有添加家禽粪便而脱硫石膏使用量为 8.9t/hm$^2$ 和对照(不添加家禽粪便和烟气脱硫石膏)。采集模拟降雨形成的地表水径流样品，过滤后可分析可溶性活性磷和铝、硼、钙、铜、铁、钾、镁、锰、钠和锌，以及未过滤的钙、镁、钾、钠、铁、锰和锌浓度及确定传统重金属砷、汞、铝、锑、钡、铍、镉、铬、钴、铜、铅、镍、硅、钒、硒、铊和六价铬。结果表明，当烟气脱硫石膏的使用量为 8.9t/hm$^2$ 时，可溶性活性磷减少达到 61%，总的径流量负载减少了 51%，径流中的重金属浓度均低于检测极限值。

Mishra 等(2012)的研究发现，禽粪堆肥过程中掺入脱硫石膏会改变禽粪中的磷形态，并能明显减少磷向水相中的迁移。Schomberg 等(2011)在阿尔卑斯山南麓地区的牧场施用禽粪堆肥之后，将脱硫石膏加入土壤中，既能提高牧草产量，又明显减少磷的流失和控制重金属浸出，有助于保护周边水环境。Kordlagharia 和 Rowellb(2006)进行了干旱和半干旱地区脱硫石膏吸附土壤中过量磷肥的研究，结果表明石膏有效地控制了土壤中磷酸盐的流失。

Murphy 和 Stevens(2010)研究发现石膏具有很好的固磷潜力，可减少农业土壤的磷流失，加入石膏的土壤减少了 14%～56%可溶性磷酸盐和 10%～53%的有机磷向水体中迁移。Sheng 等(2014)将烟气脱硫石膏和生物炭与家禽粪便混合(20% *w/w*)，以 9t/hm$^2$ 的浓度)施入土壤中。连续模拟降雨的结果表明，石膏和生物炭混合处理在第一次径流事件时，显著减少碳、氮、磷、铜和锌的流失量(24%～38%)。在随后的降雨事件中，只有烟气脱硫石膏处理可以减少营养元素的流失。

Varjo 等(2003)使用石膏降低湖泊底泥中的磷向上覆水体释放。韩国专家 Lee 等(2007)将石膏与飞灰混合加入稻田土壤中，研究结果显示稻田土壤的磷流失大大减少，而且土壤肥力显著增加。

Favaretto 等(2012)根据现场试验结果，推荐脱硫石膏作为农业面源的最佳固磷技术之一。

其他实验研究结果见表 3-13，采样和野外实验方法见图 3-27～图 3-30。

**表 3-13 其他烟气脱硫石膏应用与土壤磷改良的研究**

| 地点 | 场所 | 材料 | 效果 | 备注 |
|---|---|---|---|---|
| 得克萨斯州 | 农田 | 石膏改良剂 | 每年增加 5.0mg/hm$^2$ 的石膏就能显著降低土壤可溶性磷，虽然土壤改良剂并不影响 Bray-P 测定的值 | Brauer et al., 2005 |
| 宾夕法尼亚州 | 实验室 | 石膏改良剂 | 土壤中施用 10g/kg 石膏，土壤水溶性磷的浓度降低了 50% | Stout et al., 1999 |
| 印第安纳州 | 实验室 | 石膏改良剂 | 石膏除了使土壤径流明显减少外，还显著降低了溶解反应磷(85%)、TP(60%)、可溶性 $NH_4^+$-N(80%)和总 N(59%) | Favaretto et al., 2006 |
| 爱尔兰 | 实验室 | 石膏改良剂 | 土壤中添加石膏后，活性磷溶解度降低了 14%～56%，有机磷溶解度降低了 10%～56% | Murphy and Stevens，2010 |

图 3-27 农田表面径流测量(美国威斯康星大学麦迪逊分校提供)

图 3-28　农田渗滤水水样采集(美国俄亥俄州立大学伍斯特农业中心提供)

图 3-29　降雨产生的农田径流试验(美国国家土壤动力学实验室)

图 3-30　脱硫石膏对降低缓冲带地表径流中可溶性磷的现场试验

# 4 烟气脱硫石膏对围垦滩涂土壤的脱盐作用

## 4.1 科学假设

滩涂盐碱地是滨海区域发展的重要土地资源，开发滩涂对我国沿海地区增加土地面积、实现可持续发展有十分重要的战略意义。我国海岸带滨海盐土面积为 193.97hm$^2$，占海岸带土壤总面积的 17.17%(国家环境保护部，2003)。近 40 多年来，我国围海造地总面积超过了 66hm$^2$，是对滨海地区围垦面积最大的国家之一(王卿，2012)，而未来50年仍然有可能再造10 000～15 000km$^2$土地的生存空间(陈吉余，2000)。新围垦的滩涂土壤盐碱化程度较高，不良的理化性质制约着滩涂地区土地的利用。依靠自然降水淋洗和植物演替脱盐的速度很慢，即便是在雨水充沛的长江三角洲地区，围垦的滨海盐碱土也至少要经过十多年的自然淋洗和植物演替才能发育成为轻度盐渍化土(姚艳平和叶玫，1996)。因此，快速脱盐成为围垦滩涂土壤改良的一个追求，灌溉压盐、植物脱盐、埋管排盐等各种方法应运而生(李建国等，2012；马凤娇等，2011；宋玉民等，2003；耿春女等，2006)。

很久以来，石膏就用于增加农业收成和改良土壤。近年来，电厂烟气脱硫产生了大量更为优质的烟气脱硫石膏($CaSO_4 \cdot 2H_2O$)，被广泛应用于建材(石膏板、涂料、水泥缓凝剂等)(陈云嫩等，2003；刘继彬，2010)、农业土壤改良(United States Environmental Protection Agency，2008；Chen and Dick，2011)和矿山复垦(Dick，2006)，烟气脱硫石膏已经不再是需要循环利用的废弃物。对于农业土壤而言，石膏除了能起到改善团粒结构，增加土壤透水性，为植物提供 Ca、S 等养分，以及显著提高作物产量等功能(Rasouli et al.，2013；Chi et al.，2006)之外，最重要的作用是为土壤提供了大量的 $Ca^{2+}$，能够有效地置换盐碱土中可交换的 $Na^+$，降低土壤的碱化度(ESP)。

本研究的目的是通过现场试验，确认烟气脱硫石膏对长江口被围垦滩涂盐渍土自然脱盐的加速作用、对滩涂草本植被自然演替的推动作用及对滩涂木本植物种植的影响，从而验证烟气脱硫石膏可以通过钙钠交换将滩涂自然脱盐过程缩短到数年内的科学假设(图 4-1，图 4-2)。

河口湿地的自然脱盐过程是一个随着滩地高程不断升高的很长的过程，植被的演替如下。

一般滨海：光滩 ➡ 盐蒿群落 ➡ 獐毛草群落 ➡ 茅草芦苇群落(姚艳平等，1996)

长江口：　光滩 ➡ 海三棱藨草群落 ➡ 互花米草群落 ➡ 芦苇群落(和雍学葵，1992)

图 4-1　滨海围垦滩涂的自然脱盐过程(彩图请见文后图版)

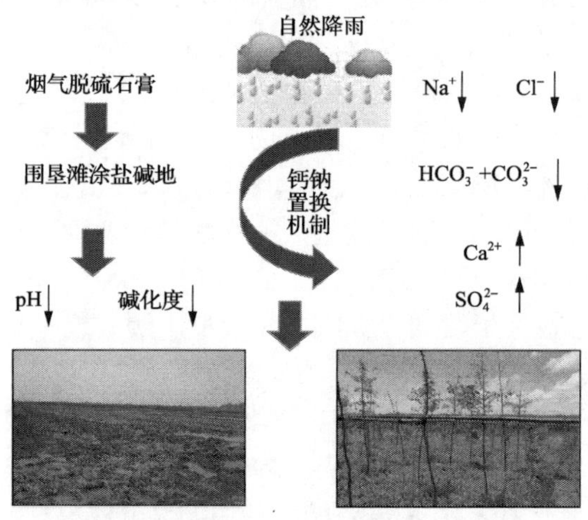


图 4-2　科学假设(彩图请见文后图版)

以下为主要研究内容：

(1) 土柱试验研究。

(2) 盆栽试验研究。

(3) 工程示范研究。

## 4.2　烟气脱硫石膏对滩涂盐碱土脱盐效果的土柱试验研究

### 4.2.1　材料与方法

#### 4.2.1.1　试验装置

本试验使用的土柱装置采用壁厚 2mm、内径为 3cm、高度 50cm 的有机玻璃管，管下端离管底 3cm 高处焊接 5mm 厚的过滤板(其上铺放 3 层玻璃纤维网)，过滤板下部为一个高 3cm 的储水区，用于收集土壤淋溶液。土柱上端悬置装有超纯水的水袋，以模拟自然降雨的方式，利用重力自流，通过分散式进水口自管口由上往下连续向土柱注入超纯水，试验装置示意图和实拍图见图 4-3。共制作 15 套土柱试验装置，同时进行 5 种烟气脱硫石膏质量配比试验，即土壤中分别掺入质量比为 0%、1%、2.5%、5%、10%的烟气脱硫石膏，每种配比处理组有 3 个平行土柱。

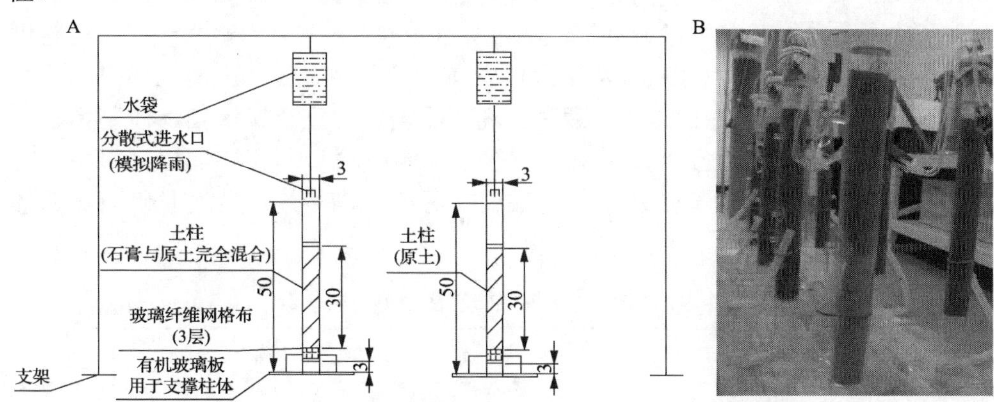


图 4-3　实验装置示意图(A)(数据单位为 cm)和实拍图(B)

将预先处理好的土壤样品和烟气脱硫石膏样品按照不同配比完全混匀后，缓慢装入对应的有机玻璃管中，样品厚度为 30cm。通过模拟自然降雨条件，采用滴灌的方式对所有土柱进行试验，灌水量以模拟自然降雨每 7 天浇灌一个月的降雨量(需事先湿润，以原土含水率为准)。当土柱下端的储水区内淋溶液累积到一定体积时，便通过硅胶管引流出来供测试。

#### 4.2.1.2　试验材料

试验土壤样品于 2011 年 9 月取自上海市浦东东滩附近(31°01′36″N，121°56′09″E)。土壤样品为黄色沙质土壤，土壤潮湿状态为暗黄色，呈淤泥状，黏稠不透水，不透气，无臭味；土壤风干后板结成块，十分坚硬，颜色为黄色，无臭味。环刀法测定土壤平均容重为 1.1g/cm$^3$，平均含水率为 40%。土壤的预处理方法：将土壤放置于通风、干燥室内阴干半个月。将干燥后的土壤人工粉碎，并通过 2mm 标准检验筛。

烟气脱硫石膏样品于 2011 年 9 月取自上海某燃煤电厂，为半干式烟气脱硫系统的脱硫副产品。脱硫石膏样品为粉末状，潮湿，颜色为乳黄色，无特殊气味。其预处理方法为：取若干重量的烟气脱硫石膏均匀平铺于锡箔纸上，放于烘箱内，温度设置为 150℃，加热烘干 3h。

试验土壤中的砷(As)、铬(Cr)、银(Ag)、硒(Se)、铜(Cu)、镉(Cd)指标均符合《农产品安全质量 无公害蔬菜产地环境要求》(GB/T 18407.1—2001)、《农产品安全质量 无公害水果产地环境要求》(GB/T 18407.2—2001)、《土壤环境质量标准》(GB 15618—1995)和《无公害农产品产地环境质量要求标准》(DB 13/310—1997)中的一级标准，铅(Pb)、镍(Ni)符合上述标准中的二级标准。烟气脱硫石膏中的铬、铅、银、硒、镍、铜、镉均符合《农用污泥中污染物控制标准》(GB 4284—84)和《农用粉煤灰中污染物控制标准》(GB 8173—87)，而砷含量符合《农用污泥中污染物控制标准》(GB 4284—84)而略高于《农用粉煤灰中污染物控制标准》(GB 8173—87)(表 4-1)。总体上说，上海某燃煤电厂烟气脱硫石膏达到我国关于农用土壤改良剂产品中针对重金属污染物控制标准，基本满足在本项目中安全使用的条件。再加上烟气脱硫石膏添加比例很小，对于土壤的成分组成影响甚微，不会造成二次污染，满足施用烟气脱硫石膏的环境安全性要求。

**表 4-1 土壤与烟气脱硫石膏中重金属含量** (单位：mg/kg)

| 检测项目 | 砷 | 铬 | 铅 | 银 | 硒 | 镍 | 铜 | 镉 |
|---|---|---|---|---|---|---|---|---|
| 土壤 | 13.1 | 86.3 | 221 | 0.47L | 5.0L | 50.4 | 37.8 | 0.716 |
| 烟气脱硫石膏 | 5.1 | — | 14.7 | 0.47L | 5.0L | 15.4 | 11.5 | — |

注：L 表示低于检出限，L 前边的数字为检出限；—表示未检出

4.2.1.3 测试指标及分析方法

本试验通过测量土柱在开始滴灌后，在单位时间内的水线下移距离来表示土壤的非饱和水力传导度；通过测量土柱中土壤饱和后，在单位时间内收集的淋洗液的体积来表示土壤的饱和水力传导度。在实验过程中，使用德国 WTW 手持式 pH/电导率测试仪(Multi 3500i)测定所有淋洗液的 pH 和电导率；采用电感耦合等离子体原子发射光谱法(ICP)来测定土壤和淋洗液中的 $Ca^{2+}$、$Na^{+}$、$K^{+}$、$Mg^{2+}$浓度(GB/T 5750.6—2006)。在淋洗试验结束后，运用扫描电镜(型号 HITACHI S-4800)对配比 0%、2.5%和 5%的土柱中土壤团粒结构进行扫描。

### 4.2.2 结果与分析

4.2.2.1 土壤的物理结构

淋洗试验结束后，比较分析不同处理组的土壤团粒结构变化。对照组的土壤颗粒遇水后形成大块的板结性土壤，孔隙度低；烟气脱硫石膏 2.5%和 5%组分则明显看到土壤颗粒开始凝聚成团，板结性的大块土壤变少，并且团粒与团粒之间

也出现了大小不一的空隙。烟气脱硫石膏 5%与 2.5%组分相比，土壤颗粒的凝聚度更强，形成的小团粒更多，团粒之间的空隙更大(图 4-4)。

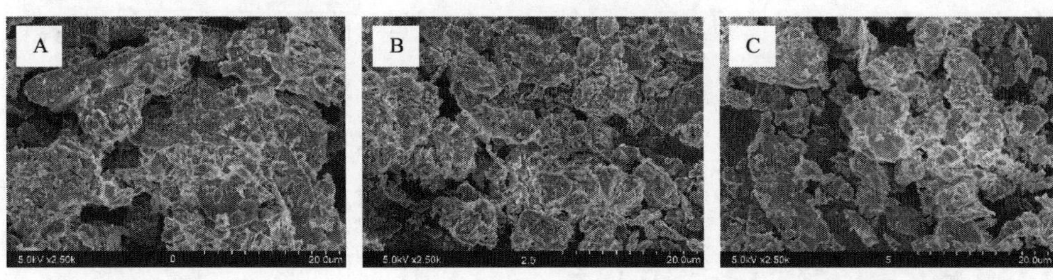


图 4-4 0%(A)、2.5%(B)、5%(C)石膏配比的土柱淋洗后的土壤扫描电镜图

#### 4.2.2.2 水力传导度

烟气脱硫石膏对盐碱土土壤团粒结构的改善作用，直接影响到不同配比土柱在非饱和状态下和饱和状态下的水力传导度。通过直线回归拟合计算，得到 5 种不同石膏配比下的非饱和水力传导系数(mm/h)，即 $k_0=1.388$，$k_1=4.022$，$k_{2.5}=4.064$，$k_5=3.957$，$k_{10}=4.975$(图 4-5A)，以及饱和水力传导系数(mL/d)，即 $K_0=2.907$，$K_1=8.453$，$K_{2.5}=8.188$，$K_5=7.703$，$K_{10}=12.236$(图 4-5B)。添加了脱硫石膏之后土柱的非饱和水力传导度与饱和水力传导度都有明显提高，添加石膏的土柱平均导水系数是对照组的 4～5 倍。但 1%、2.5%和 5%配比之间的土柱水力传导度没有显著性差异($P>0.05$)，说明质量配比在 1%～5%的土柱中石膏-土壤系统的物理特性(孔隙度等)相近。

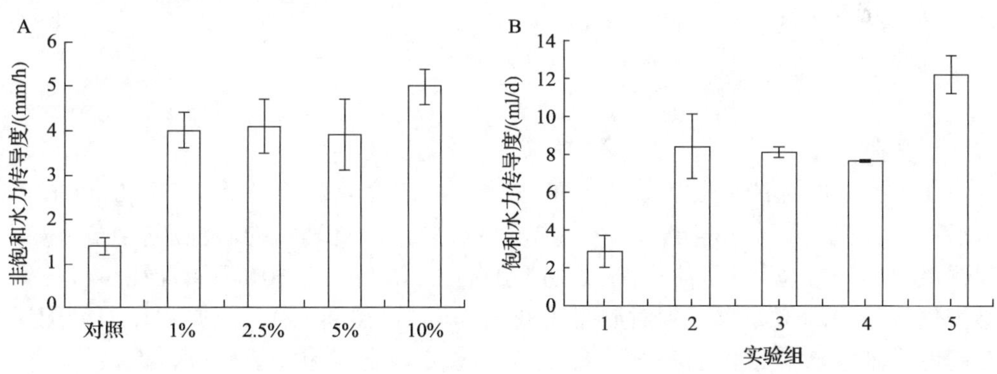


图 4-5 不同石膏配比下的非饱和水力传导度(A)与饱和水力传导度(B)

#### 4.2.2.3 淋洗液的 pH 与电导率

对照组在进行淋洗试验后的一个月内，淋洗液的 pH 持续升高，普遍高于 8.5，并在第 30 天左右时达到峰值 9.4，随后才开始缓慢下降(图 4-6A)。脱硫石膏处理

组虽然在试验开始的前 5 天内 pH 也出现上升，但是随后逐渐趋于稳定，数值在 7.5～8.5，淋洗液的最高 pH 远低于对照组淋洗液的 pH。随着石膏配比的增加，淋洗液的 pH 第一个峰值的出现时间会更早，但不同石膏配比组的淋洗液 pH 之间没有显著性差异。

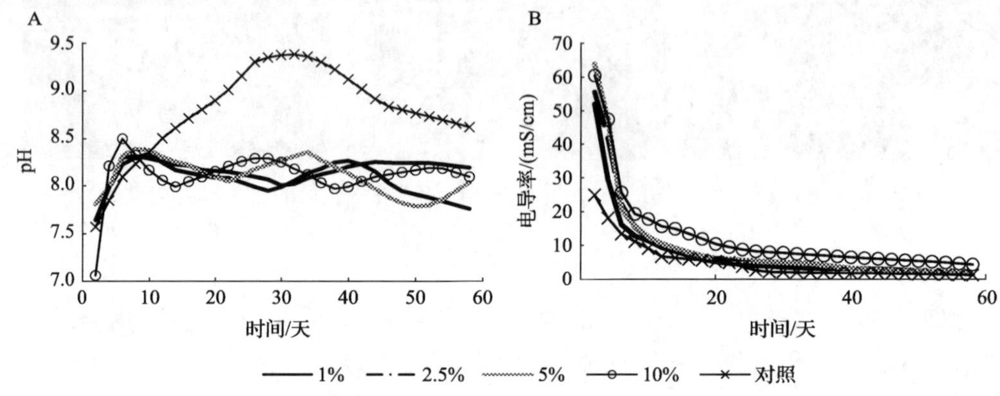

图 4-6　不同石膏配比下淋洗液 pH(A)和电导率(B)的变化

试验初始时，烟气脱硫石膏配比组的淋洗液电导率明显高于对照组，然而在试验开始的前 6 天内，石膏处理组的淋洗液电导率急剧下降(图 4-6B)。这是由于盐碱土掺入烟气脱硫石膏后，土壤团粒结构得到改善，水力传导度增加，从而使得土壤中的离子更易溶于水并随水流快速排出。另外，由于烟气脱硫石膏的加入，向土壤体系中额外提供了 $Ca^{2+}$和 $SO_4^{2-}$，因此随着石膏配比的增加，排出的离子总量增加，淋洗液电导率也随之升高。

#### 4.2.2.4　阳离子交换

1)钙离子

在各土柱淋洗的前 6 天，淋洗液中的 $Ca^{2+}$浓度急剧下降至 750mg/L 左右，随后逐渐缓慢下降(图 4-7A)。整个淋洗过程中，各处理组的淋洗液中 $Ca^{2+}$浓度和钙淋出累积量总体随着石膏配比的增加而上升，1%和 10%石膏配比土柱的钙淋出累积量平均值分别达到对照组的 3 倍和 4 倍(图 4-7B)，这是由于石膏配比较高的土柱中含有较多的补充石膏，淋出的 $Ca^{2+}$含量也相应较高。比较土柱淋洗前后的钙总量变化可知，遗留在土壤中的钙总量随着石膏配比的增加而上升，这是由于烟气脱硫石膏在水中溶解度很低，加入土柱中的 90%以上仍遗留在土壤中。

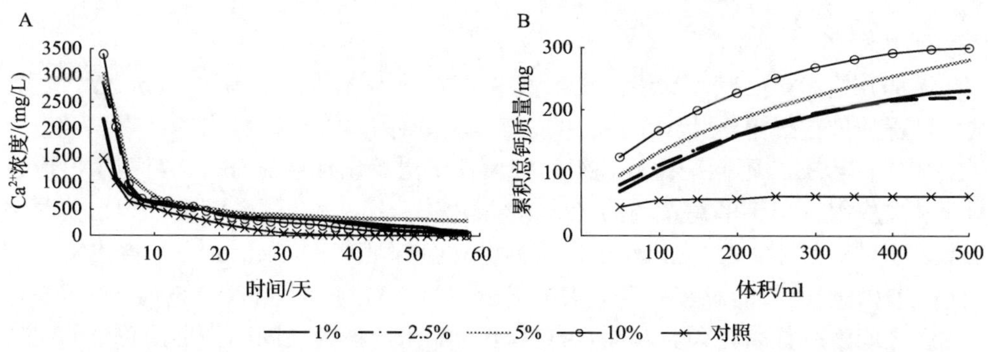


图 4-7　不同石膏配比下淋洗液中 $Ca^{2+}$的时间-浓度(A)和体积-质量(B)关系

2)钠离子

在土柱开始淋洗的前 6 天，淋洗液中的 $Na^+$浓度急剧下降，而且随着石膏配比的增加，淋出的 $Na^+$浓度下降斜率越大(图 4-8A)。6 天后收集的淋洗液中的 $Na^+$浓度缓慢下降，逐渐趋于稳定，石膏配比越高的土柱的淋洗液中 $Na^+$平衡浓度也越高，说明土壤中的钙-钠离子交换作用一直在持续。收集的淋洗液累积体积达到 200ml 时，所有土柱排出的钠累积质量曲线的斜率开始放缓(图 4-8B)。对照组仅通过物理淋洗作用排出钠的总量约为 333.5mg，脱钠率约为 21.6%；添加脱硫石膏处理组的脱钠效率远超过对照组，1%配比组的脱钠总量就达到对照组的 1.8 倍左右，脱钠率达到 37.3%；10%配比土柱组的排钠总量最大，脱钠率为 39.4%(图 4-8B)。由此可见，加入脱硫石膏后能有效提高土壤的脱钠效率，使 $Na^+$更高效地排出土壤体系，但是当石膏配比超过 1%时，随着石膏配比的进一步增加，脱钠的边际效益增加很小，说明脱硫石膏对盐碱土的脱钠率并不取决于掺入盐碱土中的石膏量，而是取决于土壤中原有的交换性钠总量。

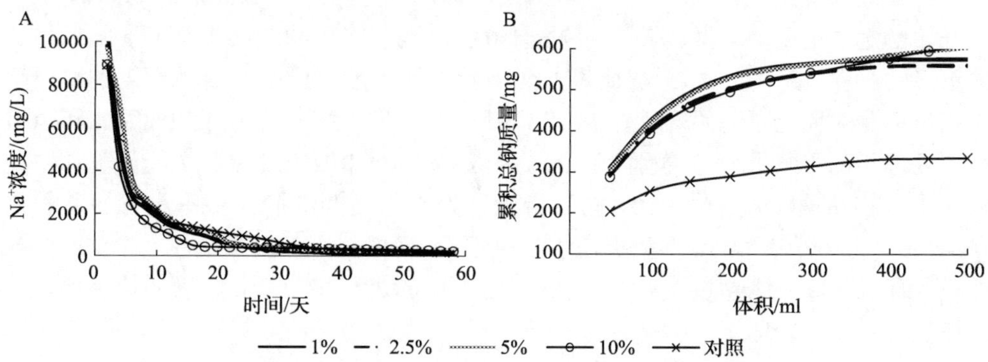


图 4-8　不同石膏配比下淋洗液中 $Na^+$的时间-浓度(A)和体积-质量(B)关系

3) 钾离子

淋洗开始后，所有配比组的淋出液中 $K^+$浓度基本接近，高达 800mg/L，随着试验过程的推进，淋洗液中的 $K^+$浓度持续下降(图 4-9A)，排出的钾累积量也逐渐上升(图 4-9B)。不同配比处理组的钾累积淋出量出现明显分化，对照组仅通过物理淋洗作用排出钾的总量约为 50mg，淋出率只有 1%；脱硫石膏处理组的脱钾效率远超过对照组，1%配比组的脱钾总量达到对照组的 3 倍左右，淋出率达到 3.11%，10%配比组的脱钾总量最大，淋出率为 4.37%。而 1%、2.5%、5%这 3 种配比组之间没有显著性差异($P>0.05$)。不同配比处理组之间的钾淋出总量的比较结果与土壤水力传导度的结果(图 4-9)基本一致，说明盐碱土中脱钾效率既取决于土壤中可交换性钾的数量，又受土壤的导水性能影响。

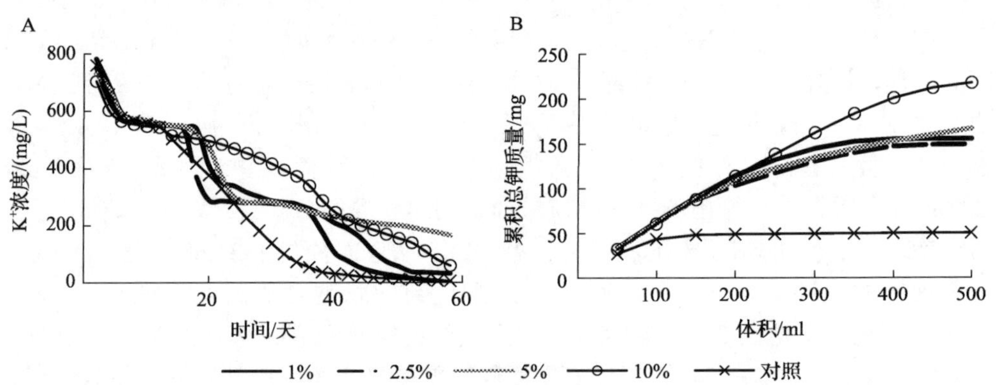


图 4-9　不同石膏配比下淋洗液中 $K^+$的时间-浓度(A)和体积-质量(B)关系

4) 镁离子

各配比处理组的淋洗液中 $Mg^{2+}$浓度随淋洗时间的变化规律高度一致，均在土柱开始淋洗的前 6 天，淋洗液中的 $Mg^{2+}$浓度急剧下降至 900mg/L 附近，随后呈缓慢下降的趋势(图 4-10A)。从质量方面来看，加入烟气脱硫石膏处理组的淋出镁累积量达到对照组的近两倍(图 4-8B)，对照组的脱镁率为 3.4%，而 1%配比和 10%配比处理组的平均脱镁率分别为 6.6%和 6.8%，添加烟气脱硫石膏能显著加快盐碱土中 $Mg^{2+}$的淋出。1%～10%的石膏配比处理组之间的脱镁效率没有显著差异($P>0.05$)，说明掺入 1%质量配比的烟气脱硫石膏即能置换出土壤样品中全部交换性镁，而当石膏配比超过 1%时，随着石膏配比的进一步上升，脱镁的边际效益不会增加。

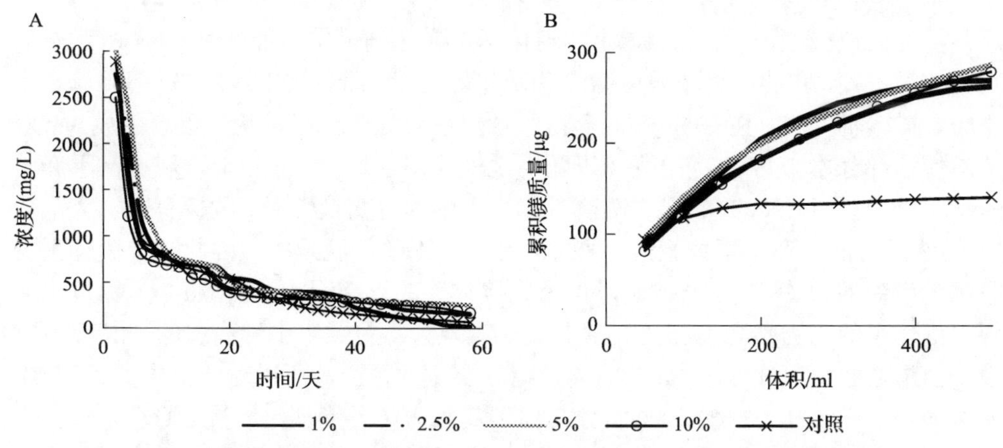


图 4-10 不同石膏配比下淋洗液中 $Mg^{2+}$的时间-浓度(A)和体积-质量(B)关系

### 4.2.2.5 阴离子的变化

1)氯离子

在淋洗初期，5%和 10%组分淋洗液中的氯离子($Cl^-$)浓度高达 26 000mg/L 左右，而其余组分淋洗液浓度却相对较低。淋洗前 10 天内，10%组分淋洗液中 $Cl^-$浓度下降很快，斜率最大，在第 6 天左右出现拐点；其余组分淋洗液中 $Cl^-$浓度随时间的推移逐渐下降，并在第 10 天左右到达拐点。10 天之后，淋洗液中 $Cl^-$浓度都呈现出非常低的状态(图 4-11A)。从累积质量方面来看，10%组分的累积 $Cl^-$质量最多，在淋洗液累积体积到 125ml 左右出现拐点，达到 1400mg 左右，是其余组分的两倍多；而其余组分的累积 $Cl^-$质量都相对较低，基本上都在淋洗液累积体积为 80ml 左右时出现拐点(图 4-11B)。对照组的脱氯效率为 31.85%，1%组分的脱氯率为 36.69%，10%组分的脱氯率为 97.04%

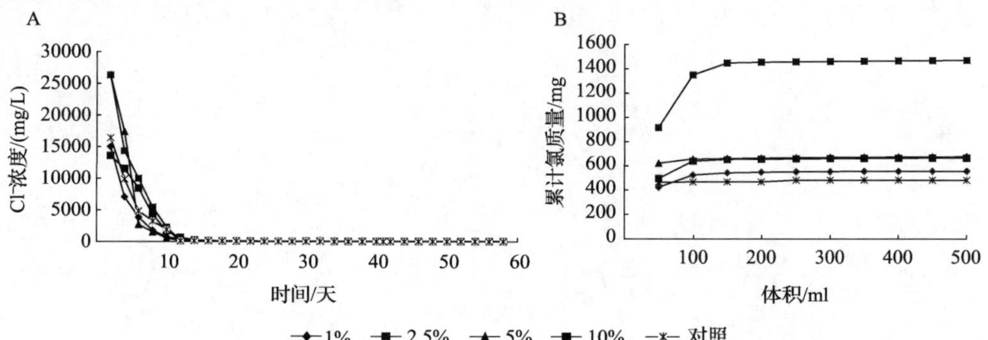


图 4-11 不同石膏配比下淋洗液中 $Cl^-$的时间-浓度(A)和体积-质量(B)关系

在本试验中，烟气脱硫石膏中的 $Ca^{2+}$与盐碱土中的 $Na^+$发生离子交换反应之后，主要的反应生成物为 $Na_2SO_4$，当化学反应达到一定的程度时，$Na_2SO_4$ 不能及时被淋洗掉，它的同离子效应阻滞脱碱化的进行。而土壤中存在的 $Cl^-$ 会与 $Ca^{2+}$ 生成 $CaCl_2$，而 $CaCl_2$ 在有 $Na_2SO_4$ 存在的条件下会处于不稳定状态重新生成 NaCl，从而使这部分本来与 $Ca^{2+}$ 结合可以随淋洗液流出土壤体系的 $Cl^-$，现在又重新与 $Na^+$ 结合，只能以 NaCl 的形式洗脱，但土壤中的可交换性 $Na^+$ 数量有限，大部分 $Cl^-$ 仍然只能停留在土壤体系内，严重阻滞了 $Cl^-$ 的洗脱效率。因此，土壤体系的脱氯效率受 $Na_2SO_4$ 是否能被及时排出土壤体系的直接影响，而 $Na_2SO_4$ 的排出又与土壤体系的水力传导度相关。从曲线上表现为：对照组中游离态的 $Na^+$ 数量有限，由电荷守恒可知 $Cl^-$ 大部分只能停留在土壤体系内，所以对照组中的累积 $Cl^-$ 质量最少；而 1%、2.5%、5%组分，由于其水力传导度都比较接近(图 4-5)，当 $Ca^{2+}$ 与 $Na^+$ 发生置换反应后，生成的 $Na_2SO_4$ 均不能及时从土壤体系中洗脱出去，进而使生成的 $CaCl_2$ 又重新反应回 NaCl，大大降低了 $Cl^-$ 的洗脱效率，因此这 3 组试验组的累积 $Cl^-$ 质量比较接近；而 10%石膏配比组由于其水力传导度明显高于其他配比组，反应生成的 $Na_2SO_4$ 能够及时随淋洗液排出土壤体系，使得 $Ca^{2+}$ 能与 $Cl^-$ 结合形成稳定的 $CaCl_2$，这样 $Cl^-$ 就有了更多的洗出形式，大大提高了 $Cl^-$ 的洗脱效率，使得 10%的总 $Cl^-$ 累积质量曲线明显高于其他配比组。

2)硫酸根离子

对照组中硫酸根离子($SO_4^{2-}$)的含量很低，浓度曲线平稳，总累积质量相比其他配比组也很低。而 1%组分在 11 天左右出现峰值，约为 8773mg/L，10%组分在 18 天左右出现峰值，约为 34 793mg/L(图 4-12A)。从累积质量上看，10%组分的 $SO_4^{2-}$ 累积质量随着累积淋洗液体积的增加而大幅度上升，其余石膏配比组的累积质量随着添加石膏百分比的增加而增大，并且，所有石膏配比组均在淋洗液累积体积到 150ml 左右时出现拐点(图 4-12B)。其中，对照组 $SO_4^{2-}$ 洗出率为 38.26%1%石膏配比组的洗出率为 94.17%，10%石膏配比组的洗出率为 66.04%。

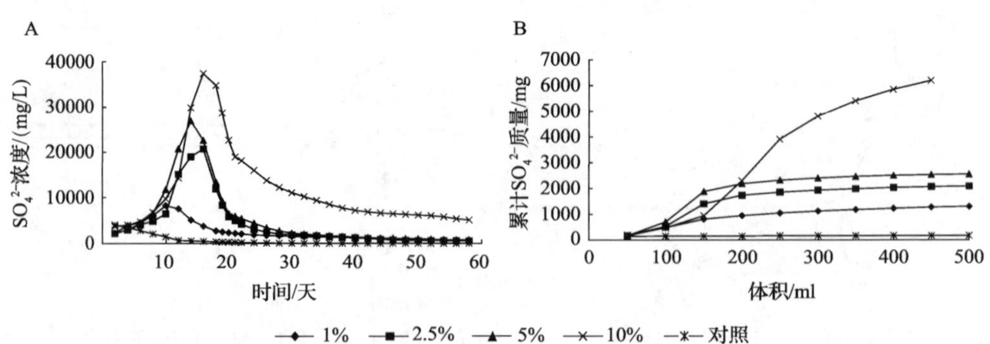


图 4-12　不同石膏配比下淋洗液中硫酸根离子($SO_4^{2-}$)的时间-浓度(A)和体积-质量(B)关系

淋洗液中$SO_4^{2-}$浓度随着时间的延长呈现出先增大后减少的趋势，而且石膏配比越高的组分其浓度峰值出现的时间越晚。可能的原因是土壤中的石膏逐渐溶解到水中，淋洗液中$SO_4^{2-}$的浓度逐渐上升，当石膏完全消耗之后土壤水溶液中的$SO_4^{2-}$无法得到补充，其淋洗液中的浓度随之下降。石膏配比越高，其完全溶解于水中所消耗的时间越长，相应的淋洗液中$SO_4^{2-}$浓度下降的时间到来的越晚。另外，由于$SO_4^{2-}$属于额外添加的成分，其添加的质量越多，则随淋洗液流出的累积质量也就越多，因此其质量累积曲线会随着添加石膏配比的加大而依次上升。

#### 4.2.2.6 营养物质

1) 总磷

淋洗刚开始时，对照组淋洗液中总磷(TP)浓度最高，10%配比组淋洗液中的TP浓度最低。随着淋洗的进行，各配比组淋洗液中的TP浓度随时间的延长而降低，其中对照组淋洗液的TP浓度下降缓慢，整个下降过程中没有明显的拐点；而10%组分淋洗液中TP浓度下降最快，在第7天左右就出现了明显的拐点，拐点之后淋洗液中的TP浓度逐渐趋于平衡，平衡浓度在0.6mg/L左右，大约为对照组的20%；而其余配比组淋洗液中TP浓度的趋势基本一致，无明显差别(图4-13A)。从累积质量上来看，对照组分淋洗液累积TP质量最多，达419.84μg，并且还有继续增多的趋势；而10%配比组的TP累积质量最少，只有239.42μg，是对照组的57%，并在累积淋洗液200ml左右时出现拐点，随后接近平衡；其余配比组的累积磷质量都与10%组分接近(图4-13B)。说明加入脱硫石膏能有效固定土壤中的磷，使磷保留在土壤体系内，降低淋洗液中TP的浓度。但1%、2.5%、5%、10%这4种配比组对磷的固定作用没有显著性差异。

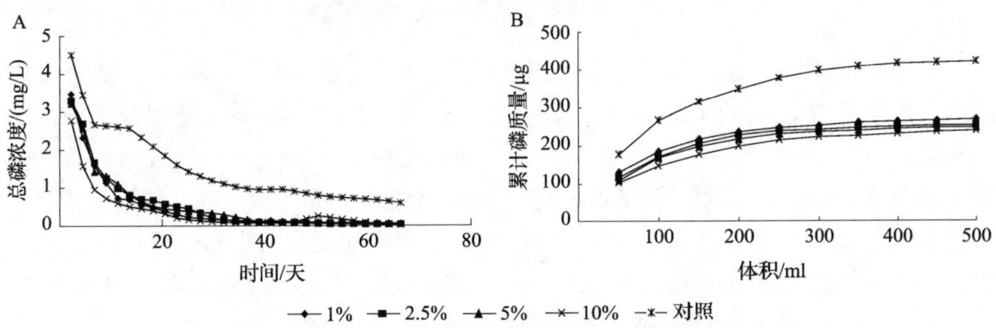


图4-13 不同石膏配比下总磷的时间-浓度(A)和体积-质量(B)关系

滨海盐碱土由于附近海域的人为污染，其中的磷含量已经不可忽视。若处理不当，则很容易将土壤中的磷引入附近海域，造成水体的富营养化，导致二次污染。通过淋洗，我们可以明显看到土壤中有相当部分的磷是可溶态的，可以随着淋洗液流出，而加入烟气脱硫石膏后，其中的 $Ca^{2+}$能与游离的磷酸根离子结合，生成难溶盐磷酸钙，磷酸钙的溶解度相当低，其溶度积只有 $2.07\times10^{-33}$，能够将磷有效地固定在土壤体系内，降低可溶性磷含量，使得淋洗液中的 TP 浓度降低。

2) 有效磷

淋洗结束后，测得所有配比组土柱的土壤有效磷(AP)含量为 19.2～43.6mg/kg，占全磷的比例为 3.6%～8.2%，并随着烟气脱硫石膏配比的增加而明显下降，表明加入烟气脱硫石膏可以显著降低土壤有效磷含量；在所有配比组的土柱中，10%配比的土壤有效磷含量平均值最低(图 4-14)，较对照组降低了 55.96%。

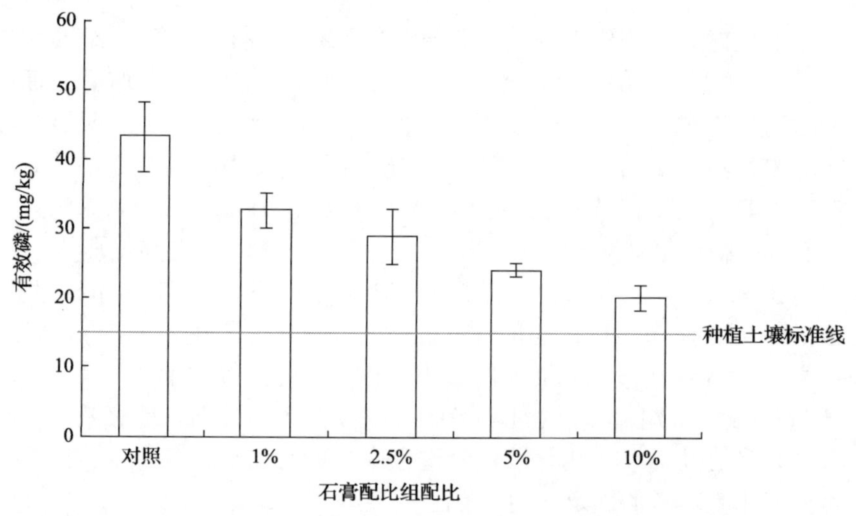


图 4-14　淋洗后的土壤中有效磷的含量

土壤有效磷是土壤中可被植物吸收的磷组分，包括全部水溶性磷、部分吸附态磷及有机态磷，有的土壤还包括某些沉淀态磷。本试验在烟气脱硫石膏施入盐碱土壤后，$Ca^{2+}$与土壤中的 $PO_4^{3-}$作用转化为磷酸钙盐，使土壤中的可溶态磷转化为沉淀态磷。因此，随烟气脱硫石膏施用量的增加，土壤可溶性磷含量明显下降。虽然 10%配比的土壤有效磷平均值为 19.2mg/kg，但仍高于《绿化种植土壤》(CJ/T 340—2011)的优秀标准值(15mg/kg)，在《土壤环境质量标准》(GB 15618—1995)中也属于良好一类，完全能满足植物的正常生长。

另外，烟气脱硫石膏的使用比例对控磷的效果影响也较大。从本试验中可以得出，当石膏使用配比达到 10%时，总磷的流失减少了 43%，与 2.5%和 5%石膏配比组的控磷效果无差异，但有效磷减少幅度明显高于其他配比组，较对照组降低了 55.96%。

出于烟气脱硫石膏能最大程度地控制总磷流失和尽量降低对有效磷影响的目的，同时考虑到烟气脱硫石膏的运输和成本，本试验给出的烟气脱硫石膏的合理配比为 1%～2%。如果考虑到工程应用当中降雨冲刷等引起的流失，建议结合实际情况适当提高比例。

3) 其他营养元素

钙是植物的必需营养元素，钙具有构成植物细胞壁结构的成分、稳定膜结构和调节膜的渗透性、促进细胞伸长和根系生长、形成钙调素并调节酶的活性和养分离子的生理平衡、消除某些离子的毒害作用等功能。如果缺钙，植物会出现植株矮小、组织柔软、侧芽与根尖腐烂等各种症状。而植物所能吸收利用的钙元素是在土壤中以钙离子形式存在的钙，而以其他形式存在的钙则不能被植物所吸收利用。

本试验所使用的上海浦东新区东滩滨海盐碱土，由于土壤的 pH 较高，土壤中 $Na^+$相对富集，可溶性 $Ca^{2+}$被取代生成难溶的碳酸盐等形式，使得土壤中能被植物所利用的 $Ca^{2+}$含量大大降低，土壤处于贫钙状态。本试验淋洗结束后，添加脱硫石膏配比组的土柱中土壤 $Ca^{2+}$含量是对照组的 1.4～7.1 倍。烟气脱硫石膏由于其有效成分 $CaSO_4{\cdot}2H_2O$ 微溶于水，能够电离出游离态的 $Ca^{2+}$，施入盐碱土壤后，为土壤体系增加外源的有效 $Ca^{2+}$含量，提高了土壤的钙肥性；同时，烟气脱硫石膏又能有效降低和控制盐碱土的 pH，使其长期稳定在 7.5～8.5，这也是土壤中 $Ca^{2+}$具有效性的最佳 pH 范围(卡拉塔耶夫 · 安吉波夫，1959)。

硫是植物合成蛋白质和酶的必需成分，还会影响叶绿素的形成，如果植物缺硫会出现植株黄化、叶尖干枯、种子粒重下降等症状。而随着肥料用量的增加、农业生产集约化和高产品种的推广，作物产量提高的同时也从土壤中带走越来越多的养分硫；除此之外，氮、磷、钾肥用量的增加，造成养分比例失调，也影响着硫的吸收和利用(郭丽，2010)。对照组可溶性 $SO_4^{2-}$ 累积质量为 196.80mg，平均含量为 99.71mg/kg，仅相当于土壤有效硫含量 16mg/kg(土壤缺硫)(刘崇群等，1993)，原土有效硫含量较低，若较长时间内没有施用硫肥，土壤中的硫很快便被消耗殆尽。而添加烟气脱硫石膏之后，其中的 $CaSO_4$ 能有效电离出 $SO_4^{2-}$，增加了土壤中的有效硫含量。1%石膏配比组土壤可溶性 $SO_4^{2-}$ 的累积质量就达到 1299.96mg，10%组分更是达到了 6473.19mg，分别是对照组的 6.6～32.8 倍，大大提高了土壤的肥性；另外，烟气脱硫石膏效果持久，能在长时间内稳定地提供 $SO_4^{2-}$，在植物的生长过程中可有效补充硫。因此，加入烟气脱硫石膏能有效增加土壤体系中的 $SO_4^{2-}$ 浓度，提高土壤的硫肥性。

钾能促进植物的光合作用，制造更多的养料，尤其是对淀粉和糖分的形成有重要作用；同时，钾还能促进植物对氮、磷的吸收，有利于蛋白质的形成；而且钾能增强根部的生长，使植物茎秆变得粗壮坚韧，提高植物抗旱、抗寒、抗倒伏和抗病虫害的能力。植物如果缺钾，光合作用就会降低，茎秆软弱、易染病。严重时，叶子尖端和边缘发黄后变黑，最后干枯呈火烧焦状。本试验中，用烟气脱硫石膏改良盐碱土，在钙-钠置换的同时也会发生钙-钾置换，会降低土壤中 $K^+$的含量。对照组的土壤总钾的含量为 4972.39mg，平均为 $2.52\times10^4$mg，而 1%石膏配比组经过淋洗之后，剩余的土壤总钾含量为 4765.16mg，10%配比组经过淋洗之后，剩余的土壤总钾含量为 4670.89mg。结果表明，加入烟气脱硫石膏后，土壤总钾含量有所降低，但降低幅度只有 4.1%～6.1%。因此，加入脱硫石膏对土壤总钾含量影响较小，不会明显降低土壤的肥性和影响植物的生长。

### 4.2.3　讨论

1)阳离子

盐碱土由于含有大量的 $Na^+$、$K^+$等离子，遇水容易板结，孔隙度很低，透水性和可耕性极差。在本研究中，向上海滨海盐碱土加入一定配比的烟气脱硫石膏后，所含的 $Ca^{2+}$可以置换出土壤胶体交换性 $Na^+$，加速排盐，并有效改善土壤的团粒结构，加大土壤整体孔隙度，显著提高水力传导度，最终降低盐碱土的碱化度。然而随着烟气脱硫石膏配比的上升，盐碱土脱盐的边际效益增加非常有限。试验发现：当加入烟气脱硫石膏量在 1%左右时，离子交换作用占据主导地位，烟气脱硫石膏中的 $Ca^{2+}$置换出土壤中的 $Na^+$，增加了土壤颗粒的凝聚度，土壤的孔隙度变大，因此水力传导度增大；而当烟气脱硫石膏配比在 5%时，虽然石膏含量增多，但水力传导度并未进一步提高，可能原因是烟气脱硫石膏在与土壤进行离子交换的同时，过量的石膏颗粒填充部分土壤颗粒间的空隙，使得本来出现的孔隙被石膏堵塞；当烟气脱硫石膏配比达到 10%左右时，随着石膏含量的加大，离子交换的强度也相应增加，离子交换作用改善土壤团粒结构的正效应远大于脱硫石膏粉末的填充作用而降低土壤孔隙度的负效应，团粒结构的改善更加明显，土壤孔隙度更大，土壤水力传导度大大提高。

用烟气脱硫石膏改良盐碱土是利用了土壤的阳离子交换能力，靠烟气脱硫石膏中的交换性 $Ca^{2+}$把土壤胶体上的交换性 $Na^+$置换出来(Chen and Dick，2011)，置换出的 $Na^+$溶于水并随水排出，从而使土壤达到脱盐的目的。土壤含有的可交换性 $Na^+$总量是相对固定的，如当石膏配比超过 1%时，脱钠率并不取决于掺入盐碱土中的石膏增加量，而是取决于土壤中原有的交换性 $Na^+$总量。$Na^+$在土壤中一部分呈游离态，可以随水流出；另一部分则是与土壤颗粒相结合的可交换态，不能随水流出(卡拉塔耶夫・安吉波夫，1959)。淋洗开始后，由于配比为 10%的烟气脱硫石膏具有较高的水力传导度，游离态的 $Na^+$很快就被冲洗出来，浓度曲线快速下降。而曲线后半部分的平稳浓度则对应的是可交换态的 $Na^+$被 $Ca^{2+}$置换出来后的浓度。随着石膏比例的增加，离子交换反应会进行得更快、更彻底，置换出来的 $Na^+$更多(李焕珍等，1999)。所以，我们从曲线上可以看到随着脱硫石膏配比的增加，淋洗液中 $Na^+$的平衡浓度也相应更高，淋洗出的 $Na^+$的累积质量也随之增多。

相对于 $Na^+$而言，本身浓度就不高的 $K^+$、$Ca^{2+}$、$Mg^{2+}$，通过淋洗作用使其离子浓度降低到一定水平之后，淋洗作用对其浓度的影响就变得很小了 。$Ca^{2+}$可以置换出土壤中的 $Mg^{2+}$，使得游离态 $Mg^{2+}$得到补充，从而在曲线上表现为 $Mg^{2+}$浓度与累积质量一直大于 $Ca^{2+}$，这种现象一直到烟气脱硫石膏的配比达到 10%时才得到转变。对于 $K^+$，虽然在加入脱硫石膏之后淋洗液中 $K^+$浓度与累积质量都有明显升高，但是相比于 $Na^+$来说相差甚远。虽然原土中的镁和钾的含量均远高于钠，但从土柱中淋溶出的钠总量是镁、钾的 1～2 倍(图 4-15)，这表明在烟气脱硫石膏改良盐碱土的离子交换过程中，$Ca^{2+}$优先与 $Na^+$进行交换，这与郭丽等(2010)的研究结果是一致的。

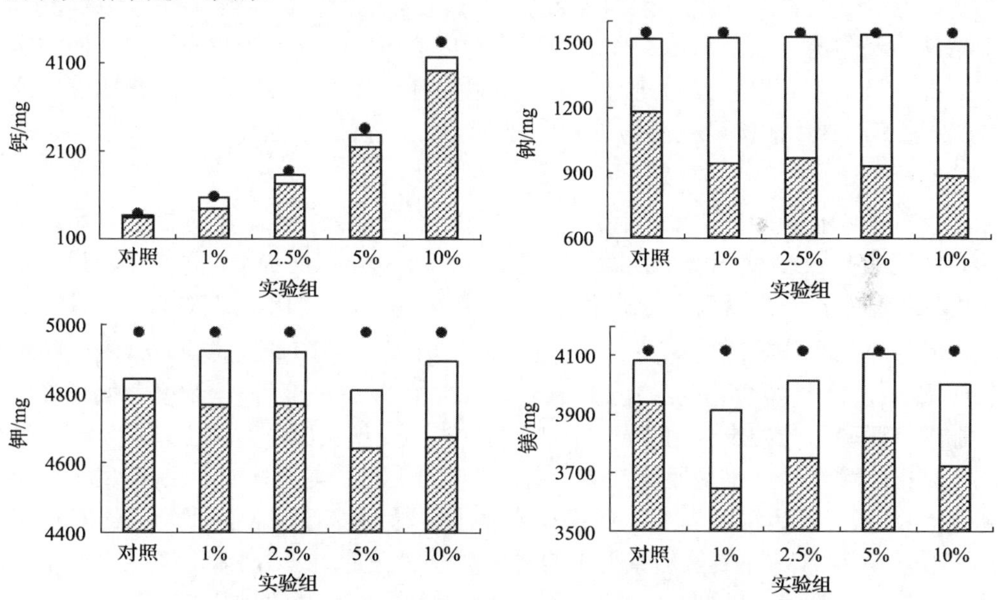


图 4-15　土壤淋洗前后钙、钠、钾、镁离子总量的变化

实验组数据为烟气脱硫石膏配比百分数

烟气脱硫石膏有利于稳定盐碱土壤 pH。对照组在淋洗之后，淋洗液的 pH 总体维持在 8.5 以上，最高达到 9.4。这是因为在对照组脱盐过程中，由于 NaCl 大量减少，溶解度小的碱性盐 $NaHCO_3$ 等相对富集，土壤 pH 升高；同时，盐碱土

中原来被吸附于固相的交换性 $Na^+$由于土壤溶液中的可溶性 $Na^+$浓度减少而离解到土壤溶液中，土壤溶液中的 $Na^+$易水合为强碱性的 NaOH，于是导致土壤溶液呈碱性甚至强碱性(崔丽萍等，2011)。加入烟气脱硫石膏组分的土壤经过淋洗后，pH 虽然上升，但是远远低于对照组。这是因为 $Ca^{2+}$将 $Na^+$置换出来之后，由电子守恒可知，$Na^+$便会与$SO_4^{2-}$形成中性盐 $NaSO_4$，而不会去水合形成 NaOH，这就使得淋洗液的 pH 大大降低(姜瑜，2007)。另外，$Ca^{2+}$被置换后，剩下的$SO_4^{2-}$属于强酸根，还能起到中和水中碱的作用，也使得最后淋洗液的 pH 降低，有效防止脱盐过程中土壤的碱化作用(Sharrna and Yadav，1989)。经过比较发现，烟气脱硫石膏组的 pH 比对照组降低了 9.48%，而脱硫石膏实验组之间却没有明显变化。所以，不同配比烟气脱硫石膏对盐碱土淋洗后的 pH 并无显著影响。

实验结果还显示，加入土柱中的 90%以上的烟气脱硫石膏仍遗留在土壤中，既有利于持续改善土壤的团粒结构和稳定土壤 pH，又能增加土壤体系中的钙、硫等植物营养元素，有利于植物的生长。但上海滩涂面积十分广阔，即使石膏来源广泛，也需要成本，如果施用比例较高，那么石膏用量也是相当大的。本试验中，土壤样品经过磨碎，易与石膏样品混匀，所以磨碎能提高离子交换效应。而在实际工程中，很难实现充分的混匀状态，所以实际工程中需要掺入的石膏比例应该要高于 1%，具体比例可在现场进一步开展示范工程试验而确定。

2) 阴离子

加入烟气脱硫石膏之后，土壤和淋洗液的 pH 得到明显控制，均远低于对照组土壤和淋洗液的 pH，使本来呈强碱性的盐碱土恢复到弱碱性水平，并能在较长的时间内保持稳定；而由于引入 $Ca^{2+}$和 $SO_4^{2-}$，土壤和淋洗液的电导率(EC)有所增大，但随着土壤水力传导度的提高，淋洗液 EC 的下降速率随烟气脱硫石膏配比的增加而增大；在土柱开始淋洗的前 6 天内，淋洗液的 EC 和各离子浓度急剧下降，添加烟气脱硫石膏的土柱中 $Ca^{2+}$与 $Na^+$发生离子交换反应，交换出来的 $Na^+$随淋洗液排出土壤体系，平均脱钠效率为对照组的 1.8 倍；与此同时，钙-钾离子交换和钙-镁离子交换也同步发生，但规模明显小于钙-钠离子交换，平均只比对照组的洗脱效率多 3%左右；虽然原土中的总钾与总镁含量均远高于钠，但从土柱中淋溶出的钠总量是镁、钾的 1～2 倍，这表明在烟气脱硫石膏改良盐碱土的离子交换过程中，$Ca^{2+}$是优先与 $Na^+$进行交换的；$Cl^-$的洗脱效率与水力传导度呈正相关性，其中 $Na_2SO_4$ 能否及时排出土壤体系成为影响土壤 $Cl^-$洗脱效率的关键因素，10%烟气脱硫石膏配比组的 $Cl^-$浓度在淋洗后的第 6 天就出现拐点，比对照组提前了 4 天，并且洗脱效率是对照组的 3 倍左右；淋洗液中 $SO_4^{2-}$的浓度和累积质量随着烟气脱硫石膏配比的增加而增大(图 4-16)。当烟气脱硫石膏配比超过 1%时，盐碱土的脱盐效果主要取决于原土中的交换性阳离子总量。随着烟气脱硫石膏配比的增加，盐碱土脱盐边际效益的增加并不显著。

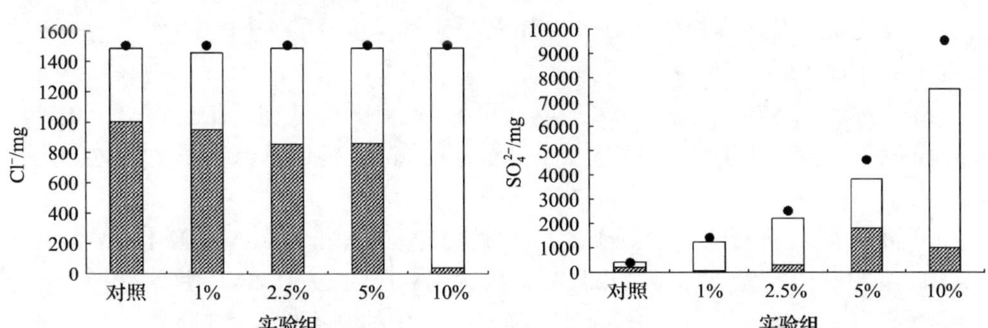


图 4-16　土壤淋洗前后氯离子和硫酸根离子总量的变化

实验组数据为烟气脱硫石膏配比百分数

3) 营养物质

加入烟气脱硫石膏能明显降低滩涂盐碱土壤中溶解态磷的含量，使淋洗液中的总磷浓度降低，这将能够有效预防周围水体的富营养化；但随着烟气脱硫石膏配比的增加，土壤的持磷效率没有随之提高，各配比组土壤的脱磷效率均比对照降低 40%左右。在总磷减少的同时，土壤中的有效磷也随之减少。其中 10%组分的有效磷减少幅度最大，降低至 19.2mg/kg，较对照减少了 55.95%，但仍高于《绿化种植土壤》(CJ / T 340—2011) 的优秀标准值(15mg/kg)，在《土壤环境质量标准》(GB 15618—1995) 中也属于良好一类，完全能满足植物的正常生长。除此之外，烟气脱硫石膏能提高土壤中钙和硫等营养元素的含量达 6 倍以上，在改善土壤物理性质的同时也提高了土壤的肥性。但是，土壤中 $K^+$的含量会随着烟气脱硫石膏的加入而降低，而 1%～10%烟气脱硫石膏配比处理的土壤总钾的含量只降低了 4%～6%，对土壤整体的钾含量没有造成太大影响，不会影响土壤的环境质量和植物的正常生长。

### 4.2.4　结论

本试验在烟气脱硫石膏改良滩涂盐碱土壤前后，针对土壤的物理结构及土壤和淋洗液中的 pH、电导率(EC)、$K^+$、$Na^+$、$Ca^{2+}$、$Mg^{2+}$、$SO_4^{2-}$、$Cl^-$、总磷(TP) 和有效磷(AP) 等指标进行跟踪检测，得出如下结论。

(1) 使用上海某燃煤电厂的烟气脱硫石膏来改良浦东新区东滩的滨海盐碱土不会造成二次污染，也不会破坏农用土壤环境，更不会对生态环境，以及人类生活和食物安全产生不利影响，满足施用烟气脱硫石膏的环境安全性要求。

(2) 烟气脱硫石膏加入滨海盐碱土后，能明显提高土壤颗粒的凝聚性，改善土壤的团粒结构，加大土壤孔隙度，从而有效提高土壤在非饱和状态和饱和状态下的水力传导度，提高排盐效率。其中加入脱硫石膏组分的平均水力传导度是对照组的 4～5 倍。

(3) 在滨海盐碱土中施入烟气脱硫石膏后，能有效降低和稳定土壤与土壤淋洗液的 pH 和电导率，使原来土壤与土壤淋洗液的高 pH 能够降低并长时间地稳定在 7.5～8.5。

(4) 烟气脱硫石膏改良盐碱土的离子交换过程中，$Ca^{2+}$优先置换出 $Na^{+}$，其中 1%配比组的脱钠率为 37.3%，其脱钠总量达到对照组的 1.8 倍，使得“钠-土壤”体系变成“钙-土壤”体系。$Na^{+}$同时置换出土壤中的交换性 $K^{+}$和 $Mg^{2+}$，脱镁累积量和脱钾累积量的总和与脱钠累积量接近。

(5) 阴离子能很快随淋洗液排出土壤体系，在开始淋洗的前 6 天内，大部分阴离子就已经随水流出，使土壤基本达到排盐改良的目的。10%配比组既能保证土壤有一个比较好的渗水能力，又能有效减少石膏的渗漏损失，从而使 $Cl^{-}$能够比较彻底地被排出土壤体系。

(6) 烟气脱硫石膏能为土壤带来大量的钙和硫等植物必需的营养元素，促进植物的生长；同时控制总磷的流失，虽然会降低土壤中有效磷的含量，最低达到 19mg/kg，但仍然高于《绿化种植土壤》(CJ/T 340—2011) 的 15mg/kg，不会对植物的正常生长产生影响。

(7) 烟气脱硫石膏对盐碱土的脱盐效果并不取决于掺入盐碱土中的石膏增加量，而是取决于土壤中原有的交换性 $Na^{+}$、$K^{+}$、$Mg^{2+}$等离子总量。针对上海滨海盐碱土，在充分混匀的理想条件下，烟气脱硫石膏配比超过 1%即能达到良好的脱盐效果，随着烟气脱硫石膏配比的进一步上升，脱盐的边际效益增加非常有限。因此建议上海滨海盐碱土改良过程中添加烟气脱硫石膏的质量配比以接近 1%为宜，在田间改良工程中可适当提高配比。

## 4.3 烟气脱硫石膏对滩涂盐碱地改良的盆栽试验

该研究在人工气候室和温室大棚内进行，通过向滩涂盐碱土添加不同比例的烟气脱硫石膏，并进行种植试验，评估烟气脱硫石膏改良围垦滩涂土壤的可行性，并为野外示范工程试验摸索烟气脱硫石膏添加剂量的范围。盆栽试验可以控制光照、灌水量、温度等影响植物生长的因素，确保试验顺利进行，有利于监测试验指标。

### 4.3.1 研究方法

#### 4.3.1.1 供试材料

供试土样取自上海浦东新区南汇东滩表层 0～20cm 土壤。取回的土壤自然风干后磨碎并过 2mm 筛作为盆栽试验土样。土样基本理化性质(表 4-2)显示供试土壤的肥力极低，有机质含量仅为 0.75%，总氮含量仅为 0.10mg/kg，难以保证植物生长的营养需求，因此在改良土壤试验中配施了有机肥料。

**表 4-2 供试土壤理化性质**

| 检测项目 | pH | 全盐量/% | 电导率/(mS/cm) | 碱化度(ESP)/% | 容重/(g/cm$^3$) | 有机质/% | 总氮/(mg/kg) | 总磷/(g/kg) | 总钾/(g/kg) |
|---|---|---|---|---|---|---|---|---|---|
| 含量 | 8.36 | 0.43 | 1.38 | 32.8 | 1.08 | 0.75 | 0.10 | 0.97 | 39.7 |

烟气脱硫石膏来自上海大型发电厂，其主要成分为 $CaSO_4 \cdot 2H_2O$。烟气脱硫石膏和供试土壤的重金属元素检测结果见表 4-3。烟气脱硫石膏中除汞外其他重金属含量均低于供试土壤背景值并满足《土壤环境质量标准》(GB 15618—1995)的一级标准(自然背景)，汞满足《土壤环境质量标准》(GB 15618—1995)的二级标准(pH＞7.5)，这说明烟气脱硫石膏本身具有良好的生态安全性。

**表 4-3 供试土壤和烟气脱硫石膏的重金属含量** (单位：mg/kg)

| 供试样品 | As | Cu | Pb | Ni | Cr | Hg |
|---|---|---|---|---|---|---|
| 烟气脱硫石膏 | 5.10 | 11.5 | 14.7 | 15.4 | n.d. | 0.20 |
| 供试土壤 | 13.1 | 37.8 | 221 | 50.4 | 86.3 | 0.08 |
| GB 15618—1995 二级标准(pH＞7.5) | 20.0 | 100 | 350 | 60.0 | 250 | 1.00 |
| GB 15618—1995 一级标准(自然背景) | 15.0 | 35.0 | 35.0 | 40.0 | 90.0 | 0.15 |

注：n.d.表示未检出

供试植物为番茄(*Lycopersicon esculentum*)和黑麦草(*Lolium perenne*)，是近年来国内外植物生物学评价常用的指示物种(Chen and Dick，2011)。

#### 4.3.1.2 盆栽试验设计

盆栽试验在华东师范大学人工气候室内进行。盆栽试验土壤取自南汇东滩，设每千克干土中施用 0g(对照)、5g、10g、25g 和 50g 烟气脱硫石膏共 5 个处理水平用于模拟野外工程中的 0t/hm$^2$、12t/hm$^2$、24t/hm$^2$、60t/hm$^2$ 和 120t/hm$^2$，设 4 次重复。盆栽试验所用盆的规格为下径 22cm×上径 24cm×盆高 25cm，可装 5kg

土壤。盆栽试验前按设计的处理水平将烟气脱硫石膏分别混入供试土壤，并进行装盆。

试验控制培养条件为：12h/12h 光暗循环，相对空气湿度为 70%；白天温度为 25℃，光照强度为 18 000lx；夜晚温度为 15℃。2013 年 3 月 28 日选取长势一致的番茄苗进行移栽，每盆两株，2013 年 8 月 28 日试验结束，从移栽到采收的整个培育期约为 150 天；黑麦草在土壤拌入烟气脱硫石膏并灌水后次日播种，播种 10 天后进行出苗情况调查，从播种到采收共计约为 100 天(2013 年 4 月 26 日至 2013 年 8 月 5 日)。试验期间，浇水量以盆底部刚刚渗水而未渗出为宜，并统一各处理浇水量。

#### 4.3.1.3　大棚种植试验设计

在华东师范大学崇西野外试验站进行大棚种植试验(图 4-17)，设 0t/hm$^2$(对照)、7.5t/hm$^2$、15t/hm$^2$、30t/hm$^2$、60t/hm$^2$ 和 90t/hm$^2$ 共 6 个烟气脱硫石膏处理水平，4 次重复。盆栽试验所用盆可装 36kg 土壤。大盆种植前按设计的处理水平将烟气脱硫石膏分别混入土壤并进行装盆。选取高度一致的垂柳和杞柳进行大盆种植，垂柳初始株高为 45cm，杞柳初始株高为 30cm。2012 年 5 月 22 日开始种植后进行两个月的生长情况监测。试验期间定期灌水，并且保持每盆灌水量一致。

图 4-17　大棚种植试验

A. 种植的供试植物 B. 装盆土样

#### 4.3.1.4　指标测定

番茄盆栽试验结束时收集各处理土壤样品，自然风干后磨细过筛(1mm)用于测试土壤指标。按照 1∶5 土水比混合，振荡摇匀并过滤，取上清液测定水溶性盐离子含量和电导率；乙酸铵浸提土壤测定交换性 $Ca^{2+}$和 $Na^+$。电导率仪测定水溶性全盐量；用电感耦合等离子体-原子发射光谱仪测定水溶性阳离子 $Ca^{2+}$、$Na^+$、

$K^+$和 $Mg^{2+}$；用 2500 离子色谱仪测定$SO_4^{2-}$、$Cl^-$；双指示剂-中和滴定法测定$CO_3^{2-}$、$HCO_3^-$；用酸度计测定 pH(1∶2.5 土水比)。重铬酸钾氧化法测定有机质；乙酸铵浸提法测定速效钾；碳酸氢钠浸提法-钼锑抗比色法测定速效磷。原子荧光光度计测定供试土壤样品和烟气脱硫石膏的 Hg 和 As，电感耦合等离子体原子发射光谱仪测定重金属指标 Pb、Ni、Cr 和 Cu。碱化度(ESP)=交换性 $Na^+$(cmol/kg)/阳离子交换量(cmol/kg)×100%。

番茄生长指标包括生长旺盛期的株高、胸径，以及试验结束时的果实鲜重、根鲜重和根长。黑麦草生长指标包括播种 10 天后的出苗率，以及生长期的植株鲜重、根鲜重、株高和根长。出苗率为播种 10 天后出苗的株数与播种时的粒数比值。株高为测量存活的所有植物株高后的平均值。生物学产量为茎叶总鲜重。进行 3 次重复测量，结果取平均值。

4.3.1.5 数据处理方法

试验结果统计与分析采用 SPSS 17.0 软件，制图采用 Excel 2010 软件进行。土壤化学性质、养分含量及黑麦草、番茄的生长指标均为平均值，其中，黑麦草和番茄生长指标以每盆为单位。采用最小二乘法(LSD)在 $P$=0.05 水平上对不同烟气脱硫石膏处理的土壤指标及植物生长指标进行差异显著性检验。

### 4.3.2 结果与分析

4.3.2.1 烟气脱硫石膏对围垦滩涂盐碱土化学性质与养分的影响

1)土壤电导率和水溶性盐组分的变化

施用烟气脱硫石膏后，土壤电导率(EC)和水溶性盐组分会发生显著变化(表 4-4)。与对照处理相比，烟气脱硫石膏处理显著增加了土壤电导率，尤其是 120t/hm$^2$ 烟气脱硫石膏处理的土壤电导率值增幅高达 74.6%。烟气脱硫石膏使围垦滩涂盐碱土中的水溶性 $Ca^{2+}$和$SO_4^{2-}$含量分别提高了 1.19～9.19 倍和 11.8～37.7 倍。除 12t/hm$^2$ 烟气脱硫石膏处理，24～120t/hm$^2$ 烟气脱硫石膏处理的土壤水溶性 $Mg^{2+}$含量与对照处理相比显著增加了 1.10～3.31 倍。120t/hm$^2$ 烟气脱硫石膏处理的水溶性 $Na^+$+$K^+$含量比对照处理增加了 51.2 倍，12～60t/hm$^2$ 烟气脱硫石膏处理的水溶性 $Na^+$+$K^+$含量与对照处理相比无差异。随着烟气脱硫石膏添加量的增加，土壤中水溶性 $Cl^-$浓度先降低后增加，120t/hm$^2$ 的高剂量烟气脱硫石膏处理水溶性 $Cl^-$含量与对照组无差异，该施用量不利于水溶性 $Cl^-$含量的降低，其他烟气脱硫石膏处理均能不同程度地降低水溶性 $Cl^-$含量，其中 60t/hm$^2$ 烟气脱硫石膏处理的 $Cl^-$含量降低最多，降低了 33.0%。与对照处理相比，烟气脱硫石膏显著降低$CO_3^{2-}$

+ $HCO_3^-$ 含量，但各烟气脱硫石膏处理间无显著差异。

**表 4-4　不同烟气脱硫石膏处理土壤电导率和水溶性盐含量**

| 脱硫石膏/ $(t/hm^2)$ | EC /(mS/cm) | $Na^+ + K^+$/ (cmol/kg) | $Mg^{2+}$/ (cmol/kg) | $Ca^{2+}$/ (cmol/kg) | $Cl^-$/ (cmol/kg) | $CO_3^{2-}$ + $HCO_3^-$/ (cmol/kg) | $SO_4^{2-}$/ (cmol/kg) |
|---|---|---|---|---|---|---|---|
| 0 | 2.79d | 7.74b | 0.52c | 1.07e | 18.2b | 0.44a | 0.24e |
| 12 | 3.20c | 8.19b | 0.62c | 2.34d | 15.3c | 0.35b | 3.06d |
| 24 | 3.57b | 8.39b | 1.09b | 3.98c | 13.6cd | 0.32b | 4.83c |
| 60 | 3.70b | 8.43b | 1.29b | 7.17b | 12.2d | 0.34b | 6.45b |
| 120 | 4.87a | 11.7a | 2.24a | 10.9a | 20.4ab | 0.28b | 9.29a |

注：EC 为电导率，代表土壤全盐量；同列中不同小写字母代表差异显著($P<0.05$)

2) 土壤 pH 及碱化度的变化

烟气脱硫石膏显著降低土壤 pH($P<0.05$)，降幅为 3.39%～6.17%(图 4-18)。并且施用烟气脱硫石膏 5 个月后，各烟气脱硫石膏处理的 pH 都降到 8.0 以下，适宜大部分植物的生长要求(United State Salinity Laboratory，1954)。同时，与对照处理相比，烟气脱硫石膏处理的土壤碱化度显著降低，其中 $60t/hm^2$ 和 $120t/hm^2$ 烟气脱硫石膏处理的土壤碱化度降低幅度最大，分别降低了 61.6%和 66.6%，均已达到非碱土水平。

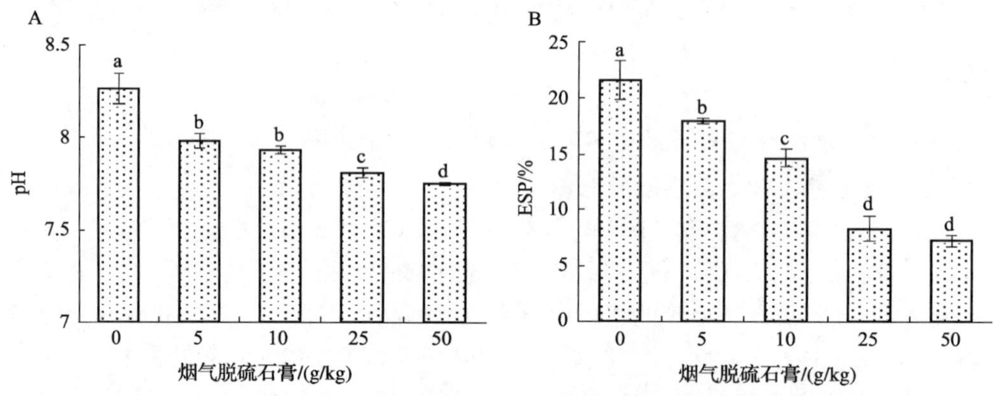


图 4-18　不同烟气脱硫石膏处理的土壤 pH(A)和碱化度(ESP)(B)变化

图中不同小写字母表示差异显著($P<0.05$)；0g/kg、5g/kg、10g/kg、25g/kg 和 50g/kg 烟气脱硫石膏处理分别表示野外示范工程中的 $0t/hm^2$、$12t/hm^2$、$24t/hm^2$、$60t/hm^2$ 和 $120t/hm^2$

3) 土壤营养元素的变化

当烟气脱硫石膏施用量为 $12t/hm^2$ 时，围垦滩涂土壤的有机质、速效磷和速效钾含量与对照处理相比无显著差异，其余各烟气脱硫石膏处理($24～120t/hm^2$)与对照处理相比均差异显著($P<0.05$)(表 4-5)。与对照处理相比，$24～120t/hm^2$ 烟气脱硫石膏处理的土壤有机质和速效磷含量分别降低 13.9%～17.5%和 30.7%～

54.0%，速效钾含量升高 15.1%～39.5%，其中 120t/hm$^2$ 烟气脱硫石膏处理的土壤有机质和速效磷含量降低最多。

**表 4-5 不同烟气脱硫石膏处理土壤有效养分及有机质含量**

| 烟气脱硫石膏/(t/hm$^2$) | 有机质/(g/kg) | 速效磷/(mg/kg) | 速效钾/(mg/kg) |
|---|---|---|---|
| 0 | 22.3a | 17.6a | 562c |
| 12 | 21.7a | 14.6ab | 586c |
| 24 | 19.2b | 12.2bc | 647b |
| 60 | 19.8b | 10.2bc | 671b |
| 120 | 18.4b | 8.10c | 784a |

注：表中同列不同小写字母代表差异显著($P < 0.05$)

4)烟气脱硫石膏改良围垦滩涂盐碱土特性的分析

盆栽试验结果说明，烟气脱硫石膏会增加围垦滩涂盐碱土水溶性盐总量，降低土壤碱化度和水溶性 $Cl^-$、$CO_3^{2-}+HCO_3^-$ 的含量，并为植物生长提供营养元素钙和硫。烟气脱硫石膏的主要组分 $CaSO_4$ 中等可溶，$Ca^{2+}$和 $SO_4^{2-}$ 可以不断地被溶解释放，从而使钙和硫元素增加，进而导致土壤水溶性盐总量增加(Minhas，1999)。同时，王彬等(2010)的研究结果表明随着时间推移，加之降雨淋洗，升高的土壤水溶性盐总量会降低到土壤自然背景值以下。过量施入烟气脱硫石膏引入过量的 $Ca^{2+}$和 $SO_4^{2-}$，一方面，多余的 $Ca^{2+}$将滩涂土壤胶体微粒上的 $Na^+$+$K^+$置换出来，如果没有充分灌水排盐，就会造成水溶性 $Na^+$+$K^+$、$Ca^{2+}$和 $Mg^{2+}$在表层土壤中积累；另一方面，烟气脱硫石膏混入土壤后溶解的 $Ca^{2+}$置换土壤胶体上的交换性 $Na^+$，导致交换性 $Na^+$含量减少，进而使土壤碱化度降低，从而使围垦滩涂盐碱土壤得到改良(Qadir et al.，1996)。

### 4.3.2.2 烟气脱硫石膏对盆栽植物生长的影响

1)黑麦草生长情况

烟气脱硫石膏处理的黑麦草株高和根长与对照处理相比无显著差异，60t/hm$^2$ 和 120t/hm$^2$ 烟气脱硫石膏处理的植株鲜重和根鲜重与对照处理相比差异显著(表 4-6)。60t/hm$^2$ 烟气脱硫石膏处理的黑麦草植株鲜重、根鲜重与对照处理相比增加最多，分别增加了 46.6%、17.0%，而 120t/hm$^2$ 烟气脱硫石膏处理的黑麦草植株鲜重、根鲜重比对照处理分别显著降低了 15.5%、36.8%。与对照处理相比，120t/hm$^2$ 烟气脱硫石膏处理的黑麦草出苗率显著降低了 16.2%，其余烟气脱硫石膏处理的黑麦草出苗率无显著变化。烟气脱硫石膏不影响黑麦草株高和根长，当烟气脱硫石膏添加剂量为 60t/hm$^2$ 时，有利于黑麦草生物量的积累，但过量的烟气脱硫石膏对黑麦草植株和根系生物量积累不利，并且会抑制黑麦草的出苗生长。

**表 4-6　不同烟气脱硫石膏处理黑麦草生长情况**

| 烟气脱硫石膏/(t/hm$^2$) | 植株鲜重/(g/盆) | 根鲜重/(g/盆) | 株高/cm | 根长/cm | 出苗率/% |
|---|---|---|---|---|---|
| 0 | 10.3b | 1.06b | 25.7a | 12.4a | 82.2a |
| 12 | 13.6b | 0.99b | 25.9a | 12.8a | 73.3ab |
| 24 | 13.9b | 1.22a | 26.1a | 12.6a | 71.1ab |
| 60 | 15.1a | 1.24a | 26.7a | 13.4a | 81.1ab |
| 120 | 8.70c | 0.67c | 26.4a | 12.4a | 68.9b |

注：表中同列不同小写字母代表差异显著($P<0.05$)

2)番茄生长情况

烟气脱硫石膏处理的番茄株高和根长均显著高于对照处理，其中，60t/hm$^2$烟气脱硫石膏处理的番茄株高和根长增加最显著，分别增加了 32.1%和 40.9%(表 4-7)。当烟气脱硫石膏施用量为 12～60t/hm$^2$时，番茄的果实鲜重、根鲜重和株茎均显著高于对照处理，并以 60t/hm$^2$施用量烟气脱硫石膏处理的番茄果实鲜重、根鲜重和株茎增加最多，分别增加了 144%、51.9%和 9.53%，而当烟气脱硫石膏施用剂量为 120t/hm$^2$时，番茄果实鲜重比对照处理降低了 40.7%，根鲜重和株茎未发生明显变化。结果表明，施加适量的烟气脱硫石膏可以促进番茄生长，60t/hm$^2$烟气脱硫石膏施用量促进番茄生长效果最佳，施用过量的烟气脱硫石膏会抑制番茄生长并引起果实减产。

**表 4-7　不同烟气脱硫石膏处理番茄生长情况**

| 烟气脱硫石膏/(t/hm$^2$) | 果实鲜重/(g/盆) | 根鲜重/(g/盆) | 株高/cm | 根长/mm | 株茎/mm |
|---|---|---|---|---|---|
| 0 | 7.84d | 13.1b | 21.2d | 13.2c | 9.13b |
| 12 | 10.7c | 19.9a | 25.1bc | 17.8b | 9.93a |
| 24 | 17.9b | 18.4a | 26.4ab | 17.5b | 9.74a |
| 60 | 19.1a | 19.9a | 28.0a | 18.6a | 10.0a |
| 120 | 4.65e | 12.9b | 24.0c | 16.6b | 8.80b |

注：表中同列不同小写字母代表差异显著($P<0.05$)

3)大棚种植试验

图 4-19 为施用烟气脱硫石膏后，大棚种植的垂柳和杞柳的株高情况。烟气脱硫石膏施入围垦滩涂盐碱土一个月后，不同烟气脱硫石膏处理与对照处理间垂柳和杞柳的株高均无显著差异。施用烟气脱硫石膏两个月后，高剂量(45t/hm$^2$、60t/hm$^2$和 90t/hm$^2$)烟气脱硫石膏处理的垂柳和对照处理相比生长更快，株高显著增加了 18.1%～22.9%，也显著高于低剂量(7.5～30t/hm$^2$)烟气脱硫石膏处理组的垂柳株高。但 45t/hm$^2$、60t/hm$^2$和 90t/hm$^2$烟气脱硫石膏处理间的垂柳株高无显著差异。施用烟气脱硫石膏两个月后，和对照组相比，30t/hm$^2$、45t/hm$^2$、60t/hm$^2$

烟气脱硫石膏处理间的杞柳株高无显著差异，但长势均好于对照处理，株高增加了 22.9%～28.9%。低剂量（7.5t/hm$^2$ 和 15t/hm$^2$）的烟气脱硫石膏处理杞柳株高与对照处理间无显著差异。大棚种植试验表明，在研究的烟气脱硫石膏施用剂量范围内，高于 45t/hm$^2$ 施用剂量的烟气脱硫石膏可明显促进垂柳和杞柳生长，使施用烟气脱硫石膏两个月后即表现出对围垦滩涂盐碱土的改良效果。

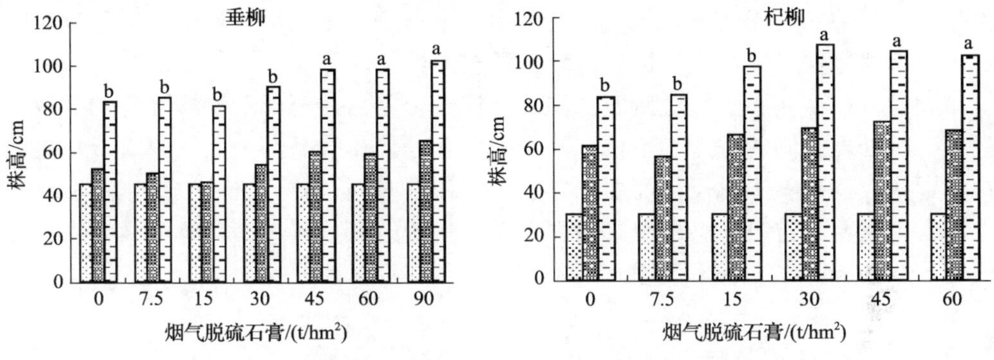


图 4-19　烟气脱硫石膏对垂柳、杞柳株高的影响

4）烟气脱硫石膏对植物生长影响的分析

盆栽试验结果显示，施用量为 12～60t/hm$^2$ 时，烟气脱硫石膏能促进番茄和黑麦草的生长。该施用量范围的烟气脱硫石膏引起的土壤水溶性盐总量增加不会对植物生长产生盐害，而土壤碱化度降低对植物生长有很大的促进作用。同时，将烟气脱硫石膏施入滩涂盐碱土中，参与土壤团粒结构的形成，可以持续改善土壤的团粒结构，同时缓冲土壤 pH（程镜润，2014），此外，烟气脱硫石膏增加土壤中植物所需钙、硫等养分，从而促进植物的生长发育（Eduardo et al.，2002）。

尽管施入烟气脱硫石膏会引起土壤速效磷和有机质降低，但在试验的施用剂量范围内不会影响植物的生长发育。Stout 等（2003）的研究表明利用烟气脱硫石膏改良作物时，土壤速效磷在一定范围内的降低不会影响作物生长发育。李焕珍等（1999）的田间试验结果也表明无机氮、磷、钾等养分并不是玉米生长的主要制约因素，关键在于消除土壤盐渍化危害。本研究显示过量的烟气脱硫石膏（120t/hm$^2$）显著抑制番茄与黑麦草生长，这是因为施用烟气脱硫石膏虽然能降低土壤碱化度，但过量施用会导致土壤盐分过量积累，以致土壤含盐浓度超过植物正常的耐受力而影响植物生长。Clark 等（2001）研究也指出过量施用烟气脱硫石膏会导致土壤水溶性盐含量增大，抑制黑麦草出苗和生长。可见，适宜的施用量是充分发挥烟气脱硫石膏改良盐碱土作用的关键。在本实验条件下，60t/hm$^2$ 是烟气脱硫石膏改良围垦滩涂盐碱土的最适宜施用量。

将不同浓度的烟气脱硫石膏施入围垦滩涂盐碱土壤中，种植黑麦草和番茄，然后测量植物生长指标和土壤理化指标。黑麦草的出苗率反映烟气脱硫石膏对黑麦草出芽和生长初期的影响，烟气脱硫石膏处理黑麦草的出苗率均小于对照处理，可能与黑麦草对盐胁迫的忍耐力较小，而烟气脱硫石膏的加入增加了土壤中可溶性盐的含量有关。烟气脱硫石膏浓度低，土壤的可溶性盐含量较低，对黑麦草生长的影响较小；烟气脱硫石膏浓度高，土壤中可溶性盐含量也高，导致初期出苗生长受到了抑制，而随着烟气脱硫石膏的不断溶解，土壤中团粒结构的分散性增加，透水性增强，又可以促进黑麦草、番茄的生长。

大棚种植试验中烟气脱硫石膏施入土壤一个月后，不同剂量烟气脱硫石膏处理及对照处理之间的垂柳和竹柳株高均无显著差异，这是因为烟气脱硫石膏通过钙钠置换改良盐碱土时反应需要一定的相互作用时间，并且这种改良作用反映到土壤上也需要一定时间。两个月后表现出初步的改良效果，高剂量烟气脱硫石膏处理（≥45t/hm$^2$）的垂柳和杞柳株高均显著高于对照处理。

### 4.3.3 小结

盆栽试验表明，烟气脱硫石膏处理 5 个月后即可显著降低围垦滩涂盐碱土的 pH 和碱化度，减少对植物生长不利的过量盐离子含量，并增加有益于植物生长的 Ca、S 含量。适量的烟气脱硫石膏对番茄和黑麦草的生长有很好的促进作用，但过量施用烟气脱硫石膏不利于植物生长。

大棚种植试验研究发现，施用烟气脱硫石膏两个月后即对围垦滩涂盐碱土表现出初步的改良效果，高剂量烟气脱硫石膏（≥45t/hm$^2$）处理的垂柳和杞柳株高增长显著。

盆栽试验和大棚种植试验结果表明，可以利用烟气脱硫石膏改良围垦滩涂盐碱土，并且数月内即可表现出一定的改良效果，烟气脱硫石膏合理的施入量为 0～60t/hm$^2$。这两项室内研究为野外示范工程的建设、运行和维护提供了参数、方法和经验。

## 4.4 烟气脱硫石膏对滩涂盐碱地的脱盐作用的工程示范

### 4.4.1 研究地点和示范工程建设

#### 4.4.1.1 研究地点

示范工程分别设在上海南汇东滩大治河入海口和上海崇明东滩 1998 年大坝内。该区域是典型的亚热带季风气候，年平均蒸发量（1346mm）高于年平均降雨量（1078mm）。土壤属于盐碱土，主要可溶性盐为氯化钠，其次为碳酸氢盐。试验地块的主要植物为盐生互花米草和芦苇。

#### 4.4.1.2 示范工程设施建设

图 4-20 展示了示范工程的基本结构，包括处理地块(treatment unit)、排水沟渠(ditch)、排水收集塘(collect Pond)和排水设施(pump equipment) 4 个部分。崇明示范工程(图 4-21B)占地面积为 20 亩，建设有风力排水系统(图 4-21C)，种植本地乔灌木(图 4-21A)。南汇示范工程(图 4-22A)占地面积为 20 亩，建设有排水闸(图 4-22B)等。2012 年在示范基地坝上种植垂柳、杞柳和竹柳。

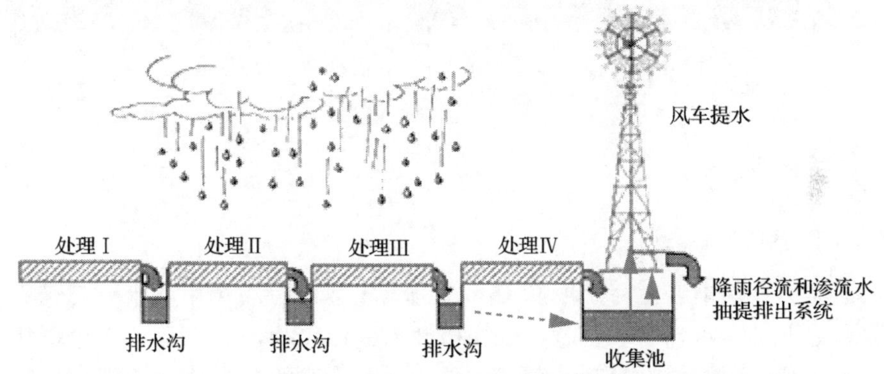


图 4-20 示范工程示意图

示范工程的基本结构，包括处理地块(treatment unit)、排水沟渠(ditch)、排水收集塘(collect pond)和排水设施(pump equipment) 4 个部分，建设有风力排水系统(windmill)

图 4-21 崇明东滩示范基地

A.现场试验地全景和已成活的本地物种；B.示范基地建设；C.排水风机和排水沟渠

图 4-22　南汇东滩示范基地(彩图请见文后图版)

A.南汇东滩示范基地概况；B.排水闸口

### 4.4.2　试验材料

#### 4.4.2.1　滩涂盐碱土

土壤样品分别采自上海崇明东滩和上海南汇东滩，现场用取土环刀采集土壤样品后测定土壤容重(0.93～1.22g/cm$^3$)和含水率(31.3%～44.1%)，土壤理化分析委托华测检测认证集团股份有限公司。从表 4-8 可以看出，崇明东滩土壤盐分类型主要为 NaCl，南汇东滩盐分类型为 NaCl、$NaHCO_3$，两块试验区土壤均属于盐碱土。本试验研究区的具体土壤概况见表 4-8～表 4-11。

**表 4-8　试验地土壤(0 ~ 30cm)的水溶性盐离子**

| 示范基地 | 水溶性盐总量/( mg/kg) | 水溶性阴离子含量/(cmol/kg) | | | 水溶性阳离子含量/(cmol/kg) | | | |
|---|---|---|---|---|---|---|---|---|
| | | $SO_4^{2-}$ | $HCO_3^- + CO_3^{2-}$ | $Cl^-$ | $Ca^{2+}$ | $Mg^{2+}$ | $Na^+$ | $K^+$ |
| 崇明 | $1.29\times10^3$ | 0.047 | 0.0098 | 1.09 | 0.11 | 0.076 | 2.21 | 0.19 |
| 南汇 | $2.27\times10^3$ | 0.038 | 0.86 | 1.42 | 0.21 | 0.25 | 2.87 | 0.23 |

**表 4-9　试验地土壤(0～30cm)的 pH、ESP、EC 和交换性离子**

| 示范基地 | pH | ESP /% | EC /(dS/m) | CEC /(cmol/kg) | 交换性阳离子/(cmol/kg) | | | |
|---|---|---|---|---|---|---|---|---|
| | | | | | $Ca^{2+}$ | $Mg^{2+}$ | $Na^+$ | $K^+$ |
| 崇明 | 7.86 | 34.7 | ND | 10.3 | 0.022 | 0.019 | ND | ND |
| 南汇 | 8.62 | 32.8 | 4.03 | 12.1 | 0.0081 | 0.025 | 3.96 | 0.66 |

注：ESP 为交换性钠百分比；EC 为电导率(土水比为 1∶1)；CEC 为阳离子交换总量；ND 表示未检测

**表 4-10　试验区土壤(0～30cm)的养分状况**

| 示范基地 | 有机质/% | 总氮/(mg/kg) | 总磷/(mg/kg) | 总钾/(mg/kg) | 速效钾/(mg/kg) |
|---|---|---|---|---|---|
| 崇明 | 1.52 | 0.10 | 322 | $1.77\times10^4$ | 75.4 |
| 南汇 | 2.16 | 0.104 | 971 | $3.97\times10^4$ | $1.28\times10^3$ |

表 4-11 供试土壤重金属含量(0～30cm) (单位：mg/kg)

| 示范基地 | As | Cu | Pb | Hg | Ag | Ba | Se | Ni | Cd | $Cr^{6+}$ | Cr |
|---|---|---|---|---|---|---|---|---|---|---|---|
| 南汇 | 13.1 | 37.8 | 22.1 | 0.084 | 0.47L | 285 | 5.0L | 50.4 | $7.16\times10^{-2}$ | 20L | 86.3 |
| 崇明 | 26.3 | 34.7 | 27.2 | ND | ND | ND | ND | 34.6 | ND | ND | 83.8 |

注：L 表示低于检出限，L 前面的数字为检出限值；ND 为未检测

### 4.4.2.2 烟气脱硫石膏

烟气脱硫石膏取自上海外高桥电厂，含 74.7% $CaSO_4·2H_2O$，含水率为 25.3%，烟气脱硫石膏的化学组分由上海华测测试认证集团股份有限公司测定。烟气脱硫石膏的重金属 Cd、Cu、Ni、Pb、Hg、As 和 Cr 用盐酸+硝酸+高氯酸+氢氟酸消解，Hg、As 采用原子荧光光度计(AFS-830)测定，重金属 Pb、Ni、Cr 和 Cu 采用电感耦合等离子体原子发射光谱仪(OPTIMA8300DV)测定。烟气脱硫石膏的基本理化性质见表 4-12，重金属含量见表 4-13。

表 4-12 烟气脱硫石膏的理化性质

| 检测指标 | pH | $Ca^{2+}$ /(mg/kg) | $Na^+$ /(mg/kg) | $K^+$ /(mg/kg) | $CO_3^{2-}$ /% | $HCO_3^-$ /% | $Cl^-$ /% | $SO_4^{2-}$ /% | $Mg^{2+}$ /% | 含水率/% |
|---|---|---|---|---|---|---|---|---|---|---|
| 含量 | 7.38 | $9.34\times10^4$ | 70.2 | 11.3 | 0 | 0.01 | 0.01 | 1.25 | 0.04 | 25.3 |

注：所有离子指标均为水溶性离子

表 4-13 烟气脱硫石膏的重金属含量 (单位：mg/kg)

| 项目 | As | Cr | Pb | Hg | Ni | Cu | Cd |
|---|---|---|---|---|---|---|---|
| 烟气脱硫石膏 | 5.10 | 0.47L[a] | 14.7 | 0.20 | 15.0 | 11.5 | ND |
| 南汇东滩土壤 | 13.1 | 86.3 | 22.1 | 0.08 | 50.4 | 37.8 | 0.07 |
| 崇明东滩土壤 | 26.3 | 83.8 | 27.2 | ND[d] | 34.6 | 34.7 | ND |
| 农用粉煤灰中污染物控制标准[b] | 75 | 500 | 500 | — | 300 | 500 | — |
| 二级标准[c] | 20.0 | 250 | 350 | 1.00 | 60.0 | 100 | 0.60 |
| 一级标准(自然背景)[c] | 15.0 | 90.0 | 35.0 | 0.15 | 40.0 | 35.0 | — |

注：a. L 低于检测限，L 前面的数字为检出限值；b. GB 8173—87《农用粉煤灰中污染物控制标准》；c.《土壤环境质量标准》(GB 15618—1995) (pH > 7.5)；d. 未检测

烟气脱硫石膏含有大量的交换性 $Ca^{2+}$和水溶性$SO_4^{2-}$，既可以为植物生长提供需要的养分，又可以通过置换盐碱土中可交换性 $Na^+$，降低土壤的碱化度，改善土壤的物理结构。烟气脱硫石膏中的主要危险污染元素浓度(As 5.1mg/kg、Cr 0.47mg/kg、Pb 14.7mg/kg、Hg 0.20mg/kg)均远低于《农用粉煤灰中污染物控制标

准》(GB 8173—87)。与示范工程的围垦滩涂盐碱土和《土壤环境质量标准》(GB 15618—1995)相比，烟气脱硫石膏中除 Hg 以外其他重金属含量均低于供试土壤背景值并满足土壤环境质量一级标准(自然背景值)，Hg 含量虽略高于一级标准，但仍满足土壤环境质量二级标准(pH＞7.5)，可以将烟气脱硫石膏安全施用到围垦滩涂盐碱土上。

#### 4.4.2.3　供试植物物种

崇明东滩：竹柳(*Bamboo willow*)、银杏(*Ginkgo biloba*)、紫薇(*Largerstroemia indica*)、女贞(*Ligustrum lucidum*)。

南汇东滩：杞柳(*Salix integra*)、垂柳(*Salix babylonica*)、竹柳(*Bamboo willow*)。

部分供试植物物种见图 4-23。

图 4-23　供试植物(彩图请见文后图版)

### 4.4.3 烟气脱硫石膏对围垦滩涂土壤化学性质的影响

#### 4.4.3.1 土壤水溶性盐浓度

施用烟气脱硫石膏后崇明东滩0～30cm土层水溶性盐总量见表4-14，施用烟气脱硫石膏 6 个月后崇明东滩 0～30cm 土层水溶性盐总量显著高于对照处理0.30～0.85 倍。18 个月后，除 15t/hm$^2$烟气脱硫石膏处理的 0～30cm 土层水溶性盐总量与对照无显著差异外，其他烟气脱硫石膏处理均与对照组间差异显著，与对照相比，施用烟气脱硫石膏处理的0～30cm土层水溶性盐总量增加了0.90～1.45倍。结果表明，施用烟气脱硫石膏会增加围垦滩涂土壤中水溶性盐总量。

**表 4-14 施用烟气脱硫石膏 6 个月、18 个月后崇明东滩 0～30cm 土层水溶性盐总量**

（单位：cmol/kg）

| 烟气脱硫石膏用量 | 6 个月后 | 18 个月后 |
|---|---|---|
| 0t/hm$^2$ | 9.60a | 7.58a |
| 15t/hm$^2$ | 12.5b | 9.95a |
| 30t/hm$^2$ | 14.7bc | 14.4b |
| 45t/hm$^2$ | 16.2cd | 16.4bc |
| 60t/hm$^2$ | 17.8d | 18.6c |

注：同列的不同小写字母表示不同烟气脱硫石膏处理间有显著差异（$P<0.05$）

随着烟气脱硫石膏用量的增加，0～10cm 土层的水溶性盐总量显著增加（图4-24），施用烟气脱硫石膏 6 个月后，烟气脱硫石膏处理水溶性盐总量比对照处理增加了 0.45～1.31 倍。在 10～20cm 土层，同对照处理相比，仅 60t/hm$^2$ 烟气脱硫石膏处理水溶性盐总量显著增加了 0.56 倍。在 20～30cm 土层，各烟气脱硫石膏处理与对照处理间的水溶性盐总量没有显著差异。烟气脱硫石膏施用 18 个月后围垦滩涂土壤中水溶性盐总量的变化趋势与 6 个月后相似。

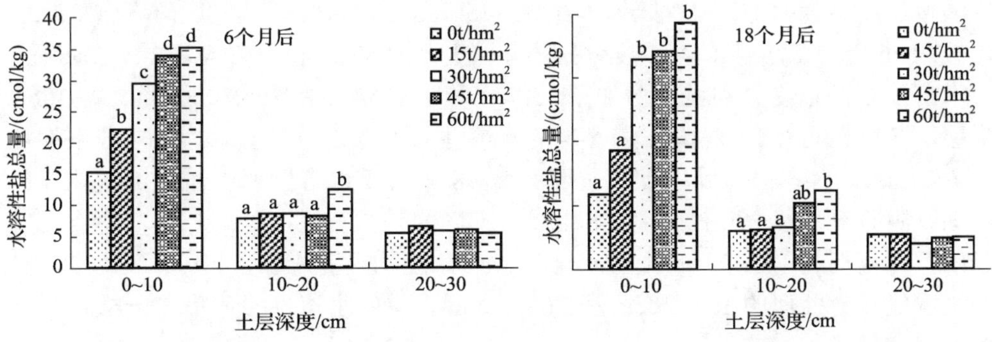


图 4-24 施用烟气脱硫石膏 6 个月和 18 个月后崇明东滩不同土层土壤水溶性盐总量

同列的相同字母或无字母表示不同烟气脱硫石膏处理间无显著差异（$P > 0.05$）

施用烟气脱硫石膏 4 个月后南汇东滩各土层水溶性盐总量见表 4-15。烟气脱硫石膏处理组的各土层水溶性盐总量显著高于对照组。其中，烟气脱硫石膏处理组的 0～10cm、10～20cm、20～30cm 土层水溶性盐总量分别比对照组增加了 0.6 倍、1.12 倍、1.22 倍。

**表 4-15 施用烟气脱硫石膏 4 个月后南汇东滩不同土层水溶性盐浓度**

（单位：cmol/kg）

| 石膏用量 | 0～10cm | 10～20cm | 20～30cm |
|---|---|---|---|
| 0t/hm$^2$ | 30.0a | 23.4a | 24.6a |
| 60t/hm$^2$ | 48.0b | 49.7b | 54.5b |

注：同列不同小写字母表示不同烟气脱硫石膏处理间差异显著（$P<0.05$）

示范工程结果表明，烟气脱硫石膏能增加土壤中水溶性盐总量，这与 Chen 等（2009）和 Clark 等（2007）的研究结果一致。施用烟气脱硫石膏后，崇明东滩和南汇东滩 0～30cm 土层水溶性盐总量均显著高于对照处理，这是由于烟气脱硫石膏含有大量的硫酸钙盐，在降雨淋溶作用下产生大量可溶性的 $Ca^{2+}$和 $SO_4^{2-}$ 从而使土壤的水溶性盐总量增加。但施用烟气脱硫石膏只是暂时增加土壤水溶性盐离子浓度，已有的研究表明随着改良时间的推移，不断的自然降雨和灌溉淋洗导致水溶性盐总量随着水分迁移至更深的土层，耕层水溶性盐总量减少（Qadir et al.，1996；Wang et al.，2013；王金满等，2005；房宸等，2012）。

#### 4.4.3.2 土壤中水溶性阳离子组分变化

表 4-16 比较了施用烟气脱硫石膏 6 个月和 18 个月后崇明东滩所有处理的水溶性 $Ca^{2+}$浓度和摩尔分数。施用烟气脱硫石膏 6 个月后，和对照处理相比，各烟气脱硫石膏处理组的 0～10cm 土层水溶性 $Ca^{2+}$浓度显著增加了 7.97～48.09 倍，摩尔分数相应增加了 5.76～18.2 倍，并且水溶性 $Ca^{2+}$浓度随着烟气脱硫石膏施用量的增加而显著增加。和对照处理相比，45t/hm$^2$ 和 60t/hm$^2$ 烟气脱硫石膏处理的 10～20cm 土层水溶性 $Ca^{2+}$浓度分别显著增加了 4.87 倍和 10.3 倍，20～30cm 土层水溶性 $Ca^{2+}$浓度分别显著增加了 1.17 倍和 1.52 倍。在 10～20cm 和 20～30cm 土层，仅 60t/hm$^2$ 烟气脱硫石膏处理的水溶性 $Ca^{2+}$摩尔分数显著增加，分别增加了 6.29 倍和 1.26 倍。施用烟气脱硫石膏 18 个月后水溶性 $Ca^{2+}$浓度的变化与施用烟气脱硫石膏 6 个月后的变化相似。不同的是，与对照处理相比，所有烟气脱硫石膏处理的 10～20cm 土层水溶性 $Ca^{2+}$浓度均显著增加，45t/hm$^2$ 和 60t/hm$^2$ 烟气脱硫石膏处理的 10～20cm 和 20～30cm 土层的水溶性 $Ca^{2+}$摩尔分数均显著增加。

**表 4-16 施用烟气脱硫石膏 6 个月和 18 个月后崇明东滩各土层水溶性 $Ca^{2+}$浓度和摩尔分数**

| 石膏用量 | | 浓度/(cmol/kg) | | | 摩尔分数/% | | |
|---|---|---|---|---|---|---|---|
| | | 0～10cm | 10～20cm | 20～30cm | 0～10cm | 10～20cm | 20～30cm |
| 6 个月后 | 0/t/hm$^2$ | 0.33a | 0.30a | 0.23a | 4.08a | 6.86a | 7.87a |
| | 15/t/hm$^2$ | 2.96b | 0.86a | 0.29a | 27.6b | 17.8a | 12.6a |
| | 30/t/hm$^2$ | 8.36c | 0.71a | 0.43b | 54.3c | 15.5a | 8.58a |
| | 45/t/hm$^2$ | 13.8d | 1.76b | 0.50b | 69.6d | 17.9a | 11.6a |
| | 60/t/hm$^2$ | 16.2d | 3.39b | 0.58b | 78.2d | 50.0b | 17.8b |
| 18 个月后 | 0/t/hm$^2$ | 0.18a | 0.13a | 0.10a | 3.04a | 4.80a | 3.98a |
| | 15/t/hm$^2$ | 3.30b | 0.29b | 0.21a | 38.6b | 9.54a | 7.99a |
| | 30/t/hm$^2$ | 12.1c | 0.38b | 0.12a | 71.6c | 14.0a | 6.18a |
| | 45/t/hm$^2$ | 13.7c | 1.81c | 0.41b | 76.8c | 40.3b | 17.4b |
| | 60/t/hm$^2$ | 17.0c | 3.23c | 0.37b | 84.9c | 55.4b | 14.9b |

注：摩尔分数表示水溶性 $Ca^{2+}$物质的量浓度占水溶性总阳离子物质的量浓度的百分比；同一采样时间同列均值后带有相同字母表示不同烟气脱硫石膏处理间无显著差异($P > 0.05$)

施用烟气脱硫石膏 6 个月后，除 15t/hm$^2$ 烟气脱硫石膏处理组水溶性 $Na^+$的浓度未显著减少外，随着烟气脱硫石膏施用量的增加，崇明东滩 0～10cm 土层的水溶性 $Na^+$浓度和摩尔分数显著降低(表 4-17)。施用烟气脱离石膏 6 个月后，15t/hm$^2$ 烟气脱硫石膏处理组水溶性 $Na^+$的浓度与对照处理相比只是略有区别，其他烟气脱硫石膏处理的水溶性 $Na^+$浓度比对照处理降低了 9.31%～58.9%，摩尔分数减少了 26.9%～69.9%。在 10～20cm 土层，30～60t/hm$^2$ 烟气脱硫石膏处理的水溶性 $Na^+$浓度显著降低了 19.7%～36.1%，仅 60t/hm$^2$ 烟气脱硫石膏处理的水溶性 $Na^+$摩尔分数降低了 58.4%。在 20～30cm 土层，各处理的水溶性 $Na^+$浓度没有显著区别，而仅 60t/hm$^2$ 烟气脱硫石膏处理的摩尔分数显著减少了 18.4%。18 个月后变化趋势相似，不同的是，30～60t/hm$^2$ 烟气脱硫石膏处理的 20～30cm 土层水溶性 $Na^+$浓度也显著减少，减少幅度为 14.0%～28.7%。烟气脱硫石膏降低水溶性 $Na^+$的浓度首先作用在表层，随改良时间的推移逐渐深入更深的土层。未施加烟气脱硫石膏前，水溶性 $Na^+$浓度通常在表层积聚导致表层土壤中水溶性 $Na^+$浓度高于下层土壤。施用烟气脱硫石膏后，烟气脱硫石膏提供的 $Ca^{2+}$能置换土壤胶体上的交换性 $Na^+$(Richards，1954)，从而产生水溶性 $Na^+$，通过自然降雨淋洗向下渗透并且累积在更深土层(王金满等，2005)，水溶性 $Na^+$消失后，烟气脱硫石膏中的 $Ca^{2+}$和土壤胶体上的交换性 $Na^+$反应，产生水溶性钠盐渗入更深的土层，土壤的含钠水平持续降低。过量的 $Na^+$被移除，水溶性 $Na^+$浓度减少，并且总阳离子尤其是 $Ca^{2+}$极大增加，导致 $Na^+$的摩尔分数减少。

**表 4-17　施用烟气脱硫石膏 6 个月和 18 个月后崇明东滩各土层水溶性 $Na^{+}$浓度和摩尔分数**

| 石膏用量 | | 浓度/(cmol/kg) | | | 摩尔分数/% | | |
|---|---|---|---|---|---|---|---|
| | | 0～10cm | 10～20cm | 20～30cm | 0～10cm | 10～20cm | 20～30cm |
| 6 个月后 | 0t/hm² | 6.66d | 3.80c | 2.43a | 83.2d | 86.1b | 84.8c |
| | 15t/hm² | 6.04cd | 3.16bc | 2.98a | 56.3c | 65.5b | 75.8bc |
| | 30t/hm² | 5.06bc | 3.05ab | 2.77a | 32.8b | 66.5b | 81.3b |
| | 45t/hm² | 4.47b | 2.85ab | 2.90a | 22.6ab | 67.5b | 78.4b |
| | 60t/hm² | 2.75a | 2.43a | 2.25a | 13.3a | 35.8a | 69.2a |
| 18 个月后 | 0t/hm² | 5.27d | 2.43c | 2.30c | 91.0d | 90.4d | 91.8c |
| | 15t/hm² | 4.08c | 2.48c | 2.24bc | 47.7c | 82.7cd | 86.2bc |
| | 30t/hm² | 3.45bc | 1.95b | 1.70ab | 20.4b | 72.3c | 86.3bc |
| | 45t/hm² | 3.02b | 2.09b | 1.76ab | 17.0b | 46.4b | 74.1ab |
| | 60t/hm² | 1.93a | 1.75a | 1.64a | 9.66a | 29.9a | 66.2a |

注：摩尔分数表示水溶性 $Na^{+}$物质的量浓度占水溶性总阳离子物质的量浓度的百分比；同一采样时间同列均值后带有相同字母表示不同烟气脱硫石膏处理间无显著差异($P > 0.05$)

施用烟气脱硫石膏 6 个月和 18 个月后崇明东滩各土层水溶性 $K^{+}$浓度和摩尔分数见表 4-18。施用烟气脱硫石膏 6 个月后，各烟气脱硫石膏处理的 0～10cm 土层水溶性 $K^{+}$浓度与对照处理相比没有显著差异，摩尔分数因水溶性阳离子 $Ca^{2+}$和 $Na^{+}$显著变化而受到影响，和对照处理相比，除 15t/hm² 烟气脱硫石膏处理组外，其余各烟气脱硫石膏处理组水溶性 $K^{+}$的摩尔分数均显著降低，降低幅度为 59.0%～75.7%。

**表 4-18　施用烟气脱硫石膏 6 个月和 18 个月后崇明东滩不同土层水溶性 $K^{+}$浓度和摩尔分数**

| 石膏用量 | | 浓度/(cmol/kg) | | | 摩尔分数/% | | |
|---|---|---|---|---|---|---|---|
| | | 0～10cm | 10～20cm | 20～30cm | 0～10cm | 10～20cm | 20～30cm |
| 6 个月后 | 0t/hm² | 0.19a | 0.06a | 0.05a | 2.51c | 1.37a | 1.78a |
| | 15t/hm² | 0.18a | 0.09a | 0.07a | 1.76bc | 1.82a | 1.62a |
| | 30t/hm² | 0.15a | 0.09a | 0.06a | 1.03ab | 1.89a | 1.62a |
| | 45t/hm² | 0.12a | 0.05a | 0.05a | 0.66a | 1.28a | 1.42a |
| | 60t/hm² | 0.13a | 0.07a | 0.05a | 0.61a | 1.19a | 1.55a |
| 18 个月后 | 0t/hm² | 0.20a | 0.04a | 0.04a | 3.22c | 1.38a | 1.73a |
| | 15t/hm² | 0.19a | 0.06ab | 0.05a | 1.96b | 1.89b | 1.80a |
| | 30t/hm² | 0.15ab | 0.07ab | 0.03a | 0.97a | 2.06b | 1.55a |
| | 45t/hm² | 0.09ab | 0.07ab | 0.05a | 0.47a | 1.79b | 2.05a |
| | 60t/hm² | 0.11b | 0.09b | 0.06a | 0.39a | 1.66b | 1.99a |

注：摩尔分数表示水溶性 $K^{+}$物质的量浓度占水溶性总阳离子物质的量浓度的百分比；同一采样时间同列均值后带有相同字母表示不同烟气脱硫石膏处理间无显著差异($P > 0.05$)

烟气脱硫石膏处理的10～20cm、20～30cm土层水溶性$K^+$的浓度和摩尔分数均未发生显著变化。18个月后，60t/hm$^2$烟气脱硫石膏处理组0～10cm、10～20cm土层水溶性$K^+$浓度均显著高于对照处理，这是因为施用烟气脱硫石膏后，高剂量烟气脱硫石膏在经历18个月的充分溶解后置换交换性$Na^+$后仍有剩余，可用于置换交换性$K^+$，置换下来的$K^+$随降雨渗透流出耕层而降低水溶性$K^+$浓度。施入烟气脱硫石膏后，20～30cm土层的水溶性$K^+$的浓度和摩尔分数没有变化。0～10cm、10～20cm土层的所有烟气脱硫石膏处理水溶性$K^+$浓度显著均高于对照处理，但各烟气脱硫石膏处理间没有显著差异。

施入烟气脱硫石膏的崇明东滩0～10cm、10～20cm、20～30cm土层中水溶性$Mg^{2+}$浓度和摩尔分数显著增加，其中0～20cm土层增加更显著(表4-19)。施用烟气脱硫石膏6个月后，0～10cm土层水溶性$Mg^{2+}$浓度增加了0.71～1.20倍，摩尔分数相应增加了27.3%～69.1%，增加的幅度小于浓度的增加幅度，这是因为水溶性$Mg^{2+}$摩尔分数不仅受$Mg^{2+}$浓度影响，还主要受水溶性$Ca^{2+}$、$Na^+$浓度影响，而水溶性$Mg^{2+}$的浓度含量远低于$Ca^{2+}$、$Na^+$浓度。18个月后，0～10cm土层的烟气脱硫石膏处理的水溶性$Mg^{2+}$浓度增加幅度更大，增加了5.93～7.57倍，摩尔分数相应增加了0.86～3.61倍。10～20cm和20～30cm土层中，烟气脱硫石膏处理组的水溶性$Mg^{2+}$浓度显著高于对照处理，其中，60t/hm$^2$烟气脱硫石膏处理组的水溶性$Mg^{2+}$浓度显著高于其他烟气脱硫石膏处理组。

**表4-19　施用烟气脱硫石膏6个月和18个月后崇明东滩各土层水溶性$Mg^{2+}$浓度和摩尔分数**

| 石膏用量 | | 浓度/(cmol/kg) | | | 摩尔分数/% | | |
|---|---|---|---|---|---|---|---|
| | | 0～10cm | 10～20cm | 20～30cm | 0～10cm | 10～20cm | 20～30cm |
| 6个月后 | 0t/hm$^2$ | 0.83a | 0.25a | 0.16a | 7.51a | 6.77a | 6.29a |
| | 15t/hm$^2$ | 1.55b | 0.72b | 0.39b | 12.70b | 14.70b | 10.10b |
| | 30t/hm$^2$ | 1.83b | 0.74b | 0.29b | 12.10b | 13.10b | 11.60b |
| | 45t/hm$^2$ | 1.42b | 0.57b | 0.32b | 9.56b | 11.10b | 8.66b |
| | 60t/hm$^2$ | 1.63b | 0.90b | 0.37b | 9.88b | 11.10b | 11.50b |
| 18个月后 | 0t/hm$^2$ | 0.14a | 0.09a | 0.06a | 2.58a | 3.00a | 2.50a |
| | 15t/hm$^2$ | 0.99b | 0.17b | 0.10b | 11.90c | 5.78b | 4.04b |
| | 30t/hm$^2$ | 1.20b | 0.30b | 0.12b | 7.26b | 10.60c | 5.93b |
| | 45t/hm$^2$ | 1.01b | 0.52bc | 0.15b | 5.62b | 11.70c | 6.69b |
| | 60t/hm$^2$ | 0.97b | 0.77c | 0.41c | 4.80b | 14.70c | 14.80b |

注：摩尔分数表示水溶性$Mg^{2+}$物质的量浓度占水溶性总阳离子物质的量浓度的百分比；同一采样时间同列均值后带有相同字母表示不同烟气脱硫石膏处理间无显著差异($P > 0.05$)

施用烟气脱硫石膏后崇明东滩0～30cm土层主要水溶性阳离子的浓度和摩尔分数变化情况见表4-20。施用烟气脱硫石膏6个月后，烟气脱硫石膏处理组的0～30cm土层水溶性$Ca^{2+}$浓度和摩尔分数分别显著高于对照组4.14～22.96倍和2.83～10.65倍，并且随着烟气脱硫石膏用量的增加而增加。其中，60t/hm$^2$烟气脱硫石膏处理组的水溶性$Ca^{2+}$浓度为6.71cmol/kg，占总阳离子浓度的65.5%。施用烟气脱硫石膏18个月后，水溶性$Ca^{2+}$的浓度和摩尔分数也有相似的趋势，烟气脱硫石膏处理的水溶性$Ca^{2+}$浓度和摩尔分数分别显著高于对照组8.00～48.00倍和5.91～18.30倍。其中，60t/hm$^2$烟气脱硫石膏处理组的$Ca^{2+}$浓度和摩尔分数相比于对照处理组增幅最大，分别增加了48.00倍和18.30倍。结果表明，施用烟气脱硫石膏6个月后即能增加0～30cm土层水溶性$Ca^{2+}$浓度，18个月后增幅更大。

**表4-20　施用烟气脱硫石膏6个月和18个月后0～30cm土层水溶性阳离子浓度和摩尔分数**

| 石膏用量 | | 浓度/(cmol/kg) | | | | 摩尔分数/% | | | |
|---|---|---|---|---|---|---|---|---|---|
| | | $Ca^{2+}$ | $Na^+$ | $K^+$ | $Mg^{2+}$ | $Ca^{2+}$ | $Na^+$ | $K^+$ | $Mg^{2+}$ |
| 6个月后 | 0t/hm$^2$ | 0.28a | 4.29c | 0.10a | 0.41a | 5.62a | 84.7d | 1.99c | 7.69a |
| | 15t/hm$^2$ | 1.44b | 4.06c | 0.11a | 0.89b | 21.5b | 63.6c | 1.71c | 13.2b |
| | 30t/hm$^2$ | 3.12c | 3.63b | 0.10a | 0.95b | 40.3c | 46.6b | 1.28bc | 11.9b |
| | 45t/hm$^2$ | 4.98d | 3.41b | 0.08a | 0.77b | 53.9d | 37.2b | 0.86ab | 8.04a |
| | 60t/hm$^2$ | 6.71e | 2.48a | 0.08a | 0.95b | 65.5e | 24.4a | 0.82a | 9.35b |
| 18个月后 | 0t/hm$^2$ | 0.14a | 3.33d | 0.09a | 0.10a | 3.82a | 91.2e | 2.37c | 2.66a |
| | 15t/hm$^2$ | 1.26b | 2.93c | 0.08a | 0.42b | 26.4b | 62.9d | 1.84c | 8.93b |
| | 30t/hm$^2$ | 4.19c | 2.37b | 0.08a | 0.54bc | 56.3c | 35.0c | 1.20bc | 7.54b |
| | 45t/hm$^2$ | 5.29cd | 2.29b | 0.07a | 0.56bc | 65.3c | 27.0b | 0.83ab | 6.91b |
| | 60t/hm$^2$ | 6.86d | 1.77a | 0.07a | 0.72c | 73.9c | 17.7a | 0.75a | 7.72b |

注：摩尔分数表示水溶性$Ca^{2+}$、$Na^+$、$K^+$和$Mg^{2+}$物质的量浓度占水溶性总阳离子物质的量浓度的百分比；同一采样时间同列均值后带有相同字母表示不同烟气脱硫石膏处理间无显著差异($P > 0.05$)

水溶性$Na^+$的变化趋势与$Ca^{2+}$正好相反。施用烟气脱硫石膏6个月后，与对照处理组相比，烟气脱硫石膏处理的0～30cm土层水溶性$Na^+$浓度和摩尔分数显著降低，浓度降低了5.36%～42.19%，摩尔分数降低了24.9%～71.2%。和对照处理组(浓度4.29cmol/kg，摩尔分数84.7%)相比，60t/hm$^2$烟气脱硫石膏处理组的水溶性$Na^+$浓度(2.48cmol/kg)降低了42.19%，摩尔分数(24.4%)降低了71.2%。施用烟气脱硫石膏18个月后，水溶性$Na^+$浓度降低了12.0%～46.8%，摩尔分数降低了31.0%～80.6%，并且和对照处理组相比，水溶性$Na^+$的浓度和摩尔分数的降低幅度要大于施用6个月后。

施用烟气脱硫石膏 6 个月后，各烟气脱硫石膏处理组和对照处理组 0～30cm 土层的水溶性 $K^+$浓度没有显著差异，而摩尔分数因受其他可溶性阳离子百分比变化的影响，高剂量(45t/hm$^2$ 和 60t/hm$^2$)烟气脱硫石膏处理组的水溶性 $K^+$摩尔分数显著低于低剂量(15 t/hm$^2$ 和 30t/hm$^2$)烟气脱硫石膏处理组和对照处理(0t/hm$^2$)。各烟气脱硫石膏处理组的 0～30cm 土层水溶性 $Mg^{2+}$的浓度和摩尔分数显著高于对照处理，但是不同烟气脱硫石膏处理间的水溶性 $Mg^{2+}$的浓度和摩尔分数均无显著差异。18 个月后，水溶性 $K^+$和 $Mg^{2+}$的变化趋势与 6 个月后相似。

施用烟气脱硫石膏 6 个月后，随着烟气脱硫石膏用量的增加，0～30cm 土层的水溶性 $Na^+$的摩尔分数不断降低，而水溶性 $Ca^{2+}$的摩尔分数不断增大，$Ca^{2+}$代替 $Na^+$逐渐成为可溶性阳离子中的主导阳离子(图 4-25)，水溶性 $K^+$、$Mg^{2+}$的浓度均很低，所有处理组中 $K^+$、$Mg^{2+}$的摩尔分数之和也不高过 15%，所以这两种离子浓度的变化不会对阳离子构成造成太大影响。18 个月后各阳离子的变化趋势仍然与 6 个月后的变化趋势相似，只是水溶性 $Na^+$摩尔分数减少幅度更大，水溶性 $Ca^{2+}$摩尔分数增加幅度更大。

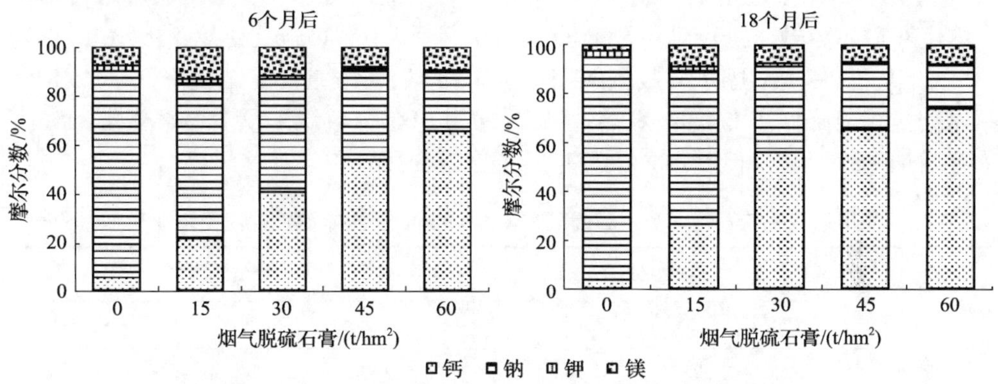


图 4-25 0～30cm 土层水溶性 $Ca^{2+}$、$Mg^{2+}$、$K^+$和 $Na^+$的摩尔分数

施用烟气脱硫石膏 4 个月后南汇东滩不同土层水溶性阳离子 $Ca^{2+}$、$Na^+$、$K^+$和 $Mg^{2+}$浓度和摩尔分数变化见表 4-21。施用烟气脱硫石膏仅 4 个月后，和对照处理相比，烟气脱硫石膏处理组各土层水溶性 $Na^+$浓度和摩尔分数显著降低，0～10cm、10～20cm 和 20～30cm 土层中水溶性 $Na^+$浓度分别显著降低 45.1%、25.0%和 2.25%，摩尔分数分别降低 61.7%、67.7%和 52.5%。0～10cm 表层水溶性 $Na^+$浓度降低幅度最大。水溶性 $Ca^{2+}$浓度和摩尔分数因烟气脱硫石膏的施入而显著升高。烟气脱硫石膏处理的 0～10cm 土层水溶性 $Mg^{2+}$浓度无显著升高，而 10～20cm 和 20～30cm 土层的水溶性 $Mg^{2+}$浓度分别显著升高 100%和 127.7%，而各土层的 $Mg^{2+}$摩尔分数无显著差异。

表 4-21 南汇东滩施用烟气脱硫石膏 4 个月后不同土层土壤水溶性阳离子浓度和摩尔分数

| 水溶性阳离子 | 石膏用量 | 浓度/(cmol/kg) | | | 摩尔分数/% | | |
|---|---|---|---|---|---|---|---|
| | | 0～10cm | 10～20cm | 20～30cm | 0～10cm | 10～20cm | 20～30cm |
| $Ca^{2+}$ | 0t/hm² | 5.74a | 1.36a | 3.78a | 36.1a | 12.7a | 28.6a |
| | 60t/hm² | 15.5b | 15.0b | 15.1b | 67.8b | 60.4b | 55.5b |
| $Na^{+}$ | 0t/hm² | 7.52b | 6.91b | 7.10a | 47.3b | 64.4b | 53.7b |
| | 60t/hm² | 4.13a | 5.18a | 6.94a | 18.1a | 20.8a | 25.5 a |
| $K^{+}$ | 0t/hm² | 0.28a | 0.28a | 0.20a | 1.77a | 2.64b | 1.53a |
| | 60t/hm² | 0.27a | 0.34a | 0.33b | 1.18a | 1.37a | 1.20a |
| $Mg^{2+}$ | 0t/hm² | 2.37a | 2.17a | 2.13a | 14.9a | 20.2a | 16.1a |
| | 60t/hm² | 2.95a | 4.34b | 4.85c | 12.9a | 17.4a | 17.8a |

注：摩尔分数表示水溶性 $Ca^{2+}$、$Na^{+}$、$K^{+}$和 $Mg^{2+}$物质的量浓度占水溶性总阳离子物质的量浓度的百分比；同一采样时间同列均值后带有相同字母表示不同烟气脱硫石膏处理间无显著差异($P > 0.05$)

表4-22给出了施用烟气脱硫石膏4个月后南汇东滩0～30cm土层水溶性阳离子浓度和摩尔分数。施用烟气脱硫石膏 4 个月后，0～30cm 土层水溶性 $Ca^{2+}$平均浓度增加了 3.19 倍，摩尔分数相应增加了 1.23 倍；水溶性 $Na^{+}$浓度降低了 25.8%，摩尔分数相应降低了 54%；水溶性 $K^{+}$浓度和摩尔分数均未发生显著变化；$Mg^{2+}$浓度增加了近两倍，但摩尔分数没有发生显著变化。

表 4-22 施用烟气脱硫石膏 4 个月后南汇东滩 0～30cm 土层水溶性盐离子浓度和摩尔分数

| 石膏用量 | 浓度/(cmol/kg) | | | | 摩尔分数/% | | | |
|---|---|---|---|---|---|---|---|---|
| | $Ca^{2+}$ | $Na^{+}$ | $K^{+}$ | $Mg^{2+}$ | $Ca^{2+}$ | $Na^{+}$ | $K^{+}$ | $Mg^{2+}$ |
| 0t/hm² | 3.63a | 7.09b | 0.26a | 2.22a | 27.3a | 54.0b | 1.92a | 16.7a |
| 60t/hm² | 15.2b | 5.26a | 0.31a | 4.01b | 60.9b | 21.7a | 1.25a | 16.2a |

注：同列均值后的不同字母表示不同烟气脱硫石膏处理间差异显著($P<0.05$)

4.4.3.3 水溶性阴离子

滩涂盐碱土过多的 $Cl^-$、$HCO_3^-$ 和 $CO_3^{2-}$ 会不利于植物出苗和生长，而 $SO_4^{2-}$ 能为植物生长提供必需的大量硫素。

除了 15t/hm² 烟气脱硫石膏处理组的水溶性 $Cl^-$浓度与对照处理无显著差异外，崇明东滩 0～10cm 土层水溶性 $Cl^-$和 $HCO_3$+$CO_3^{2-}$ 浓度和摩尔分数随着烟气脱硫石膏的施入显著减少(表 4-23)。水溶性 $Cl^-$随着烟气脱硫石膏用量的增加而降低，而烟气脱硫石膏的施用量多少对水溶性 $HCO_3^-+CO_3^{2-}$ 的影响不显著。6 个月后，当烟气脱硫石膏施用量为 60t/hm²，$Cl^-$浓度最低(1.63cmol/kg)，同对照处理(6.64cmol/kg)相比降低了75.5%，摩尔分数从91.6%降至11.2%，降低了87.8%。在10～20cm土层，水溶性$Cl^-$浓度在烟气脱硫石膏处理和对照处理间差异显著，但不同烟气脱硫石膏处理间无显著差异，60t/hm$^2$烟气脱硫石膏处理的水溶性$Cl^-$摩尔分数显著低于其他烟气脱硫石膏处理。在20～30cm土层，烟气脱硫石膏处理的可溶性$Cl^-$浓度和对照处理组相比无差异。18个月后趋势相似，不同的是在20～30cm土层30～60t/hm$^2$烟气脱硫石膏处理的$Cl^-$浓度显著低于对照处理。刘祖香等(2012)在滨海地区土壤上进行的研究也获得了相似的结果。

**表4-23　施用烟气脱硫石膏6个月和18个月后不同土层可溶性$Cl^-$浓度和摩尔分数**

| 石膏用量 | | 浓度/(cmol/kg) | | | 摩尔分数/% | | |
|---|---|---|---|---|---|---|---|
| | | 0～10cm | 10～20cm | 20～30cm | 0～10cm | 10～20cm | 20～30cm |
| 6个月后 | 0t/hm$^2$ | 6.64d | 2.83b | 1.87a | 91.6d | 77.9c | 70.5a |
| | 15t/hm$^2$ | 5.92cd | 1.97a | 2.13a | 52.0c | 50.4b | 79.8a |
| | 30t/hm$^2$ | 5.25c | 1.67a | 1.90a | 37.3b | 40.3b | 73.2a |
| | 45t/hm$^2$ | 3.76b | 1.95a | 1.94a | 26.6b | 47.0b | 78.6a |
| | 60t/hm$^2$ | 1.63a | 1.43a | 1.50a | 11.2a | 24.7a | 66.8a |
| 18个月后 | 0t/hm$^2$ | 4.38d | 1.92c | 1.73b | 75.1c | 64.5d | 62.3c |
| | 15t/hm$^2$ | 3.19c | 1.78bc | 1.80b | 31.8b | 58.5c | 66.6c |
| | 30t/hm$^2$ | 2.34bc | 1.25ab | 1.12a | 14.7a | 35.9b | 55.6b |
| | 45t/hm$^2$ | 2.18b | 1.32ab | 1.22a | 13.3a | 21.5a | 50.3a |
| | 60t/hm$^2$ | 1.16a | 1.20a | 1.21a | 8.90a | 17.8a | 48.7a |

注：摩尔分数为水溶性$Cl^-$物质的量浓度占水溶性总阴离子物质的量浓度的百分比；同一采样时间同列均值后带有相同字母表示无显著差异($P>0.05$)

滩涂地区地下水位高，并且$Cl^-$是地下水中主要的阴离子，通过毛细作用从底土层垂直运动上移导致$Cl^-$在土壤上层积累(Rengasamy，2002)。因此，未施加烟气脱硫石膏时土壤可溶性$Cl^-$含量高并且集聚在表层。施入烟气脱硫石膏后，烟气脱硫石膏中的$Ca^{2+}$溶解，增加了土壤渗透性，$Cl^-$不断地随着土壤修复和自然降雨向下层移动而被移出耕层，因此，经过烟气脱硫石膏处理的土壤尤其是表土层$Cl^-$浓度降低(Wang et al.，2013)。

施用烟气脱硫石膏6个月后，崇明东滩0～10cm、10～20cm和20～30cm土层烟气脱硫石膏处理的水溶性$HCO_3^-+CO_3^{2-}$浓度和摩尔分数与对照处理相比显著降低，而不同施用量的烟气脱硫石膏处理之间土壤水溶性$HCO_3^-+CO_3^{2-}$浓度和摩尔分数无显著差异(表4-24)。施用烟气脱硫石膏18个月后也表现出相似的趋势，但在10～20cm土层，60t/hm$^2$烟气脱硫石膏处理组土壤可溶性$HCO_3^-+CO_3^{2-}$浓度显著低于对照和低烟气脱硫石膏处理。

**表 4-24 施用烟气脱硫石膏 6 个月和 18 个月后可溶性 $HCO_3^- + CO_3^{2-}$ 浓度和摩尔分数**

| 石膏用量 | | 浓度/(cmol/kg) | | | 摩尔分数/% | | |
|---|---|---|---|---|---|---|---|
| | | 0～10cm | 10～20cm | 20～30cm | 0～10cm | 10～20cm | 20～30cm |
| 6 个月后 | 0t/hm² | 0.38b | 0.61b | 0.70b | 5.19b | 16.70b | 26.60b |
| | 15t/hm² | 0.24a | 0.23a | 0.29a | 2.11a | 6.01a | 10.50a |
| | 30t/hm² | 0.25a | 0.33a | 0.44a | 1.78a | 7.91a | 17.00a |
| | 45t/hm² | 0.22a | 0.30a | 0.34a | 1.55a | 7.26a | 13.70a |
| | 60t/hm² | 0.22a | 0.24a | 0.26a | 1.53a | 4.17a | 11.70a |
| 18 个月后 | 0t/hm² | 0.93b | 0.72c | 0.84b | 16.00b | 24.40d | 30.40c |
| | 15t/hm² | 0.39a | 0.46b | 0.49a | 3.94a | 15.10c | 18.00ab |
| | 30t/hm² | 0.30a | 0.43ab | 0.49a | 1.91a | 12.50bc | 24.50bc |
| | 45t/hm² | 0.29a | 0.30ab | 0.40a | 1.80a | 4.89ab | 16.40a |
| | 60t/hm² | 0.28a | 0.22a | 0.31a | 1.50a | 3.30a | 12.40a |

注：摩尔分数为水溶性 $HCO_3^- + CO_3^{2-}$ 物质的量浓度占总水溶性阴离子物质的量浓度的百分比；同一采样时间同列均值后带有相同字母表示无显著差异($P > 0.05$)

所有烟气脱硫石膏处理的 0～10cm 土层水溶性 $SO_4^{2-}$ 的浓度和摩尔分数显著高于对照处理(表 4-25)。施用烟气脱硫石膏 6 个月后，不同烟气脱硫石膏处理的水溶性 $SO_4^{2-}$ 浓度同对照相比增加 5.00～12.47cmol/kg，摩尔分数相应增加 13.4～26.4 倍。在 10～20cm 和 20～30cm 土层，与对照处理相比，60t/hm² 烟气脱硫石膏处理的水溶性 $SO_4^{2-}$ 浓度分别增加 3.92cmol/kg 和 0.40cmol/kg，即分别为 19.6 倍和 5 倍，摩尔分数相应分别约增加了 12 倍和 6 倍。18 个月后趋势相似，不同的是，在 10～20cm 和 20～30cm 土层，不仅 60t/hm² 烟气脱硫石膏处理，而且 45t/hm² 烟气脱硫石膏处理的水溶性 $SO_4^{2-}$ 浓度也显著增加。

**表 4-25 施用烟气脱硫石膏 6 个月和 18 个月后不同土层可溶性 $SO_4^{2-}$ 浓度和摩尔分数**

| 石膏用量 | | 浓度/(cmol/kg) | | | 摩尔分数/% | | |
|---|---|---|---|---|---|---|---|
| | | 0 ~ 10cm | 10 ~ 20cm | 20 ~ 30cm | 0 ~ 10cm | 10 ~ 20cm | 20 ~ 30cm |
| 6 个月后 | 0t/hm² | 0.23a | 0.20a | 0.08a | 3.19a | 5.48a | 2.90a |
| | 15t/hm² | 5.23b | 1.70ab | 0.27ab | 45.9b | 43.6b | 9.77a |
| | 30t/hm² | 8.56bc | 2.15ab | 0.25ab | 60.9c | 51.8b | 9.77a |
| | 45t/hm² | 10.2cd | 1.89ab | 0.19ab | 71.9c | 45.7b | 7.66a |
| | 60t/hm² | 12.7d | 4.12b | 0.48b | 87.3d | 71.1c | 21.5b |

续表

| 石膏用量 | | 浓度/(cmol/kg) | | | 摩尔分数/% | | |
|---|---|---|---|---|---|---|---|
| | | 0～10cm | 10～20cm | 20～30cm | 0～10cm | 10～20cm | 20～30cm |
| 18个月后 | 0t/hm$^2$ | 0.52a | 0.33a | 0.20a | 8.93a | 11.2a | 7.25a |
| | 15t/hm$^2$ | 6.43b | 0.80ab | 0.42a | 64.2b | 26.4b | 15.4b |
| | 30t/hm$^2$ | 13.3c | 1.79ab | 0.40a | 83.4c | 51.6c | 19.9bc |
| | 45t/hm$^2$ | 13.9c | 4.51bc | 0.81b | 84.9cd | 73.6d | 33.3c |
| | 60t/hm$^2$ | 16.7c | 5.30c | 0.97b | 89.6d | 78.9d | 39.0c |

注：摩尔分数表示水溶性 $SO_4^{2-}$ 物质的量浓度占总水溶性阴离子物质的量浓度的百分比；同一采样时间同列均值后带有相同字母表示无显著差异($P > 0.05$)

施用烟气脱硫石膏 6 个月后，0～30cm 土层主要阴离子的浓度和摩尔分数变化情况见表 4-26。施用烟气脱硫石膏 6 个月后，与对照处理相比，15t/hm$^2$ 烟气脱硫石膏处理的 0～30cm 土层水溶性 $Cl^-$浓度无显著差异，其他烟气脱硫石膏处理的 0～30cm 土层水溶性 $Cl^-$浓度降低了 27.0%～43.4%，所有烟气脱硫石膏处理组的水溶性 $Cl^-$摩尔分数显著低于对照处理，降低幅度为 32.7%～75.4%。烟气脱硫石膏处理组的 0～30cm 土层水溶性 $HCO_3^- + CO_3^{2-}$ 浓度和摩尔分数显著低于对照处理，浓度降低了 44.8%～58.6%，摩尔分数降低了 61.0%～73.8%，但各烟气脱硫石膏处理之间的水溶性 $HCO_3^- + CO_3^{2-}$ 浓度和摩尔分数没有显著差异。烟气脱硫石膏处理的 0～30cm 土层水溶性 $SO_4^{2-}$ 浓度显著高于对照处理 13.1～32.9 倍，摩尔分数显著高于对照处理 9.42～19.2 倍。

18 个月后，所有烟气脱硫石膏处理组的水溶性 $Cl^-$浓度显著低于对照处理 15.7%～49.1%，摩尔分数降低为 39.0%～78.7%。水溶性 $HCO_3^- + CO_3^{2-}$ 浓度和摩尔分数与对照相比降低幅度更大，浓度降低了 48.2%～67.5%，摩尔分数降低了 60.9%～86.8%。和对照处理相比，烟气脱硫石膏处理组的 $SO_4^{2-}$ 浓度显著增加了 6.29～20.9 倍，摩尔分数显著增加了 3.90～7.11 倍。

**表 4-26　施用烟气脱硫石膏 6 个月和 18 个月后 0～30cm 土层水溶性阴离子浓度和摩尔分数**

| 石膏用量 | | 浓度/(cmol/kg) | | | 摩尔分数/% | | |
|---|---|---|---|---|---|---|---|
| | | $Cl^-$ | $HCO_3^- + CO_3^{2-}$ | $SO_4^{2-}$ | $Cl^-$ | $HCO_3^- + CO_3^{2-}$ | $SO_4^{2-}$ |
| 6个月后 | 0t/hm$^2$ | 3.89d | 0.58b | 0.17a | 83.8d | 12.4b | 3.77a |
| | 15t/hm$^2$ | 3.62cd | 0.24a | 2.4b | 56.4c | 4.22a | 39.3b |
| | 30t/hm$^2$ | 2.84bc | 0.32a | 3.65b | 43.3c | 4.84a | 51.9c |
| | 45t/hm$^2$ | 2.19b | 0.28a | 4.08b | 37.3b | 4.17a | 58.5c |
| | 60t/hm$^2$ | 1.51a | 0.24a | 5.77c | 20.6a | 3.25a | 76.2d |

续表

| 石膏用量 | | 浓度/(cmol/kg) | | | 摩尔分数/% | | |
|---|---|---|---|---|---|---|---|
| | | $Cl^-$ | $HCO_3^- + CO_3^{2-}$ | $SO_4^{2-}$ | $Cl^-$ | $HCO_3^- + CO_3^{2-}$ | $SO_4^{2-}$ |
| 18 个月后 | 0t/hm² | 2.67d | 0.83b | 0.35a | 67.5e | 22.3b | 10.2a |
| | 15t/hm² | 2.25c | 0.43a | 2.55b | 41.2d | 8.73a | 50.0b |
| | 30t/hm² | 1.5b | 0.40a | 3.65c | 23.4c | 5.86a | 70.7c |
| | 45t/hm² | 1.57b | 0.32a | 6.34d | 19.8b | 4.07a | 76.1cd |
| | 60t/hm² | 1.36a | 0.27a | 7.66d | 14.4a | 2.94a | 82.7d |

注：摩尔分数表示水溶性 $SO_4^{2-}$ 物质的量浓度占水溶性阴离子物质的量浓度的百分比；同一采样时间同列均值后带有相同字母表示无显著差异($P > 0.05$)

施用烟气脱硫石膏 6 个月和 18 个月后，烟气脱硫石膏剂量越高，0～30cm 土层的水溶性 $Cl^-$的摩尔分数越低，而水溶性 $SO_4^{2-}$ 的摩尔分数越大，$SO_4^{2-}$ 代替 $Cl^-$ 成为阴离子主要组分(图 4-26)。对照处理组的水溶性 $HCO_3^- + CO_3^{2-}$ 的摩尔分数占阴离子组分 10%左右，烟气脱硫石膏处理组的水溶性 $HCO_3^- + CO_3^{2-}$ 的摩尔分数显著降低，尤其是 60t/hm² 烟气脱硫石膏处理组 $HCO_3^- + CO_3^{2-}$ 的摩尔分数接近 0。

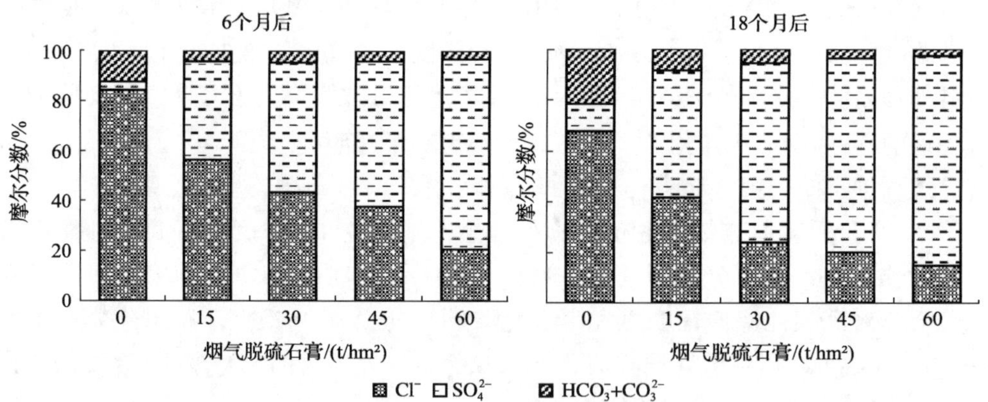


图 4-26　施用烟气脱硫石膏 6 个月和 18 个月后崇明东滩 $Cl^-$、$HCO_3^- + CO_3^{2-}$、$SO_4^{2-}$ 的摩尔分数

表 4-27 和表 4-28 给出了施用烟气脱硫石膏后南汇东滩不同土层主要阴离子的浓度和摩尔分数变化情况。烟气脱硫石膏处理组的 0～10cm、10～20cm 和 20～30cm 土层可溶性 $SO_4^{2-}$ 浓度分别显著提高 1.60 倍、2.16 倍和 2.37 倍，摩尔分数相应分别增加 45%、62%和 40%。烟气脱硫石膏处理组的 0～10cm、10～20cm 和 20～30cm 土层可溶性 $Cl^-$浓度分别显著低于对照处理 12%、29%和 20%，摩尔分数相应分别降低了 50.8%、63.8%和 50.4%。不同剂量烟气脱硫石膏处理组及对照处理间的水溶性 $HCO_3^- + CO_3^{2-}$ 的浓度无显著差异，摩尔分数受水溶性 $SO_4^{2-}$ 含量增

加的影响表现为显著降低。

**表 4-27 施用烟气脱硫石膏 4 个月后南汇东滩 0 ~ 30cm 土层水溶性盐离子浓度和摩尔分数**

| 石膏用量 | 浓度/(cmol/kg) | | | 摩尔分数/% | | |
|---|---|---|---|---|---|---|
| | $Cl^-$ | $HCO_3^- + CO_3^{2-}$ | $SO_4^{2-}$ | $Cl^-$ | $HCO_3^- + CO_3^{2-}$ | $SO_4^{2-}$ |
| 0t/hm$^2$ | 5.52b | 0.46a | 6.85a | 43.4b | 3.62b | 53.0a |
| 60t/hm$^2$ | 4.99a | 0.46a | 20.3b | 19.4a | 1.78a | 78.8b |

注：同列的相同字母表示不同烟气脱硫石膏处理间无显著差异($P>0.05$)

**表 4-28 施用烟气脱硫石膏 4 个月后南汇东滩不同土层水溶性 $Cl^-$、$HCO_3^- + CO_3^{2-}$、$SO_4^{2-}$ 浓度和摩尔分数**

| 水溶性阴离子 | 石膏剂量 | 浓度/(cmol/kg) | | | 摩尔分数/% | | |
|---|---|---|---|---|---|---|---|
| | | 0 ~ 10cm | 10 ~ 20cm | 20 ~ 30cm | 0 ~ 10cm | 10 ~ 20cm | 20 ~ 30cm |
| $Cl^-$ | 0t/hm$^2$ | 6.24b | 5.83b | 4.49b | 44.3b | 45.8b | 39.5b |
| | 60t/hm$^2$ | 5.49a | 4.12a | 5.37a | 21.8a | 16.6a | 19.6a |
| $HCO_3^- + CO_3^{2-}$ | 0t/hm$^2$ | 0.41a | 0.47a | 0.50a | 2.88b | 3.73b | 4.41b |
| | 60t/hm$^2$ | 0.40a | 0.45a | 0.53a | 1.59a | 1.82a | 1.92a |
| $SO_4^{2-}$ | 0t/hm$^2$ | 7.43a | 6.42a | 6.38a | 52.8a | 50.5a | 56.1a |
| | 60t/hm$^2$ | 19.3b | 20.3b | 21.5b | 76.6b | 81.6b | 78.4b |

注：同列数据后的不同字母表示不同烟气脱硫石膏处理间差异显著($P<0.05$)

#### 4.4.3.4 结论

两年的野外示范工程表明，在滨海地区降雨充沛，施入烟气脱硫石膏使围垦滩涂盐碱土 0～30cm 土层尤其是 0～10cm 土层有害盐离子水溶性 $Na^+$、$Cl^-$和 $CO_3^{2-}$+ $HCO_3^-$ 浓度降低，而对植物生长有益的水溶性 $Ca^{2+}$、$SO_4^{2-}$ 浓度升高。

施用 60t/hm$^2$ 烟气脱硫石膏 4 个月后南汇东滩土壤水溶性离子组分从以有害盐离子为主转变为以有益植物生长的盐离子为主；施用 15～60t/hm$^2$ 烟气脱硫石膏 6 个月后崇明东滩也发生相同盐离子组分比例的变化，并且烟气脱硫石膏用量越高，有害盐离子浓度和摩尔分数降低幅度越大，18 个月后有害盐离子的降低进一步显著，更深土层的盐离子组分也开始发生同样的变化。

### 4.4.4 烟气脱硫石膏对不同土层碱化度的影响

#### 4.4.4.1 交换性阳离子

1) 烟气脱硫石膏对崇明东滩不同土层交换性阳离子的影响

45t/hm$^2$ 和 60t/hm$^2$ 烟气脱硫石膏处理的 0～10cm 土层交换性 $Na^+$ 显著降低（表

4-29)。施用烟气脱硫石膏 6 个月后，60t/hm$^2$ 烟气脱硫石膏处理的交换性 $Na^+$浓度降低幅度最大，和对照处理相比降低了 63.2%。在 20～30cm 土层，60t/hm$^2$ 烟气脱硫石膏处理的交换性 $Na^+$浓度显著低于对照处理和其他低剂量烟气脱硫石膏处理，而除 60t/hm$^2$ 烟气脱硫石膏处理外的其他处理之间无显著差异。18 个月后，交换性 $Na^+$浓度有相似的变化趋势，不同的是，在 0～10cm 土层所有烟气脱硫石膏处理组的交换性 $Na^+$浓度显著降低了 2.63～5.30cmol/kg，在 10～20cm 土层，30～60t/hm$^2$ 烟气脱硫石膏处理的交换性 $Na^+$浓度显著减少了 1.17～1.61cmol/kg。

**表 4-29　施用烟气脱硫石膏 6 个月和 18 个月后不同土层交换性 $Na^+$浓度**

（单位：cmol/kg）

| 石膏用量 | | 0～10cm | 10～20cm | 20～30cm | 0～30cm |
|---|---|---|---|---|---|
| 6 个月后 | 0t/hm$^2$ | 6.46c | 3.41b | 2.77b | 4.22b |
| | 15t/hm$^2$ | 6.14bc | 3.03b | 3.07b | 4.08ab |
| | 30t/hm$^2$ | 6.76bc | 3.18b | 2.91b | 4.38ab |
| | 45t/hm$^2$ | 3.59ab | 2.70ab | 2.88b | 3.06ab |
| | 60t/hm$^2$ | 2.38a | 2.31a | 2.25a | 2.31a |
| 18 个月后 | 0t/hm$^2$ | 7.02d | 3.21c | 2.90b | 4.37c |
| | 15t/hm$^2$ | 4.39c | 2.65bc | 2.50b | 3.18bc |
| | 30t/hm$^2$ | 3.53b | 2.04ab | 1.95b | 2.51c |
| | 45t/hm$^2$ | 3.18b | 1.95a | 2.32ab | 2.48ab |
| | 60t/hm$^2$ | 1.72a | 1.60a | 1.71a | 2.31a |

注：相同时间同列均值后带有相同字母表示无显著差异（$P>0.05$）

施用烟气脱硫石膏 6 个月后，和对照处理相比，0～10cm 土层中烟气脱硫石膏处理组交换性 $Ca^{2+}$浓度显著增加，增加幅度为 0.92～9.43 倍（表 4-30）。10～20cm 土层中仅 60t/hm$^2$ 烟气脱硫石膏处理的交换性 $Ca^{2+}$浓度显著增加了 69.2%，其他烟气脱硫石膏处理组与对照处理间无显著差异，20～30cm 土层所有处理间的交换性 $Ca^{2+}$浓度均无显著差异。18 个月后的情况跟 6 个月后的大致相同，不同的是，0～10cm 土层中交换性 $Ca^{2+}$浓度增加幅度较 6 个月后的增加幅度更大，增加了 1.64～9.70 倍。10～20cm 土层中 45t/hm$^2$ 和 60t/hm$^2$ 烟气脱硫石膏处理组的交换性 $Ca^{2+}$浓度与对照处理相比分别显著增加了 34.6%和 43.8%。

**表 4-30 施用烟气脱硫石膏 6 个月和 18 个月后不同土层交换性 $Ca^{2+}$浓度**

（单位：cmol/kg）

| 石膏用量 | | 0～10cm | 10～20cm | 20～30cm | 0～30cm |
|---|---|---|---|---|---|
| 6 个月后 | $0t/hm^2$ | 5.63a | 4.81a | 5.39a | 5.27a |
| | $15t/hm^2$ | 10.8b | 5.90ab | 5.28a | 7.34b |
| | $30t/hm^2$ | 17.3c | 5.86ab | 4.74a | 9.29b |
| | $45t/hm^2$ | 23.6c | 6.78ab | 4.39a | 11.6b |
| | $60t/hm^2$ | 58.7d | 8.14b | 4.11a | 20.9c |
| 18 个月后 | $0t/hm^2$ | 7.35a | 6.35a | 6.79a | 6.83a |
| | $15t/hm^2$ | 19.4b | 6.77a | 6.37a | 7.52b |
| | $30t/hm^2$ | 28.9c | 6.70a | 5.54a | 13.7c |
| | $45t/hm^2$ | 33.4c | 8.55b | 5.35a | 15.8c |
| | $60t/hm^2$ | 78.7d | 9.13b | 5.07a | 31.6d |

注：相同时间同列均值后带有相同字母表示没有显著差异（$P>0.05$）

添加烟气脱硫石膏后崇明东滩各土层阳离子交换量如表 4-31 所示。施用烟气脱硫石膏 6 个月后，0～10cm 土层的 30～60t/hm$^2$ 烟气脱硫石膏处理组阳离子交换量显著高于对照组，增加了 0.68～2.32 倍，18 个月后增加了 0.92～3.61 倍。10～20cm、20～30cm 的阳离子交换量并未因烟气脱硫石膏的施用而发生变化。阳离子交换量的增加主要是由烟气脱硫石膏引进来的大量 $Ca^{2+}$所导致的。

**表 4-31 施用烟气脱硫石膏 6 个月和 18 个月后崇明东滩不同土层阳离子交换量**

（单位：cmol/kg）

| 石膏用量 | | 0～10cm | 10～20cm | 20～30cm | 0～30cm |
|---|---|---|---|---|---|
| 6 个月后 | $0t/hm^2$ | 16.6a | 11.7a | 11.0a | 13.1a |
| | $15t/hm^2$ | 21.1ab | 11.8a | 11.2a | 14.7a |
| | $30t/hm^2$ | 27.9bc | 11.8a | 10.3a | 16.7a |
| | $45t/hm^2$ | 30.1c | 11.8a | 9.8a | 17.2a |
| | $60t/hm^2$ | 55.1d | 12.6a | 8.5a | 25.4b |
| 18 个月后 | $0t/hm^2$ | 18.3a | 12.2a | 12.4a | 14.3a |
| | $15t/hm^2$ | 17.1a | 11.9a | 11.1a | 13.4a |
| | $30t/hm^2$ | 35.2b | 10.9a | 9.3a | 18.5a |
| | $45t/hm^2$ | 38.9b | 12.4a | 9.7a | 20.3a |
| | $60t/hm^2$ | 84.3c | 12.2a | 8.6a | 35.0b |

注：阳离子交换量 $CEC=Na^{+}+Mg^{2+}+K^{+}+Ca^{2+}$；相同时间同列均值后相同字母表示无显著差异（$P>0.05$）

2）烟气脱硫石膏对南汇东滩不同土层阳离子交换量的影响

烟气脱硫石膏对不同土层阳离子交换量的影响见表 4-32。施用烟气脱硫石膏 4 个月后，与对照处理相比，烟气脱硫石膏处理的南汇东滩 0～10cm、10～20cm 交换性 $Na^+$显著降低了 45.0%、26.6%，20～30cm 土层交换性 $Na^+$升高了 19.6%。未施加烟气脱硫石膏前，土壤交换性 $Na^+$主要积聚在 0～10cm 表土层，施用烟气脱硫石膏后，经历一段时间的自然淋雨，土壤交换性 $Na^+$逐步向底土层移动并积聚到 20～30cm 土层。从 0～30cm 土层总体看，烟气脱硫石膏处理的交换性 $Na^+$ 浓度显著低于对照处理。施用烟气脱硫石膏 4 个月后，与对照处理相比，烟气脱硫石膏处理组的浅土层交换性 $Ca^{2+}$、$Mg^{2+}$显著增加，交换性 $K^+$显著降低。各土层阳离子交换量也因交换性 $Ca^{2+}$的大幅度提高而相应增加。

**表 4-32　施用烟气脱硫石膏 4 个月后南汇东滩交换性阳离子浓度**（单位：cmol/kg）

| 交换性阳离子 | 石膏用量 | 0～10cm | 10～20cm | 20～30cm | 0～30cm |
|---|---|---|---|---|---|
| E-Na | 0t/hm$^2$ | 10.7b | 9.22b | 8.78a | 9.57a |
| | 60t/hm$^2$ | 5.89a | 6.77a | 10.5b | 8.10b |
| E-Ca | 0t/hm$^2$ | 19.9a | 23.2a | 17.7a | 20.3a |
| | 60t/hm$^2$ | 133b | 101b | 49.1a | 94.6b |
| E-Mg | 0t/hm$^2$ | 2.01a | 2.84a | 1.90a | 2.04a |
| | 60t/hm$^2$ | 2.95b | 4.34b | 4.37b | 3.86b |
| E-K | 0t/hm$^2$ | 0.83b | 1.58b | 1.70b | 1.48b |
| | 60t/hm$^2$ | 0.59a | 0.93a | 1.04a | 0.91a |
| CEC | 0t/hm$^2$ | 34.2a | 35.2a | 33.1a | 34.2a |
| | 60t/hm$^2$ | 142b | 113b | 66.3b | 107b |

注：同列相同指标均值后带有的不同字母表示差异显著（$P<0.05$）

围垦滩涂盐碱土壤胶体上吸附着大量的交换性 $Na^+$，导致土质黏重、分散性高。施用烟气脱硫石膏后，土壤中的交换性 $Na^+$含量降低而交换性 $Ca^{2+}$含量升高，交换性 $Na^+$含量的下降是因为 $Ca^{2+}$具有更强的交换竞争性，围垦滩涂盐碱土中 $Na^+$被置换后随着自然降雨被淋溶到更深的土层（Oster and Frenkel，1980；Qadir et al.，2001）。

#### 4.4.4.2　土壤碱化度

在 0～10cm 土层，烟气脱硫石膏施用量越高，土壤碱化度（ESP）降低越显著（图 4-27）。施用烟气脱硫石膏 6 个月后，60t/hm$^2$ 烟气脱硫石膏处理的碱化度低于 5.0%，而对照处理的碱化度高达 37.7%。在 10～20cm 土层，60t/hm$^2$ 烟气脱硫石膏处理的碱化度降低幅度最大，其次为 45t/hm$^2$ 烟气脱硫石膏处理。20～30cm 土层碱化度未因烟气脱硫石膏的施入而发生改变。18 个月后与 6 个月后趋势相似，烟气脱硫石膏处理的碱化度随着土层的加深而增加，$ESP_{0\sim10}<ESP_{10\sim20}<ESP_{20\sim30}$，而对照处理的碱化度则是 0～10cm 的表土层最高，10～20cm、20～30cm 土层依次降低。

施入烟气脱硫石膏仅 4 个月，南汇东滩滩涂盐碱土 0～30cm 土层的平均碱化度即显著低于对照处理，降低到 10%以下（表 4-33），尤其是 0～10cm 土层碱化度低于 5%，相比对照处理降低了 89.7%，其次是 10～20cm、20～30cm 土层，碱化度分别降低了 73.4%、56.3%。0～10cm 表土层的优点在于烟气脱硫石膏溶解量大、转化量大、与交换性 $Na^+$作用量大，围垦滩涂盐碱土壤改良速度快。施用烟气脱硫石膏后与土壤充分地混合，烟气脱硫石膏中提供的钙源将土壤交换性 $Na^+$及时置换出来，随着降雨淋溶将置换出的水溶性 $Na^+$排出耕层。

**表 4-33　施用烟气脱硫石膏 4 个月后南汇东滩不同土层碱化度**　（单位：%）

| 石膏用量 | 0～10cm | 10～20cm | 20～30cm | 0～30cm |
|---|---|---|---|---|
| 0t/hm$^2$ | 31.2b | 28.1b | 29.3b | 29.5b |
| 60t/hm$^2$ | 3.22a | 7.48a | 12.8a | 7.81a |

注：同列均值后带有的不同字母表示差异显著（$P < 0.05$）

示范工程表明，烟气脱硫石膏能降低土壤碱化度，这是因为烟气脱硫石膏增加土壤中的水溶性 $Ca^{2+}$，取代土壤胶体上的交换性 $Na^+$，从而产生水溶性 $Na^+$，当自然降雨发生时，水溶性 $Na^+$被淋溶到更深的土层（Chun et al.，2001）。交换性 $Na^+$的降低导致土壤尤其是 0～10cm 表层土壤的碱化度降低。

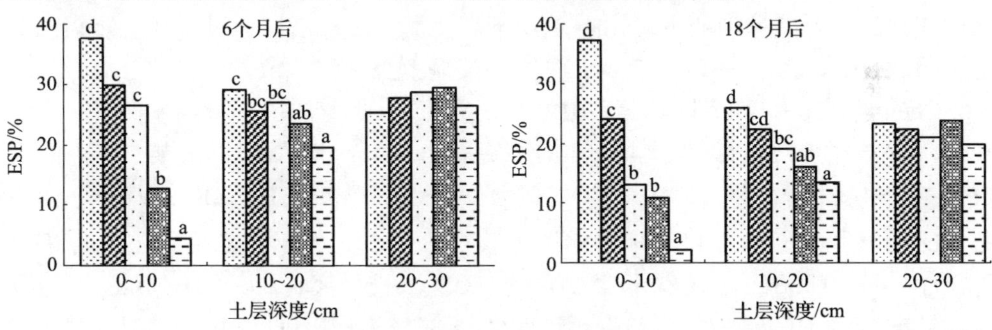


图 4-27　施用烟气脱硫石膏 6 个月和 18 个月后不同土层碱化度

同一土层各柱上相同字母或者无字母代表不同剂量石膏处理间无显著差异（$P > 0.05$）

### 4.4.4.3　土壤 pH

烟气脱硫石膏能降低崇明东滩所有土层的 pH（图 4-28）。施用烟气脱硫石膏 6 个月后，烟气脱硫石膏处理组的各土层 pH 同对照处理相比减少了 0.8～1.35 个单

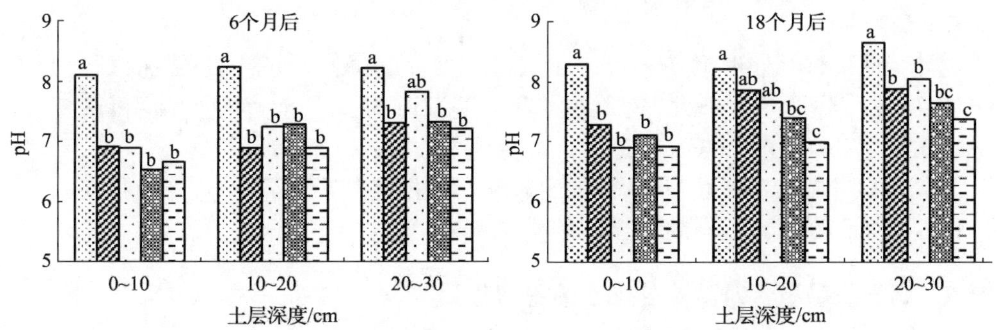


图 4-28　施用烟气脱硫石膏 6 个月和 18 个月后崇明东滩不同土层 pH

同一土层各柱上不同字母代表不同剂量烟气脱硫石膏处理间差异显著（$P<0.05$）

位，pH 接近 7.0，除 30t/$hm^2$ 处理之外不同烟气脱硫石膏处理间没有显著差异。施用烟气脱硫石膏 18 个月后，土壤 pH 的变化情况与 6 个月后相似，但在 10～20cm 和 20～30cm 土层，高剂量烟气脱硫石膏处理的 pH 降低幅度更大。

**表 4-34　施用烟气脱硫石膏 4 个月后南汇东滩不同土层 pH**

| 石膏用量 | 0～10cm | 10～20cm | 20～30cm | 0～30cm |
|---|---|---|---|---|
| 0t/$hm^2$ | 7.08a | 7.13a | 7.23a | 7.13a |
| 60t/$hm^2$ | 6.79a | 7.02a | 7.04a | 6.93a |

注：同列均值后带有相同字母表示无显著差异（$P > 0.05$）

表 4-34 给出了施用烟气脱硫石膏 4 个月后南汇东滩不同土层 pH。施用烟气脱硫石膏 4 个月后，烟气脱硫石膏处理的各土层土壤 pH 与对照处理无显著差异，这可能是因为对照处理的土壤 pH 本身不高，烟气脱硫石膏通过缓冲机制来调节土壤的 pH，只有当 pH 过高或过低时才将其调节至中性。

Chen 等（2001）和 Sakai 等（2012）的研究表明，烟气脱硫石膏能减少农业土壤 pH 并且在一段时间内维持土壤 pH 的稳定。这是因为 pH 受控于土壤胶体上的交换性 $Na^+$浓度和水溶性 $HCO_3^- + CO_3^{2-}$ 浓度（Mashhady and Rowell，1978）。作为钙源的烟气脱硫石膏在自然降雨淋洗下其组分 $CaSO_4$ 溶解，然后发生 $Na_2CO_3 + CaSO_4 \longrightarrow Na_2SO_4 + CaCO_3$ 和 $2NaHCO_3 + CaSO_4 \longrightarrow Na_2SO_4 + Ca(HCO_3)_2$ 化学反应，导致水溶性 $HCO_3^- + CO_3^{2-}$ 浓度迅速减少，通过渗透移出耕层并持续降低土壤 pH。此外，$Ca^{2+}$能取代交换性 $Na^+$，使可溶性 $Na^+$在降雨淋洗下向更深的土层移动，这些离子随着烟气脱硫石膏的施用迅速减少，土壤 pH 也随之降低（Sakai et al.，2012）。

#### 4.4.4.4　结论

滨海滩涂地区降雨充沛，施用烟气脱硫石膏后，在降雨作用下即与土壤充分反应，能显著降低 0～10cm 土层交换性 $Na^+$浓度，增加交换性 $Ca^{2+}$、$Mg^{2+}$浓度和阳离子交换量。

烟气脱硫石膏处理组 0～10cm 土层碱化度显著降低，并且烟气脱硫石膏剂量越大，碱化度降低幅度越大。南汇东滩和崇明东滩的 60t/$hm^2$ 烟气脱硫石膏处理组 0～10cm 土层碱化度降低幅度最大，均降至 5%以下。

施用烟气脱硫石膏 6 个月后，崇明东滩和南汇东滩土壤各土层 pH 均接近 7.0，但不同烟气脱硫石膏处理间无显著差异。

### 4.4.5　烟气脱硫石膏对滩涂盐碱土的脱盐作用

#### 4.4.5.1　烟气脱硫石膏对崇明滩涂盐碱土壤 ESP 的作用

图 4-29 给出了崇明东滩对照处理和最大添加量（60t/$hm^2$）烟气脱硫石膏处理

土壤耕层(0～30cm)碱化度随时间的变化情况。在年降雨量为1000mm的条件下，自然脱盐过程将使碱化度有小幅度降低，由53%降至47%，其过程中有大幅度升高，出现返盐现象。对照处理的碱化度有小幅降低，主要由于自然降雨丰沛，围垦滩涂盐碱土交换性 $Na^+$被置换出来并随着降雨被淋溶到更深土层，或随着排水沟渠被排出，说明在盐碱地改良过程中充沛的降雨、完善的排水渠道对降低土壤盐害有很大作用。围垦滩涂盐碱土0～30cm土层的碱化度随烟气脱硫石膏剂量的增加而减小，试验期间平均下降了53%。一次性混入 60t/hm$^2$ 烟气脱硫石膏的土壤脱盐效果相当于对照处理16个月自然脱盐的效果，将原来53%的碱化度降到30%以下。在年降雨量为1000mm的条件下，18个月后，最大施用量的烟气脱硫石膏使土壤耕层的碱化度降至10%左右。在相同的降雨和排水条件下，添加烟气脱硫石膏，围垦滩涂盐碱土壤具有更快的脱盐效率和抗返盐能力。

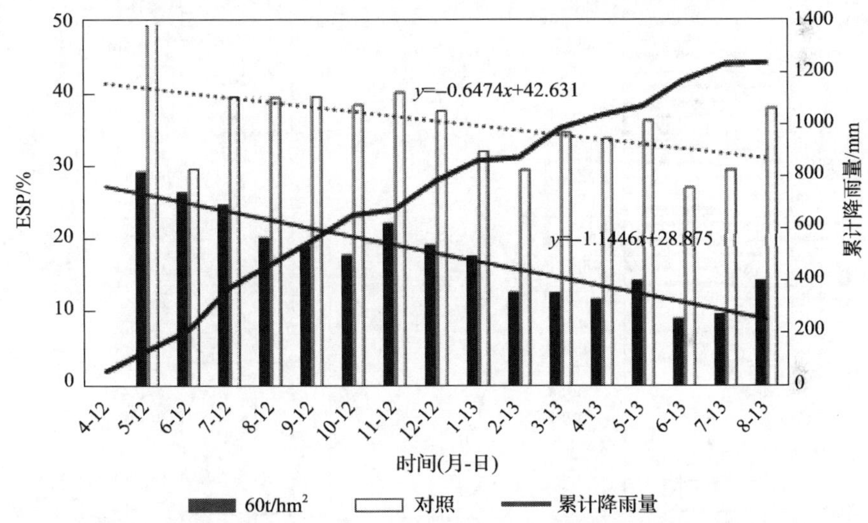


图4-29 对照组和60t/hm$^2$烟气脱硫石膏组0～30cm土层碱化度随累计降雨量的变化

#### 4.4.5.2 烟气脱硫石膏对南汇滩涂盐碱土壤碱化度的作用

图4-30是2013年3月南汇东滩示范工程种植乔灌木后土壤碱化度(ESP)和硫酸根($SO_4^{2-}$)测量结果。碱化度的变化趋势与崇明东滩示范工程的基本一致，即烟气脱硫石膏可以有效地降低碱化度。2013年8月遭受连续一个多月的40℃高温，南汇东滩也和崇明东滩一样出现了返盐现象，但施用烟气脱硫石膏的滩涂盐碱土碱化度仍然低于15%，表明烟气脱硫石膏不仅有脱盐作用，也有很好的抗返盐作用。

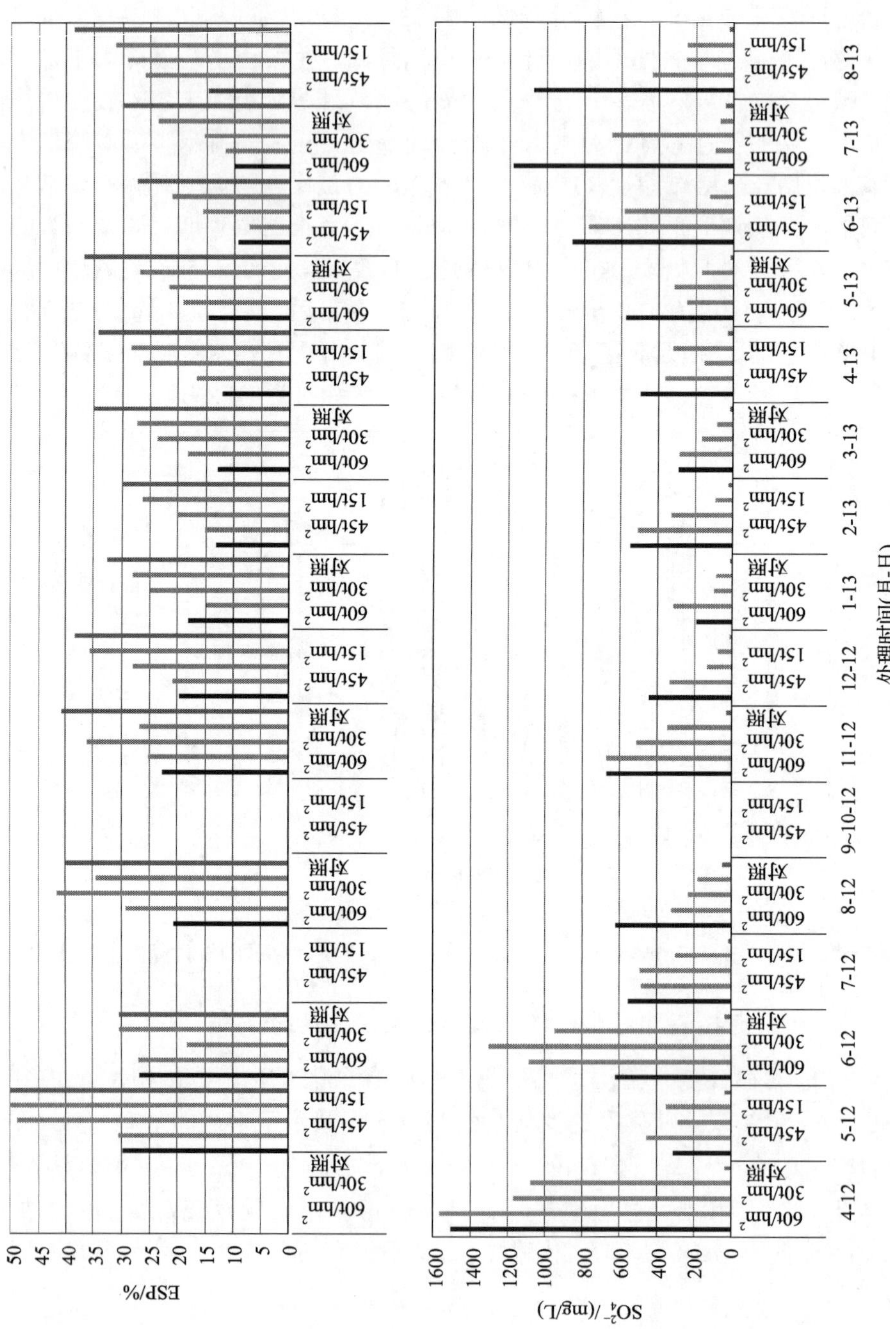


图4-30　对照组和烟气脱硫石膏组南汇东滩0~30cm土层碱化度(ESP)和硫化物($SO_4^{2-}$)随时间的变化

4.4.5.3　小结

崇明东滩和南汇东滩工程示范表明，施用烟气脱硫石膏后依靠自然降雨即可降低围垦滩涂 0～10cm 土层土壤 pH，使 pH 接近 7.0，降低土壤有害盐离子(水溶性 $Na^+$、$Cl^-$和 $CO_3^{2-}+HCO_3^-$)浓度，同时提高对植物生长有益的 $Ca^{2+}$和 $SO_4^{2-}$浓度。

施入烟气脱硫石膏后，围垦滩涂土壤 0～10cm 土层碱化度降低，并且随烟气脱硫石膏的添加量增加而减少，60t/hm² 烟气脱硫石膏处理的土壤的碱化度降低幅度最大，均降至 6%以下。表层土壤的脱盐效果好于下层，随时间推移降雨累积量增加，下层土的脱盐效果逐步显现，反映出一定的抗盐能力。

### 4.4.6　烟气脱硫石膏对围垦滩涂植物的影响

烟气脱硫石膏含有植物生长所必需的营养元素钙和硫。对那些需要高钙的植物或缺钙的、缺硫的土壤植物，烟气脱硫石膏是普遍适应且有效的一种肥料。

围垦滩涂土壤盐分组成以 NaCl 为主，在 $Na^+$作用下孔隙率低、通透性差，作物根部很难存活，水溶性盐总量和碱化度较高，依靠自然降水淋洗和植被演替，围垦滩涂脱盐需要几十年的时间。

本章是对 4.3 节研究内容的延伸，主要探讨将烟气脱硫石膏施入围垦滩涂盐碱土对植物生长的影响。通过对烟气脱硫石膏施入滩涂盐碱土后，自然生长的草本植物盖度、物种数、栽种的乔灌木成活率、株高、茎粗和根系生长等情况进行观测和记录，从植物生长角度研究烟气脱硫石膏对围垦滩涂盐碱土的修复效果，确认烟气脱硫石膏可以加快自然脱盐过程。

4.4.6.1　材料与方法

1) 试验设计

2011 年 12 月建立崇明东滩野外示范工程，总计 20 个地块，每个地块面积为 10m×10m，小区之间用深沟分隔。烟气脱硫石膏的施用量分别为 0(对照)、15t/hm²、30t/hm²、45t/hm² 和 60t/hm²，4 次试验重复。试验现场建设有风力提水设施和排水沟渠，及时排出经自然降雨淋洗出的盐分。不同烟气脱硫石膏处理的地块选择植物大小和长势一致的竹柳(*Salix salicaceae*)、银杏(*Ginkgo biloba*)、紫薇(*Largerstroemia indica*)、女贞(*Ligustrum lucidum*)4 种树种进行栽培种植。每一处理地块中设立 1m×1m 的样方，2012～2013 年连续观测并记录样方内草本植物物种数和覆盖度等表观指标。试验时间为 2011 年 10 月至 2013 年 8 月，在试验期间完全依靠自然降雨。

南汇东滩设置一个未施加烟气脱硫石膏的对照处理和 15t/hm²、30t/hm²、

45t/hm$^2$和 60t/hm$^2$ 4 个不同施用量的烟气脱硫石膏处理，各处理间用深沟分隔。建设有排水闸用于排除自然降雨淋洗出的盐分。2013 年初在每个处理地块上选取植物大小和长势均一的杞柳、垂柳、竹柳进行扦插种植。试验持续时间为 2013 年 3 月至 2013 年 8 月。

2) 草本植物及乔灌木指标观测

在崇明东滩试验区的各烟气脱硫石膏处理地块中随机选取 4 个样点，布设 1m×1m 的草本植物样方，2012～2013 年连续记录样方内草本植物种类、植株高度和植被盖度。记录每个处理存活的竹柳棵数，结合总计栽培数量，计算种植竹柳的存活率、用米尺和微尺测量崇明东滩的竹柳、银杏、紫薇和女贞的树高、胸径，用米尺测量南汇东滩的竹柳、杞柳和垂柳树高。崇明东滩对全部样本测量树高、胸径，而南汇东滩随机选择 20 株样本测量树高。挖取崇明东滩各处理的紫薇根系、南汇东滩竹柳根系进行观察和拍照记录，评估烟气脱硫石膏对根系生长的影响。

3) 统计分析方法

采用 SPSS 17.0 软件在显著性 $P<0.05$ 水平上对不同烟气脱硫石膏处理间乔木树高和胸径的差异进行方差分析，方差分析采用邓肯多重比较法。乔木树高和胸径指标数据为试验重复的平均值。

#### 4.4.6.2　烟气脱硫石膏对围垦滩涂草本植被的影响

围垦滩涂盐碱土的脱盐效果在草本植被物种变化上表现得最为直观。表 4-35 和图 4-31 给出了 2012 年 8 月和 2013 年 7 月不同烟气脱硫石膏处理崇明东滩草本植物的野外调查结果。较高的烟气脱硫石膏添加量使样方内自然生长的草本植被物种数、盖度、株高和总株数增加，烟气脱硫石膏施用量大于 45t/hm$^2$ 时，草本植物生物量显著高于对照处理组。

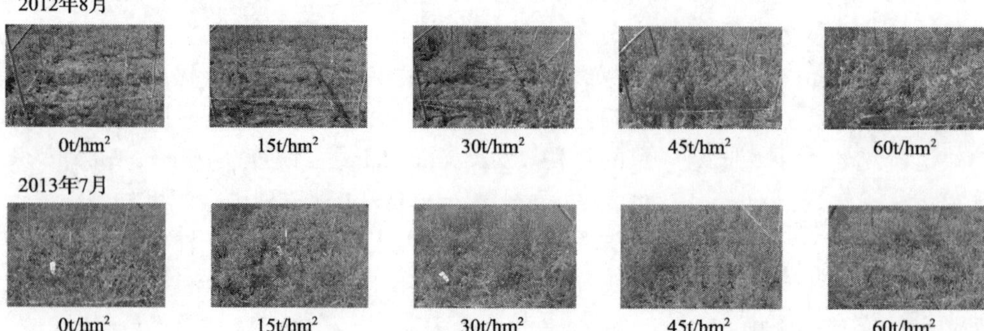


图 4-31　施用烟气脱硫石膏后崇明东滩滩涂草本植物的生长情况（彩图请见文后图版）

**表 4-35 烟气脱硫石膏对崇明东滩围垦滩涂草本植物的影响**

| 时间 | 脱硫石膏 | 物种/个 | 平均盖度/% | 平均高度/cm | 总株数/株 | 物种名称 |
|---|---|---|---|---|---|---|
| 2012 年 8 月 | 0t/hm$^2$ | 4 | 18 | 19 | 29 | 碱蓬、狗尾草、芦苇、蒲公英 |
| | 15t/hm$^2$ | 3 | 25 | 30 | 42 | 碱蓬、芦苇、稗草 |
| | 30t/hm$^2$ | 4 | 10 | 25 | 18 | 碱蓬、苣荬菜、加拿大一枝黄花、蒲公英 |
| | 45t/hm$^2$ | 6 | 95 | 49 | 92 | 加拿大一枝黄花、黄香草木犀、苣荬菜、狗尾草、芦苇、蒲公英 |
| | 60t/hm$^2$ | 6 | 98 | 53 | 109 | 加拿大一枝黄花、黄香草木犀、芦苇、狗尾草、苣荬菜、稗草 |
| 2013 年 7 月 | 0t/hm$^2$ | 4 | 45 | 19 | 99 | 碱蓬、蒲公英、狗尾草、醴肠 |
| | 15t/hm$^2$ | 4 | 40 | 25 | 108 | 碱蓬、蒲公英、狗尾草、苜蓿 |
| | 30t/hm$^2$ | 4 | 55 | 32 | 68 | 碱蓬、醴肠、蒲公英、狗尾草、苜蓿 |
| | 45t/hm$^2$ | 6 | 95 | 40 | 132 | 野老鹳草、狗尾草、蒲公英、醴肠、野艾蒿、苜蓿 |
| | 60t/hm$^2$ | 6 | 99 | 39 | 198 | 蒲公英、野艾蒿、一年蓬及幼苗、喜旱莲子草、碱蓬、苜蓿 |

Noordwijk-Puijk 等(1979)的研究发现，草本植物物种数和生物量要在滩涂围垦的 9～10 年后才能达到最佳生长状态。而在我们的研究中第二年即发现了正常围垦 8～10 年才会出现的物种，如喜旱莲子草和一年蓬，这表明施入烟气脱硫石膏淋洗掉了过量的盐分，能推动滩涂草本植被的演替过程。此外，我们还发现在施用烟气脱硫石膏 18 个月后在每个烟气脱硫石膏处理样方内出现了根瘤固氮植物紫花苜蓿。这种固氮植物可以在较低含盐量盐碱土上生长，会使滩涂盐碱地的脱盐效果持续，有助于促进钠质土壤的长期修复(Kapulnik et al.，1989; Mohammad et al.，1989；郭晔红等，2004；董晓霞等，2001)。

#### 4.4.6.3 烟气脱硫石膏对种植乔木存活率和生长的影响

1)烟气脱硫石膏对崇明东滩乔木生长的影响

钠质土底土所含的交换性 $Na^+$足以干扰乔木生长，这是因为乔木和草本植物相比需要更深的根系深度。滩涂盐碱地种植乔木第一年的死亡率随着烟气脱硫石膏用量的不同而发生变化(图 4-32)。在对照处理和低于 45t/hm$^2$ 的烟气脱硫石膏处理地块中乔木死亡率大约为 25%，45t/hm$^2$ 和 60t/hm$^2$ 烟气脱硫石膏处理的乔木死亡率分别为 10%左右和低于 5%；同时我们发现，施用烟气脱硫石膏 6 个月后 45t/hm$^2$ 和 60t/hm$^2$ 烟气脱硫石膏处理的土壤碱化度即降至 20%以下，60t/hm$^2$ 烟气脱硫石膏处理的土壤碱化度甚至低于 10%。烟气脱硫石膏可以降低围垦滩涂盐碱土的碱化度，从而使原先很难生长乔木的盐碱土壤上可以种植乔木，但只有施加高剂量的烟气脱硫石膏(≥45t/hm$^2$)，乔木才能存活。这可能是由于烟气脱硫石膏围垦滩涂土壤翻混的深度仅为 0.1m，较低的烟气脱硫石膏施用量的脱盐作用和抗返盐能力短时间内很难向深层土壤延伸，种植乔木的根系生长受到高盐的胁迫。

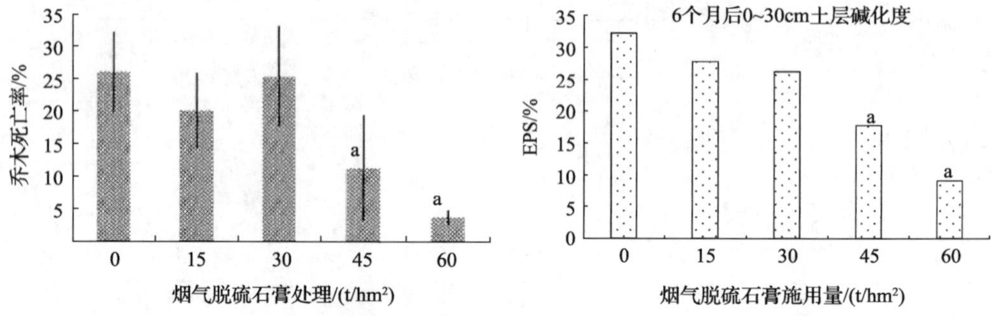


图 4-32 不同烟气脱硫石膏处理对围垦滩涂盐碱地种植乔木第一年死亡率的影响

图柱上字母表示与空白处理相比较有显著差异($P < 0.05$)

施用烟气脱硫石膏后第 3 年(2015 年)测量试验区竹柳胸径、树高和存活率来评估不同烟气脱硫石膏处理对乔木的影响。施用烟气脱硫石膏后，土壤理化状况都得到改良(程静润，2014)，显著提高了示范区种植乔木的存活率。碱化度降低，烟气脱硫石膏处理地块上竹柳的存活率显著增加(图 4-33B)。原来围垦滩涂盐碱土壤上不耐盐的乔灌木很少有存活，添加烟气脱硫石膏后降低了滩涂盐碱土壤的碱化度，种植的乔木可以生长，但只有当烟气脱硫石膏添加剂量较大时(≥45t/hm$^2$)，乔木才可能具有较高的存活率。和对照相比，施用量低于 45t/hm$^2$ 的烟气脱硫石膏处理竹柳树高和胸径未增加，而 60t/hm$^2$ 烟气脱硫石膏处理的竹柳树高和胸径增加(图 4-33A)。这种增长主要是由于碱化度，水溶性 $Na^+$、$Cl^-$和 $CO_3^{2-}$ + $HCO_3^-$ 减少，植物生长所需的 Ca 和 S 增加，以及土壤物理性质的整体改良(Chen et al.，2011)。

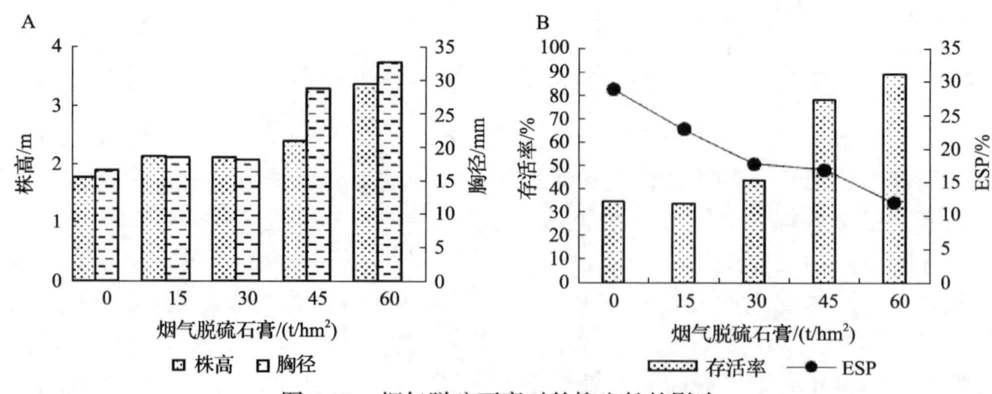


图 4-33 烟气脱硫石膏对竹柳生长的影响

表 4-36 给出了崇明东滩示范工程中第一年(2012 年夏季)女贞、第二年(2013 年夏季)存活的竹柳、银杏和紫薇的株高和胸径随不同烟气脱硫石膏处理量的变化

情况。低用量（15～45t/hm$^2$）烟气脱硫石膏处理女贞、银杏、竹柳和紫薇的株高与对照处理相比均无显著差异，除了较高用量烟气脱硫石膏处理的竹柳和 30t/hm$^2$、45t/hm$^2$ 烟气脱硫石膏处理的紫薇胸径外，低用量（15～45t/hm$^2$）烟气脱硫石膏处理对 4 种树木的胸径也无显著影响。只有 60t/hm$^2$ 烟气脱硫石膏处理所有乔木株高显著高于对照处理，胸径显著粗于对照处理，其中女贞、银杏、竹柳和紫薇的株高分别增长了 29.8 良（Chen et al.，2011）。%、14.3%、27.2%和 18.4%，胸径分别增加了 14.5%、25.0%、37.9%和 14.1%，施入高用量烟气脱硫石膏第一年就促进了乔木生长。图 4-34 为 2013 年 10 月拍摄的崇明滩涂示范工程的银杏和竹柳生长的实际情况，施用烟气脱硫石膏后这两种乔木长势良好。结果表明，施用足量烟气脱硫石膏短期内即可降低围垦滩涂地区土壤碱化度和 pH 并且增加钙和硫营养元素。而与该研究相关的烟气脱硫石膏施用后土壤物理性质的研究也表明施用烟气脱硫石膏可以改善滩涂土壤的其他物理性质（土壤的团粒结构明显改善，土壤颗粒更容易凝聚成团，土壤颗粒之间的孔隙度提高，水力传导度增大），因此，由于土壤物理和化学性质的改良，作物根系的生长环境得到改善，乔灌木可以生长。

**表 4-36　崇明东滩乔灌木植物胸径和株高随烟气脱硫石膏处理量的变化**

| 指标 | 石膏用量 | 2012 年夏季 | 2013 年夏季（6 月、7 月、8 月均值） | | |
|---|---|---|---|---|---|
| | | 女贞 | 银杏 | 竹柳 | 紫薇 |
| 株高/cm | 0t/hm$^2$ | 228a | 231a | 232a | 147a |
| | 15t/hm$^2$ | 238a | 242a | 240a | 141a |
| | 30t/hm$^2$ | 242a | 245a | 246a | 141a |
| | 45t/hm$^2$ | 249a | 237a | 250a | 160ab |
| | 60t/hm$^2$ | 296b | 264b | 295b | 174b |
| 胸径/mm | 0t/hm$^2$ | 23.4a | 19.6a | 19.5a | 19.9a |
| | 15t/hm$^2$ | 21.3a | 20.8a | 20.0a | 21.9ab |
| | 30t/hm$^2$ | 20.5a | 20.9a | 21.4a | 23.4b |
| | 45t/hm$^2$ | 25.7ab | 21.5a | 24.6b | 24.8b |
| | 60t/hm$^2$ | 26.8b | 24.5b | 26.9b | 22.7b |

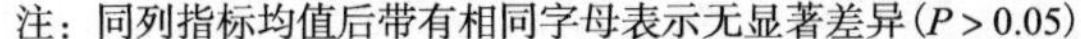

注：同列指标均值后带有相同字母表示无显著差异（$P > 0.05$）

图 4-34　崇明示范基地竹柳（A）和银杏（B）生长的实际情况（彩图请见文后图版）

2)烟气脱硫石膏对南汇东滩乔木生长的影响

从整体上看，烟气脱硫石膏用量高的地块柳树存活率高，60t/hm$^2$烟气脱硫石膏处理的竹柳和垂柳的存活率均高于对照处理(图 4-35)。15t/hm$^2$烟气脱硫石膏处理的竹柳存活率低，30t/hm$^2$、45t/hm$^2$烟气脱硫石膏处理的竹柳存活率与对照差异不显著，但 60t/hm$^2$烟气脱硫石膏处理的竹柳存活率比对照处理提高了 15.0%。在对照处理地块上垂柳难以生存，存活率仅为 40%，垂柳在烟气脱硫石膏施用剂量为 15t/hm$^2$、30t/hm$^2$时与对照处理间无显著差异，45t/hm$^2$、60t/hm$^2$烟气脱硫石膏处理的垂柳存活率显著高于对照处理，以及 15t/hm$^2$、30t/hm$^2$烟气脱硫石膏处理，60t/hm$^2$烟气脱硫石膏处理的垂柳存活率最高，将近 70%。

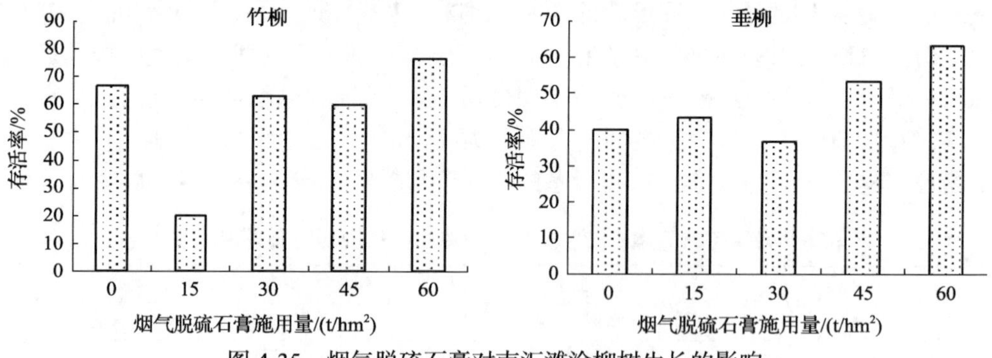


图 4-35　烟气脱硫石膏对南汇滩涂柳树生长的影响

图 4-36 给出了施用烟气脱硫石膏 4 个月后南汇东滩杞柳、竹柳和垂柳 3 种柳树的株高，烟气脱硫石膏施用量越高的处理 3 种柳树的生长状况越好，表明短期内高用量烟气脱硫石膏可以快速改良围垦滩涂盐碱土壤，从而对柳树的生长有较好的促进作用。

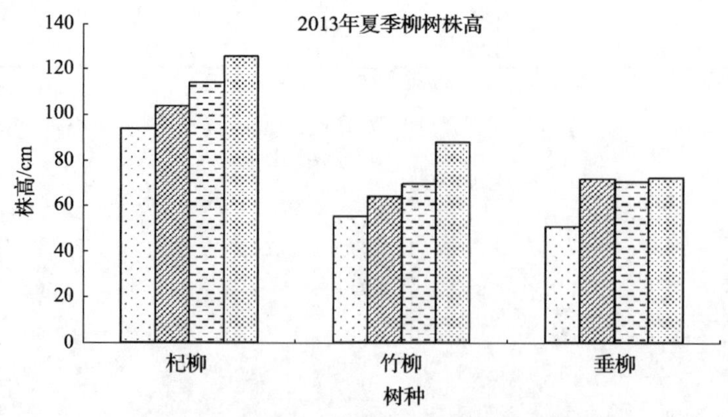


图 4-36　南汇东滩烟气脱硫石膏处理对 3 种柳树株高的影响

同种柳树图柱上相同字母或者无字母代表不同剂量石膏处理间无显著差异($P > 0.05$)

示范工程的植物生长情况表明，利用烟气脱硫石膏在几乎无植物存活的围垦滩涂盐碱地上进行大面积改良试验效果良好。

在示范工程边缘处，我们还发现柳树群落与互花米草群落共生(图 4-37)。在两年的时间里，仅一米之隔的两个群落互不干扰，各自在自己的群落环境中生长。施用烟气脱硫石膏的地块互花米草少有生长，这也许是烟气脱硫石膏改良后的围垦滩涂土壤不适合互花米草生长所致。

图 4-37 南汇东滩示范工程柳树群落与互花米草群落共生

#### 4.4.6.4 烟气脱硫石膏对树木根系的影响

图 4-38 给出了崇明东滩示范工程中第二年存活的紫薇(*Largerstroemia indica*)的根系分布随不同烟气脱硫石膏处理量($15t/hm^2$、$30t/hm^2$、$60t/hm^2$)的变化情况。如图 4-38 所示，烟气脱硫石膏施用量对紫薇根系的影响很大，无论是根系的生物量和长度，还是细根的生物量和数量，都随烟气脱硫石膏施用量的增加而增加。这是由于烟气脱硫石膏通过离子置换改善了紫薇根系周围的土壤盐胁迫，降低了土壤盐分对紫薇的毒害作用。

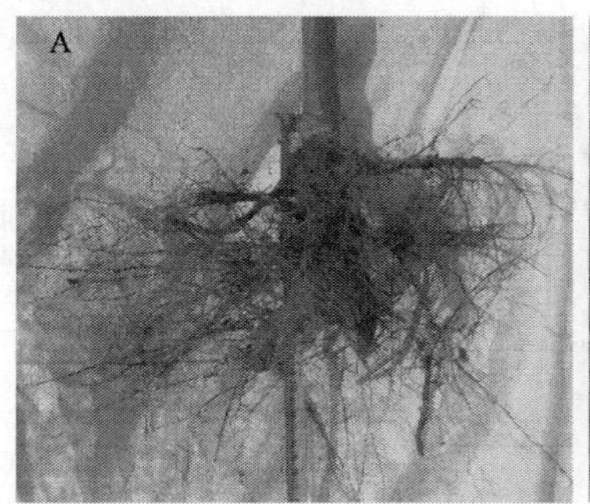


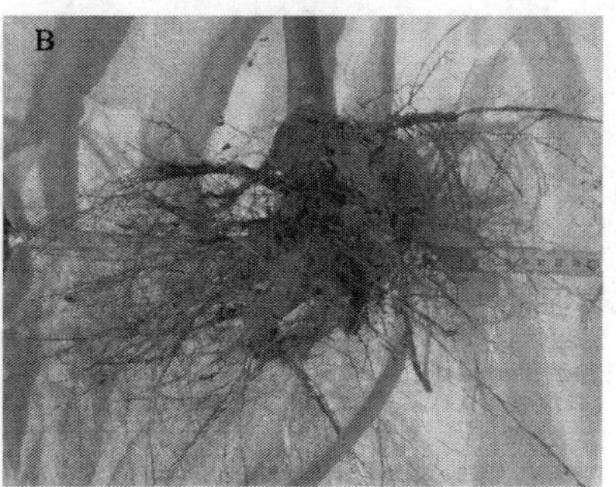

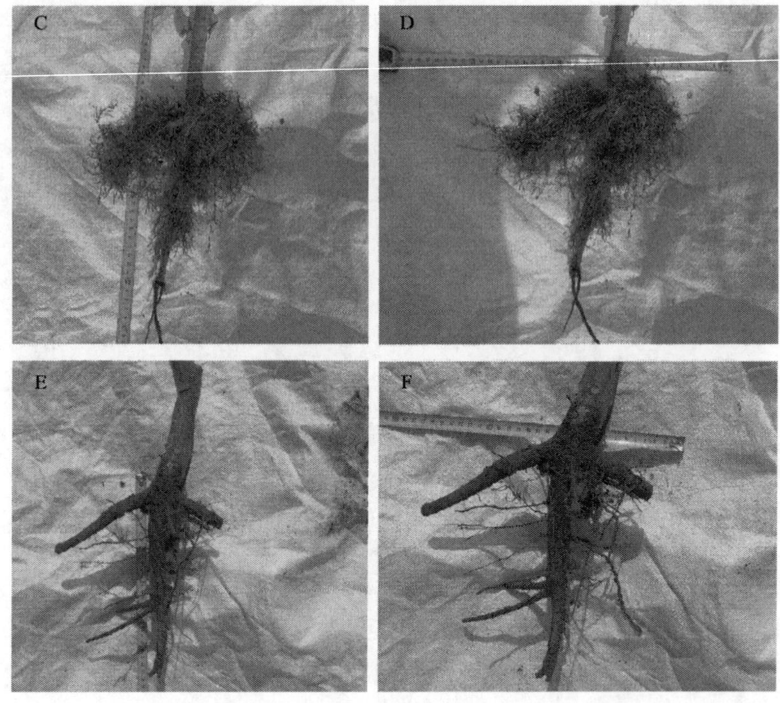


图 4-38　烟气脱硫石膏对紫薇根系分布的影响

烟气脱硫石膏使用量：A 和 B 60t/hm$^2$，C 和 D 30t/hm$^2$，E 和 F 15t/hm$^2$，测量时间是 2013 年 10 月

2013 年崇明东滩竹柳根系测定结果表明：施用高剂量烟气脱硫石膏(不低于 45t/hm$^2$)后，显著促进了围垦滩涂土壤竹柳根系的生长，其根系长度显著高于对照处理($P$<0.05)，45t/hm$^2$ 与 60t/hm$^2$ 烟气脱硫石膏处理进行比较发现，60t/hm$^2$ 烟气脱硫石膏处理更能促进根系纵向生长(纵向平均长度 36cm，横向平均长度 30cm)，而 45t/hm$^2$ 的烟气脱硫石膏处理(纵向平均长度 25cm，横向平均长度 44cm)根系横向生长更好，这是因为高用量的烟气脱硫石膏能更快速地作用到更深的土层，使土壤理化性质得到改良。而未施加烟气脱硫石膏的对照处理和低用量烟气脱硫石膏处理的竹柳根系由于土壤表层 0～30cm 盐碱化而死亡。

不同烟气脱硫石膏施用量对植物生长有着明显的影响。图 4-39 是烟气脱硫石膏不同处理量对杞柳(*Salix integra*)根系分布和根长的影响。较高的烟气脱硫石膏对杞柳根系的影响很大；无论是根系的生物量和长度，还是细根的生物量和数量，45t/hm$^2$、60t/hm$^2$ 烟气脱硫石膏处理的地块里杞柳根系都有明显的改善。

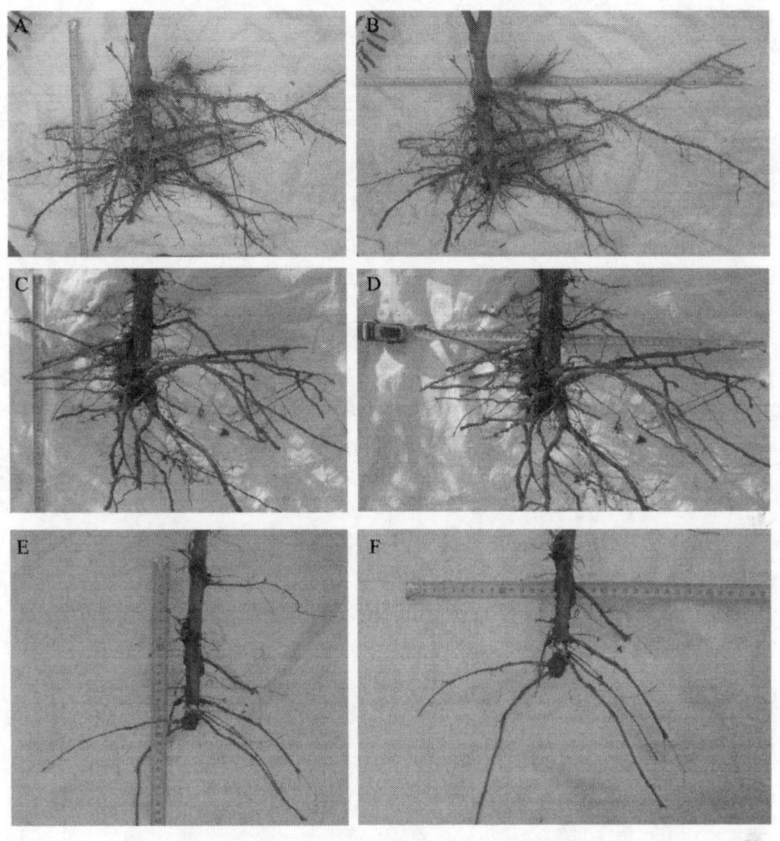


图 4-39 烟气脱硫石膏施用量对杞柳根系分布的影响(2013 年 11 月)

烟气脱硫石膏使用量：A 和 B 60t/hm$^2$，C 和 D 45t/hm$^2$，E 和 F 15t/hm$^2$

烟气脱硫石膏能够增强围垦滩涂钙的交换容量，增加滩涂植物植被的多样性和推动其演替。施用烟气脱硫石膏 18 个月后在现场样方即发现了正常围垦 8～10 年才会出现的喜旱莲子草和一年蓬，在每个烟气脱硫石膏处理样方内还出现了有助于促进钠质土壤长期修复的根瘤固氮植物紫花苜蓿。

在示范工程边缘，烟气脱硫石膏的地块柳树群落与无烟气脱硫石膏施加地块的互花米草共生，而烟气脱硫石膏处理的地块互花米草少有生长。烟气脱硫石膏提高了围垦滩涂乔灌木的成活率并促进其生长，随烟气脱硫石膏施用量的增加，根系的生物量和长度，以及细根的生物量和数量都有增加。

施用烟气脱硫石膏后，综合比对土壤化学性质和植物生长指标随时间的变化发现，施用烟气脱硫石膏 6 个月后即表现出对围垦滩涂盐碱土的改良效果，18 个月后改良效果仍能够保持稳定，从部分指标看甚至优于 6 个月后的改良效果。

### 4.4.7 主要结论

本研究以烟气脱硫石膏能否安全地加速围垦滩涂盐碱土脱盐过程为出发点，选择上海滨海围垦滩涂盐碱土壤，运用盆栽试验和大棚种植试验两个不同尺度的模拟试验来评估烟气脱硫石膏改良围垦滩涂的可行性，在此基础上在南汇和崇明滩涂开展示范工程，设置不同烟气脱硫石膏施用量水平，选择黑麦草、番茄作为盆栽供试植物，竹柳和垂柳作为大棚种植植物，杞柳、竹柳、银杏、紫薇、垂柳作为野外栽培种植的乔灌木，每个烟气脱硫石膏处理中设立 1m×1m 的草本植物样方，研究一次施用烟气脱硫石膏后盐碱土不同土层的理化性质(pH、碱化度和 $Na^+$、$Cl^-$等无机离子)、草本植物物种数、盖度、株高(2011～2013 年)、乔木存活率和生长情况(株高和根系长度)(2011～2015 年)，并讨论烟气脱硫石膏施用的生态安全性。主要结论如下。

(1)施用烟气脱硫石膏后，在自然降雨淋洗作用下，围垦滩涂盐碱土中不利于植物生长的水溶性 $Na^+$、$Cl^-$和 $CO_3^{2-}+HCO_3^-$ 含量和 pH 降低，减轻或消除了对植物的离子毒害；对植物生长有益的矿质元素 Ca、S 含量升高，使植物营养匮缺状况得到改善。

(2)烟气脱硫石膏能快速对围垦滩涂土壤进行脱盐，同时也可以抑制返盐。不同施用量的烟气脱硫石膏在 6 个月后均可不同程度地降低崇明东滩 0～10cm 表层土壤碱化度，60t/hm$^2$ 烟气脱硫石膏处理的碱化度降低幅度最大；施用 60t/hm$^2$ 烟气脱硫石膏 4 个月后即可降低南汇东滩 0～10cm 表层的碱化度。南汇和崇明 0～10cm 表层碱化度均降至 6%以下而 pH 接近中性(7.0)，下层土壤有不同程度的降低或者不受影响。施用烟气脱硫石膏 18 个月后即使遭遇一个多月的干旱，烟气脱硫石膏处理地块的碱化度仍保持在 15%以下。

(3)烟气脱硫石膏可以改变围垦滩涂盐碱土的化学性质，增加草本植物多样性和推动草本植被演替过程。改良前围垦滩涂盐碱地上主要生长着盐生植物芦苇和互花米草，在烟气脱硫石膏施用 18 个月后，草本植物物种数和盖度随着烟气脱硫石膏用量的增加而增加，烟气脱硫石膏处理的地块不仅出现了碱蓬、蒲公英和野艾蒿等盐生植物，还出现了一般围垦多年才会生长的非盐生植物紫花苜蓿和空心莲子草。依靠降雨淋洗及植被自然演替，围垦滩涂土壤的脱盐需要几十年的时间，而烟气脱硫石膏可以利用钙钠置换机制缩短这一脱盐过程。

(4)烟气脱硫石膏可间接提高植物的存活率，其改良后的土壤适合非盐生的乔灌木生长。高用量烟气脱硫石膏处理地块的木本植物存活率明显高于未处理地块。烟气脱硫石膏还能促进乔灌木植物的根系及植株生长(图 4-40，图 4-41)。

图 4-40 崇明示范工程第 3 年(2014 年 10 月)乔木生长的情况

图中人物为 Warren Dick 教授

图 4-41 南汇示范工程第 3 年(2014 年 10 月)灌木生长的情况

图中人物为该项目的主持人李小平教授

# 5 烟气脱硫石膏在矿山修复/复垦上的应用

## 5.1 概　　述

在严格的环境保护和复垦法出台之前，煤矿开采和选煤工业会倾倒大量的煤矸石和洗煤尾矿，形成体积巨大的废弃物堆场；许多露天煤矿也被简单地废弃，未采取起码的复垦措施。由此产生的矿山土壤、废弃物和废岩堆及废弃矿山场地通常会产生大量沉积物和 pH 很低的渗滤液直接排入河流水体。遭受酸性废水污染的土壤，不再适用于庄稼种植，也很难复垦恢复成为牧场或林地。由于废弃矿山和堆场对土壤和水质的严重负面影响，恢复/复垦这些污染场地成为全球关注的环境问题(Sutton and Dick，1987)。

我国于 2011 年 2 月 22 日国务院第 145 次常务会议通过的《土地复垦条例》规定，采矿权人按照矿产资源和土地管理等法律、法规的要求，对在矿山建设和生产过程中，因挖损、塌陷等造成破坏的土地，采取整治措施，使其恢复到可供利用状态的活动。矿山土地复垦主要包括恢复农田、改土造田及土地他用等项。复垦的内容包括塌陷区、采空区充填，尾矿库造田，排土场改土造林及建成新风景观赏区等。上述复垦工程可与开采矿产资源结合进行，也可以在开采后进行。

近年来，美国的科学家和工程师一直在探索烟气脱硫石膏在煤矿废弃堆场修复或复垦上的应用。使用烟气脱硫石膏的生命周期评价(life cycle assessment，LCA)表明，烟气脱硫石膏对温室气体的排放和能量的消耗很小，中性或微碱性的 pH 使之适合于自然的土壤生态，加之相对低廉的运输和土方单位成本，以及稳定的烟气脱硫政策和产品来源，使烟气脱硫石膏成为矿山修复/复垦的环境友好型修复材料。美国国家环境保护局已将烟气脱硫石膏列为土地修复、复垦和重复使用的土壤改良剂(United States Environmental Protection Agency，2007)(图 5-1)。

## 5.2 煤矿废弃物堆场的覆盖和复垦

现代垃圾卫生填埋场，无论是生活垃圾还是工业废弃物，要求当填埋区垃圾/废弃物达到设计填埋高度后必须进行封场覆盖。其目的就是减少渗滤液产生量、抑制病原菌及其传播媒体蚊蝇的繁殖和扩散、控制填埋场恶臭气体和可燃气体散发、提高垃圾/废弃物堆体安全性、增加填埋场生态修复与开垦利用的速度。封场

图 5-1 土壤改良剂修复、复垦和重复使用土地(United States Environmental Protection Agency,2007)

后的垃圾填埋场能否安全运行是衡量封场方案是否具有实用性的重要标志。因此，在封场方案设计过程中，封场方案必须对径流控制、填埋气控制及垃圾渗滤液收集和处理、环境监测等方面进行长期规划。

填埋场封场覆盖层的主要功能是使入渗到垃圾场的地表水量达到最小化，从而减少渗滤液的产生量，因此垃圾/废弃物填埋场覆盖层的设计必须兼顾以下条件：①温度强度；②可能产生干湿交替从而导致土壤发生收缩龟裂，影响覆盖层系统稳定性的降雨强度；③可能会导致某些土壤的破坏或者其他覆盖材料损坏的不均匀沉降；④可能会导致覆盖层破坏的倾斜滑动；⑤植物根系、掘地动物、蚯蚓、昆虫等对土壤的穿透；⑥覆盖层上车辆的行驶；⑦地震引起的变形；⑧风力或水流对覆盖材料的侵蚀等，从而确保填埋场地表径流和融化水能够顺利及时地被排放。

除此之外，还要结合垃圾/废弃物填埋场当地的地形状况和附近花草植物的种类，使封场后的垃圾/废弃物填埋场与周边环境绿化相协调。因此，垃圾填埋场最终封场的设计还必须考虑以下要素：①覆盖系统的整体结构；②覆盖层的渗透率；③地表的坡度；④景观设计；⑤场地下陷时的补救方法；⑥在静态和动态条件下的边坡稳定性。

我国颁布的《一般工业固体废物贮存、处置场污染控制标准》(GB 18599—2001)和《生活垃圾卫生填埋场封场技术规程》(CJJ 112—2007)，规定了一般工业固体废物和生活垃圾填埋场的关闭与封场，以及封场后的填埋场安全稳定、生态恢复、土地利用、保护环境的要求和内容。以生活垃圾填埋场的封场覆盖系统为例，封场覆盖系统结构示意图如图 5-2 所示。

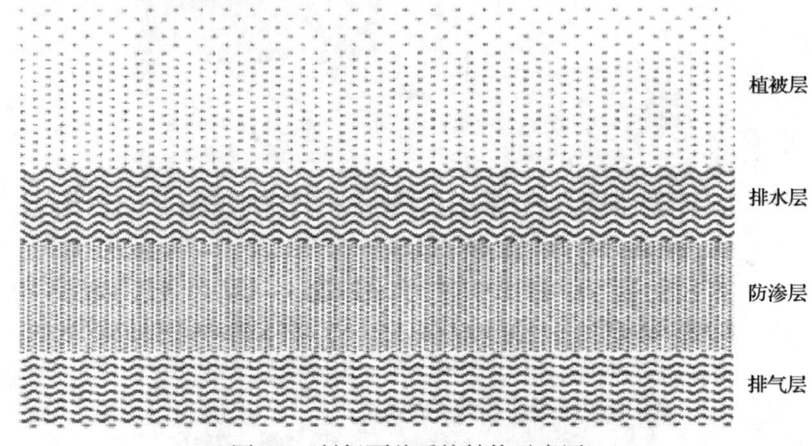


图 5-2　封场覆盖系统结构示意图

烟气脱硫石膏完全可以取代防渗层，成为填埋场覆盖系统中的一个组成部分。美国国家环境保护局也将烟气脱硫石膏作为土地修复、复垦和重复使用的土壤改良剂(United States Environmental Protection Agency，2007)，并试图从实践上解决如下问题：

(1) 安全、经济和环境友好地大规模使用烟气脱硫石膏覆盖/复垦煤矿废弃堆场的可行性。

(2) 烟气脱硫石膏修复/复垦煤矿废弃堆场的实际工程经验。

(3) 鼓励使用烟气脱硫石膏修复/复垦煤矿废弃堆场的激励和公共政策。

美国的科学家和工程师采用毒性特征沥滤方法(USEPA Method 1311——Toxicity Characteristic Leaching Procedure，TCLP)、合成沉淀溶出方法(USEPA Method 1312——Synthetic Precipitation Leaching Procedure，SPLP)和浸出评价综合方法(科森法，Kosson)(Kosson et al.，2002) 3 种测试方法来确定烟气脱硫石膏中有害成分的浸出特性。结果表明：烟气脱硫石膏所有有害成分的浸出浓度一般都低于美国国家环境保护局设置的限值；长期浸出也不会成为矿山修复/复垦的潜在问题。

尽管如此，使用烟气脱硫石膏的矿区或其他区域仍然要进行如下工作。

(1) 水文和地质调查，评价施用场地潜在的影响。

(2) 地表水和地下水的水质调查，评价砷、铝、钡、铍、硼、钙、铬、氯、氟、铁、铅、镁、锰、汞、镍、硒、银、钠、硫酸盐和锌，以及 pH、酸碱度、总可溶解固体等。

(3) 单独绘制每个场地的地质剖面图，研究地质特性与烟气脱硫石膏浸出行为可能的相互作用。

(4) 地表水和地下水流量和流向的季节变化，预测修复/复垦前后的影响。

(5) 制定一个全面的包括采样地点和频次在内的监测计划，监测时间为在修复/复垦完成之后至少 5 年。

烟气脱硫石膏的夯实试验（compaction test）结果如下。

(1) 添加飞灰可以减少烟气脱硫石膏的最大干密度，显著增加其最佳含水量。

(2) 增加石灰只能少许减少烟气脱硫石膏的最大干密度，少许改善其最佳含水量；但石灰可以作为火山灰反应（pozzolanic reaction）的活化剂，显著增加工程强度，满足约束批量填充（confined bulk fills）的要求；但场地具体的坡度稳定性的监测不可或缺。

(3) 增加石灰可以将烟气脱硫石膏覆盖层的透水性降低一个数量级（一般由 $10^{-4}$cm/s 降低至 $10^{-5}$cm/s），但场地具体的地下水总可溶性固体的监测不可或缺。

使用烟气脱硫石膏的生命周期评价（LCA）表明，烟气脱硫石膏对温室气体的排放和能量的消耗很小，中性或微碱性的 pH 使之适合于自然土壤生态。Hg 和其他对环境有害成分浸出的可获取性低，加之相对低廉的运输和土方单位成本，以及稳定的烟气脱硫政策和产品来源，使烟气脱硫石膏成为矿山修复/复垦的环境友好型修复材料。

### 5.2.1 案例一：Otsego 煤矸石堆场

废弃的 Otsego 煤矸石堆场位于美国俄亥俄州马斯京根的门罗镇附近。自 20 世纪 50 年代初开展地下开采以来，在 Wills 河冲积平原上留下了 9acre 的煤矸石堆。该煤矸石堆的东坡曾因不稳定等发生过滑坡，堆场排水的 pH 常年为 3.0（图 5-3A）。

覆盖工程采用距场地 10mile①（英里）的 AEP Conesville 燃煤电厂的烟气脱硫石膏，代替原设计的 3～4in②的自然覆盖土。烟气脱硫石膏的施用量为每英亩 50t（干），相当于 1600t（湿）烟气脱硫石膏，用小型推土机和碟式犁将烟气脱硫石膏混入表面 8in 的煤矸石堆中。工程于 1993 年完成，是第一个采用烟气脱硫石膏实施整体煤矸石堆复垦的案例。

2008 年 7 月俄亥俄州立大学的研究人员和当地政府工作人员对该区域进行了场地调查，没有发现可见的侵蚀现象，场地全部混合覆盖牧草和豆科植物（图

① 1mile=1.609 344km。

② 1in=2.54cm。

5-3B）。酸性废水依然由废弃的地下煤矿向煤矸石堆场两侧排出，但控制煤矸石堆沉积物的目标实现了。该项目虽然没有进行完整的科学研究和调查数据，但 15 年后的目视证据证明，烟气脱硫石膏可以作为自然土覆盖物的替代材料进行复垦（William et al.，2010）。

图 5-3 复垦前后的 Otsego 煤矸石堆场（William et al.，2010）（彩图请见文后图版）

### 5.2.2 案例二：Freeport 煤矸石堆场

废弃的 Freeport 煤矸石堆场位于俄亥俄州科肖克顿拉斐特镇附近，没有矿山历史记录，遗留下 6acre 煤矸石堆。该废弃堆场西部为不稳定边坡，侵蚀物通过一不知名的小溪直接流入 Tuscarawas 河。煤矸石堆 pH 为 3.0 的酸性废水通过渗漏和泉水流入小溪，致使小溪下游数百米的水流 pH 小于 4.0（图 5-4A）。

图 5-4 复垦前后的 Freeport 煤矸石堆场（William et al.，2010）（彩图请见文后图版）

该复垦项目始建于 1995 年 4 月，主要建设内容为 4.5acre 堆场的加固、400ft 长河道的清理，以及烟气脱硫石膏覆盖，图 5-5 为 Freeport 煤矸石堆场烟气脱硫石膏覆盖的工程设计示意图。烟气脱硫石膏的用量为 200t/acre，飞灰的用量为 500t/acre，用小型推土机和碟式或凿式犁与表层废弃物混合，然后覆盖 8ft 的自然土壤，混合播种牧草和豆科植物，其中鸭茅 10lb/acre、多年生黑麦草 5lb/acre、红花苜蓿 5lb/acre、小糠草 5lb/acre、百脉根 5lb/acre、一年生黑麦草 10lb/acre。同时，还在堆场各处播撒弗吉尼亚松、黑杨槐、披针叶类树种。

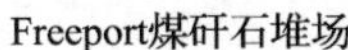


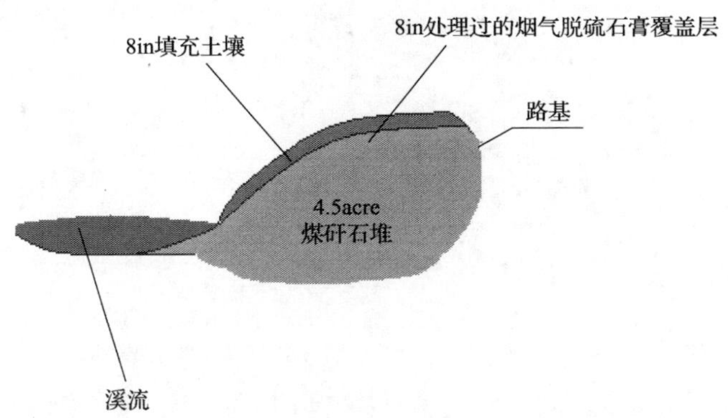


图 5-5 Freeport 煤矸石堆场烟气脱硫石膏覆盖的工程设计示意图(William et al.，2010)

石灰按 3 个不同的时段添加：烟气脱硫石膏和飞灰处理后添加 25t/acre，自然土壤覆盖后添加 25t/acre，植物萌芽出土后再添加 5t/acre。

2008 年 7 月俄亥俄州立大学的研究人员和当地政府工作人员对该区域进行了场地调查，没有发现可见的侵蚀现象，场地全部混合覆盖牧草和豆科植物，煤矸石堆沉积物得到了控制，复垦的煤矸石堆场恢复良好(图 5-4B)(William et al.，2010)。

### 5.2.3 案例三：Rehoboth 废弃煤矸石堆场

该废弃煤矸石堆场位于俄亥俄州佩里克莱顿镇附近，曾有等高开采、洗煤和运输等高强度的工业活动，形成了 65acre 的煤矸石堆(图 5-6)。

图 5-6 复垦前后的 Rehoboth 废弃煤矸石堆场(William et al.，2010)(彩图请见文后图版)

该项目以低渗滤率($10^{-7}$～$10^{-6}$cm/s)烟气脱硫石膏作为水塘的衬底和堆场的覆盖，共计使用了 253 663t 烟气脱硫石膏，复垦了 65acre 煤矸石堆场(图 5-7)。

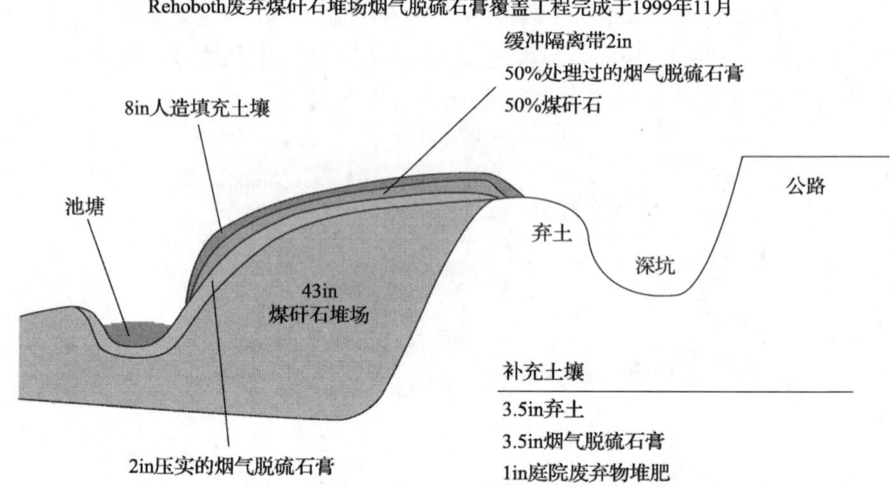


图 5-7 Rehoboth 废弃煤矸石堆场烟气脱硫石膏覆盖的工程设计示意图(William et al., 2010)

2008 年 6 月俄亥俄州立大学的研究人员和当地政府工作人员对该区域进行了场地调查，基本没有发现可见的侵蚀现象，场地全部混合覆盖牧草和豆科植物，煤矸石堆沉积物得到了控制，复垦的煤矸石堆场恢复良好。但是，在某些封闭的区域还是看到侵蚀活动的痕迹(图 5-8)(William et al., 2010)。

图 5-8 Rehoboth 煤矸石堆场水塘的烟气脱硫石膏底衬(A)和复垦后的景观(B)(William et al., 2010)(彩图请见文后图版)

### 5.2.4 案例四：COCCO 煤矸石蓄水池

该煤矿尾矿坝位于俄亥俄州摩根梅格斯维尔镇附近，自 1969 年开采以来已经堆存了高 250ft、体积 3600acre-ft(英亩-英尺)的细颗粒煤矸石、沉积物和废弃煤泥。

该复垦项目的主要目标是在尾矿坝下游大坝表面覆盖 4ft 的无毒碱性隔离材料，有效地减少空气和水的渗透性，同时恢复大坝表面的生态环境。经过研究和试验，最终确定了 30in 烟气脱硫石膏+18in 土壤的覆盖方案(图 5-9A)。

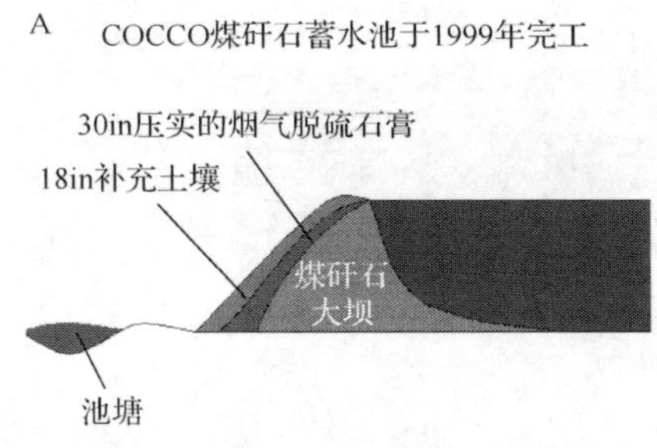

图 5-9 COCCO 煤矿尾矿坝烟气脱硫石膏覆盖的工程设计示意图(A)和复垦后 2008 年尾矿坝表面的生态恢复(B)(William et al.，2010)(彩图请见文后图版)

该项覆盖工程建设周期为 1999 年 5～9 月，在 20acre 的尾矿坝表面使用了 75 000t 烟气脱硫石膏，并于 1999 年 9 月和 10 月进行了植被种植。

2008 年 6 月俄亥俄州立大学的研究人员和当地政府工作人员对该区域进行了场地调查，没有发现可见的侵蚀现象，场地全部混合覆盖牧草和豆科植物，复垦的尾矿坝表面生态恢复良好(图 5-9B)(William et al.，2010)。

### 5.2.5 案例五：Conesville AML Highwall 的修复

该露天煤矿位于俄亥俄州科肖克顿富兰克林附近，始建于 20 世纪 60 年代，矿山堆场逐渐形成了高 140ft、长 1800ft、占地 30acre 的高堑侧壁。堆场底部排出 pH3.0，100gal/min①的酸性废水。

2004 年 1 月启动该复垦项目，使用了大约 170 万 t Conesville 电厂的烟气脱硫石膏回填这个危险的“峡谷”，并在烟气脱硫石膏上面覆盖 12in 土壤，种植牧草和豆科植物(图 5-10，图 5-11)。

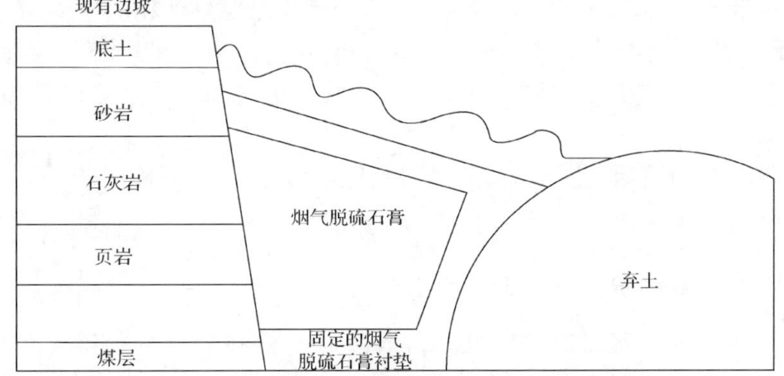


图 5-10 Conesville AML Highwall 复垦工程项目示意图(William et al.，2010)

① 1gal/min=3.785L/min，也称为 gpm。

图 5-11　Conesville AML Highwall 复垦前后的对比(William et al.，2010)(彩图请见文后图版)

2008 年 6 月俄亥俄州立大学的研究人员和当地政府工作人员对该区域进行了场地调查，30acre 废弃矿坑有 60%左右部分恢复，全部恢复的面积为 3～4acre。在恢复区域没有发现可见的侵蚀现象，全部混合覆盖牧草和豆科植物。2009 年 5 月安装第一个系列的地下水监测井(MW-0901、MW-0902、MW-0903、MW-0904、MW-0905 和 MW-0906)，开始进行水质监测项目建设。另外三个(MW-1001、MW-1101D 和 MW-1101S)已于 2010 年和 2011 年安装。水质监测于 2009 年 12 月开始。俄亥俄州自然资源部批准在这个项目中使用燃煤副产物的申请后，2011 年 8 月开始进一步复垦项目的施工现场准备。2011 年 7 月收到陆军工程集团、美国鱼类和野生动物保护中心，以及俄亥俄州环境保护署的许可证批准，预计 2016 年年底建成。

这是第一个利用烟气脱硫石膏回填和复垦废弃矿山高堑侧壁的项目，目前已建成(William et al.，2010)。

### 5.2.6　案例六：Rock Run Valley 的修复

1995～1996 年，经过对美国 Rock Run Valley 煤矸石堆场一年水文学和水量平衡研究，决定采用河道分流和 FGDG 副产品覆盖的方法进行复垦，并在 1999 年建成地下水渗漏的被动处理系统(石灰石明渠+连续碱生产系统 SAPS)。2000～2001 年，复垦 5 年之后又进行了水文学研究，此处主要讨论三个重要的方面(图 5-12～图 5-14，表 5-1)。

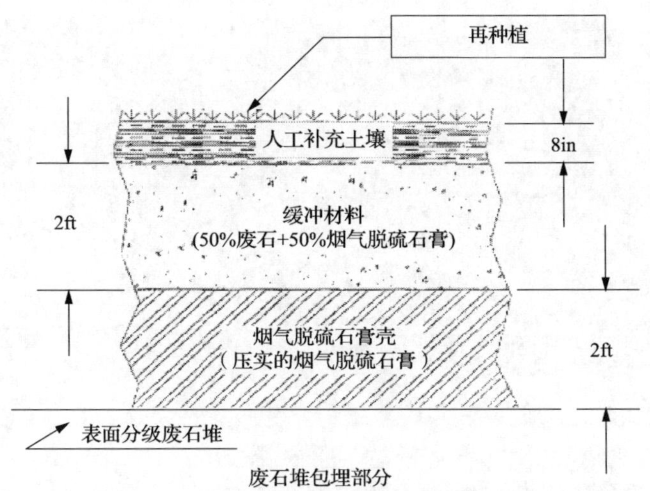


图 5-12 Rock Run Valley 煤矸石堆场覆盖方案(William et al.，2012)

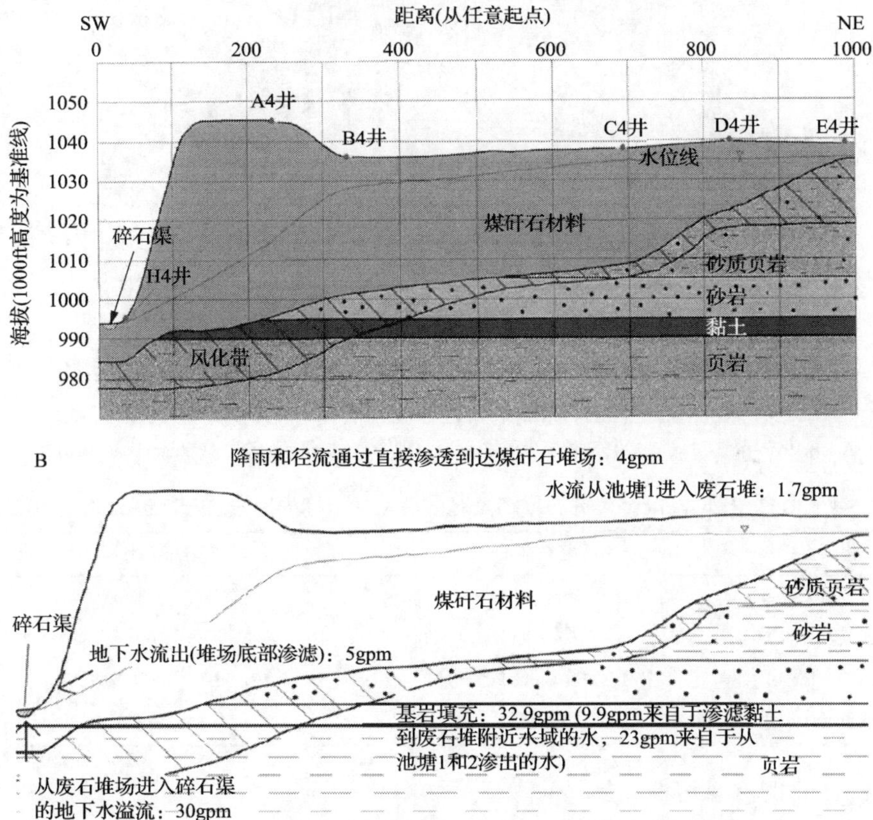


图 5-13 Rock Run Valley 煤矸石堆场剖面(A)和水文分析(B) (Wlliam et al.，2012)

图 5-14　Rock Run Valley 煤矸石堆场修复前后的对比(彩图请见文后图版)

A、B.1996 年施工时；C.2001 年修复后的排水渠；D.2001 年修复后的全景(William et al.，2012)

**表 5-1　Rock Run Valley 煤矸石堆场复垦前后化学指标的比较**(William et al.，2012)

| 化学指标 | 复垦前 | 复垦后 |
|---|---|---|
| pH | 2.9 ~ 3.5 | 4.1 ~ 6.3 |
| 酸度/(mg/L) | 105 ~ 360 | 46 ~ 100 |
| 总 Fe/(mg/L) | 46 ~ 180(40% $Fe^{2+}$) | 9(0% $Fe^{2+}$) ~ 80(48% $Fe^{2+}$) |
| 酸负荷/(lb/d) | 290 ~ 2700 | 16 ~ 122 |

(1)废物的可渗透性。

(2)表面下渗到煤矸石堆。

(3)周边地带的水文学。

复垦前后的数据对比得出如下结论。

(1)堆场补给水的水量和水头减少了60%，地下水水位平均下降3.4m(最大7m)。

(2)河道分流减少了98%的补给水。

(3)FGDG覆盖仅减少了2%的补给水(William et al.，2010)。

### 5.2.7　烟气脱硫石膏：煤矸石碱基改良剂

美国宾夕法尼亚州有一个4000万t的La Belle煤矸石堆场，占地300acre。考虑到堆场坡度的稳定性及对周边水体的影响，宾夕法尼亚州环保署决定使用Mitchell电厂的烟气脱硫石膏混合物(75%烟气脱硫石膏、24%飞灰和1%干石灰)作为坡面稳定剂和覆盖物。该混合物形成的低渗透改性水泥材料(LCP)，具有200psi①的平均强度和$1\times10^{-7}$cm/s的平均渗透系数。1998年工程实施后，由第三方检测机构测定的可渗透性为$3.3\times10^{-8}\sim2.1\times10^{-6}$cm/s。

2006年有关研究人员的测量结果表明，烟气脱硫石膏直接与煤矸石接触8年，没有发现对周边水体一般矿山特有的水质影响；渗滤液中Fe、Mn、Al和硫化物有所增加，水质显著改善。采用这种材料作为堆场坡度稳定剂和碱基覆盖物，可以对地下水和地表水环境和公共安全产生有益的影响。图5-15给出了1998年施工时的场景和2006年生态恢复的情况。图5-16给出了典型的工程断面和烟气脱硫石膏的实际工程量(Vories and Harrington，2006)。

图5-15　La Belle煤矸石堆场施工现场(1998年，A~C)及生态恢复情况(2006年，D)(Vories and Harrington，2006)(彩图请见文后图版)

① psi：压力单位，磅每平方英寸。1psi=0.06895bar＝6.895kPa

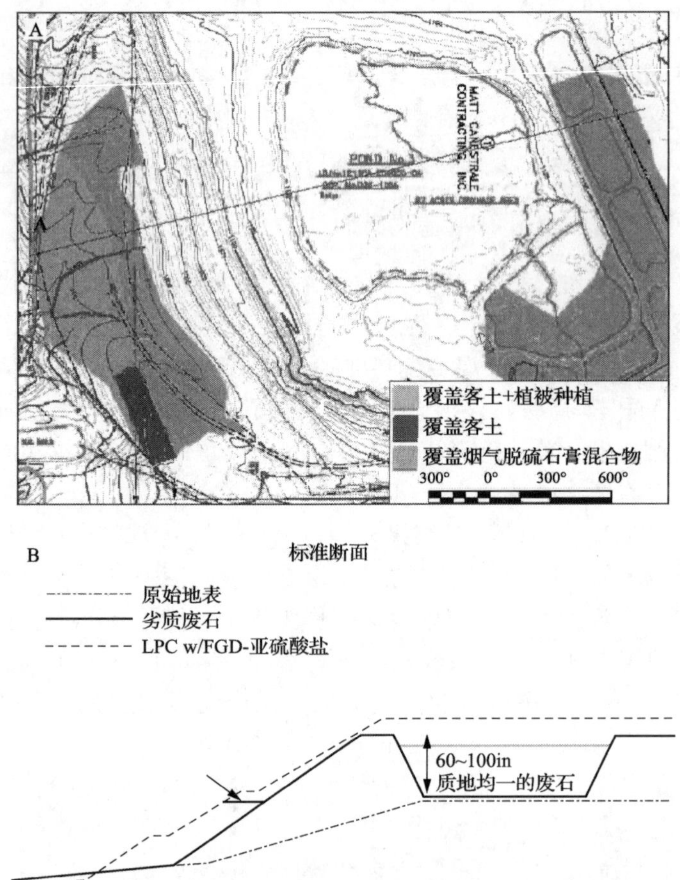


图 5-16　La Belle 煤矸石堆场的施工图(A)和施工断面(B)(Vories and Harrington，2006)

(彩图请见文后图版)

LPC：低渗透性改性水泥材料

## 5.3　复垦后 20 年的变化：Fleming 露天煤矿

Fleming 废弃的露天煤矿位于俄亥俄州塔斯卡罗互斯富兰克林附近，1962 年开采以来形成一个中心 10hm$^2$ 裸露的高度侵蚀的煤屑底黏土层，四周 20hm$^2$ 的煤矸石堆废弃物堆场。该堆场产生大量沉积物和由硫酸铁氧化形成的酸性废水(pH = 2.4～3.9)，并经常引发水患，每年向当地汇水区排放 450t/acre 的泥沙。植被自然恢复几乎不可能。

### 5.3.1　修复方案设计、试验材料和采样方法

该复垦项目始建于 1994 年秋季，主要目的是复垦和修复(稳定)30hm$^2$ 的堆场，

减少对场外区域的沉积物排放。试验共设 3 个规模为 $0.4hm^2$ 的不同处理。

(1)空白处理，采用传统的石灰石铺垫($167t/hm^2$)和 20cm 的客土土壤覆盖(SOIL)。

(2)$280t/hm^2$ 的烟气脱硫石膏+ 20cm 凿犁翻耕(FGDG)。

(3)$280t/hm^2$ 的烟气脱硫石膏+ $112t/hm^2$ 的庭院垃圾+ 20cm 凿犁翻耕(FGDG/C)。

堆场的其余部分按处理(3)实施复垦。另外还设置一个规模为 7acre 的处理(FGDG/C)地块，专门用于地下水的监测(图 5-17)。

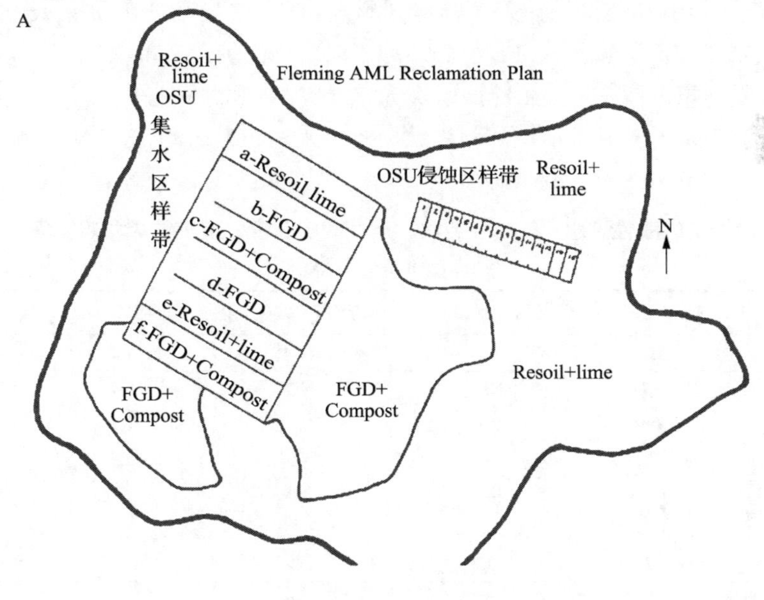


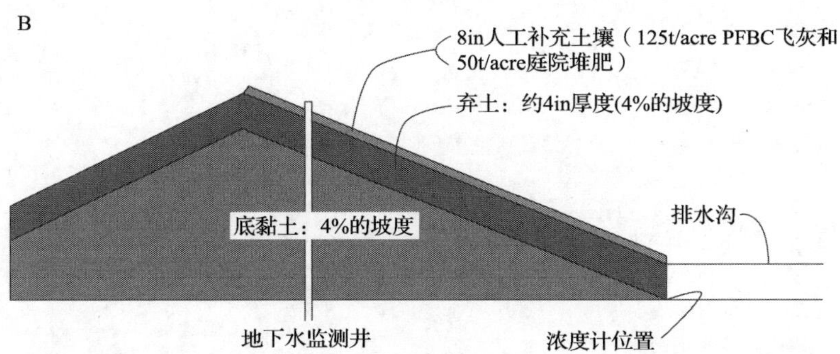


图 5-17 Fleming 废弃的露天煤矿复垦试验设计：平面布置(A)和截面图(B)(Stoertz et al; 2006)

OSU 汇水区样带：处理 a 和 e，Resoil+lime($167t/hm^2$石灰石铺垫和 20cm 的客土土壤覆盖)；处理 b 和 d，FGDG [$280t/hm^2$ 的烟气脱硫石膏+20cm 凿犁翻耕(FGDG)]；处理 c 和 f，FGDG+Compost[$280t/hm^2$ 的烟气脱硫石膏 +$112t/hm^2$ 的庭院垃圾+20cm 凿犁翻耕(FGDG/C)]OSU 侵蚀样带：1～15，坡度 4%

1994 年 11 月，在烟气脱硫石膏和庭院发酵垃圾被混入堆场表面 20cm 试验地块中，混种 60kg/hm$^2$ 鸭茅、梯牧草、一年生黑麦草、白花三叶草、百脉根和冬小麦。种植的物种和数量由俄亥俄州立大学自然资源学院提供。

该项目采用位于 Pontiac Michigan 通用汽车的燃煤电厂的烟气脱硫石膏，因为该电厂使用俄亥俄州的煤和石灰脱硫。试验涉及的酸性排水、矿山废弃物、烟气脱硫石膏、庭院垃圾肥料和客土的 pH，关注的营养元素和重金属元素的数据如表 5-2 所示。采样设施如图 5-18 所示。1995 年、1996 年和 1998 年的植物生长季节(4～8 月)周期性地采集表面径流和渗滤液；2008 年只采集渗滤液；2011 年 4 月和 2014 年 5 月，采集表面径流和渗滤液。采集的水样测量 pH 和电导率(EC)，以及 0.45μm 膜过滤后的 Ca、S、Mg、K、B、Fe、Mn、Al、As、Ba、Be、Cd、Cr、Cu、Hg、Pb、Sb 和 Se 元素含量。除 Hg 采用冷原子荧光法(CVAFS)测量之外，其余元素采用电感耦合等离子体原子发射光谱法测量。数据统计采用方差分析法(ANOVA) (Chen et al.，2015a)。Fleming Surface Mine 复垦前后的对比如图 5-19 所示。

**表 5-2　试验涉及的酸性排水、矿山废弃物、烟气脱硫石膏、庭院垃圾肥料和客土的质量**
(Stoertz et al.，2006)

| 参数 | | 排水/(mg/L) | 废弃土/(g/kg) | FGDG 产品/(g/kg) | 堆肥/(g/kg) | 客土/(g/kg) |
|---|---|---|---|---|---|---|
| pH | | 2.4 | 3.1 | 12.4 | 7.4 | 4.3 |
| 常量元素 | N | ND | ND | ND | 8.4 | ND |
| | P | 0.4 | 0.7 | 0.3 | 1.5 | 0.4 |
| | K | 2.3 | 23.6 | 3.6 | 5.6 | 23.5 |
| | Ca | 67.5 | 0.4 | 261 | 16.9 | 0.7 |
| | Mg | 48.0 | 5.0 | 36.5 | 3.5 | 5.3 |
| | S | 631 | 10.2 | 123 | ND | 0.6 |
| 微量元素 | B | < 0.006 | ND | 418 | 39.1 | ND |
| | Cu | 1.22 | 26.8 | 49.5 | 69.0 | 62.8 |
| | Fe | 336 | 55 700 | 59 000 | 17 700 | 39 600 |
| | Mo | < 0.018 | 14.0 | 22.4 | 27.8 | < 0.2 |
| | Ni | 1.58 | 28.5 | 78.8 | 383 | 44.8 |
| | Zn | 2.38 | < 0.3 | 112 | 108 | 138 |
| 关注元素 | As | 0.015 | 46.3 | 71.5 | 11.5 | 5.5 |
| | Ba | 0.004 | 701 | 204 | ND | 503 |
| | Cd | < 0.003 | 0.8 | 1.5 | < 0.2 | 3.3 |
| | Cr | 0.064 | 94.4 | 42.2 | 284 | 95.6 |
| | Pb | < 0.000 2 | 78.0 | 17.4 | 26.0 | 15.9 |
| | Se | 0.018 | 4.5 | 8.6 | 0.3 | < 0.7 |

注：ND 表示未检测；pH 无纲量

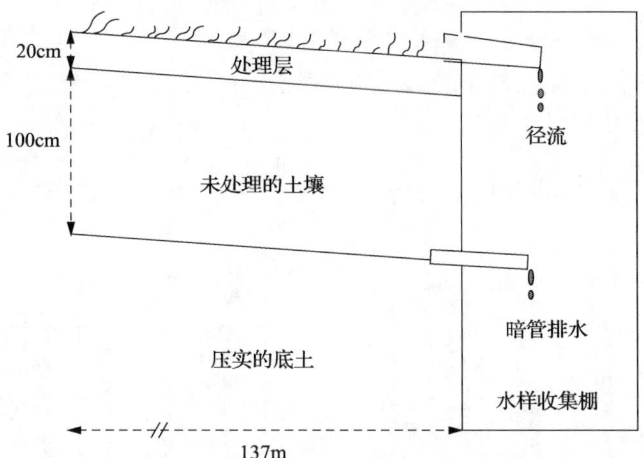


图 5-18 Fleming Surface Mine 复垦的采样方法示意图(Chen et al.，2015a)

图 5-19 Fleming Surface Mine 复垦前后的对比(彩图请见文后图版)

A.复垦前(1993 年)；B.复垦后的渗漏监测站(2008 年)；C.复垦后(2008 年)(Chen et al.，2015a)

### 5.3.2 烟气脱硫石膏对表面径流和渗滤液水质的影响

图 5-20～图 5-22 给出了 Fleming Surface Mine 复垦后 3 种不同处理(土壤 SOIL，脱硫石膏 FGDG 和脱硫石膏+堆肥 FGDG/C)随时间(20 年)对表面径流和渗滤液水质的影响(Chen et al.，2015a)。

这项研究证明，使用烟气脱硫石膏复垦酸性煤矸石堆是完全成功的。复垦之后 20 年表面径流和渗滤排水的监测结果表明，使用烟气脱硫石膏没有任何潜在的负面影响。表面径流和渗滤排水 pH 在 20 年间一直分别恒定在 7 以上和 5 以上；Ca、S 和 B 在表面径流和渗滤排水中的浓度先升后降，其他环保法规关注的元素都没有因使用烟气脱硫石膏而增加。

需要指出的是，极少有研究人员会在 20 年后回到最初复垦的现场重新采集样品，评价烟气脱硫石膏等材料的长期复垦效果，而这对日益增长的矿山修复/复垦有巨大的实践意义和科学价值。

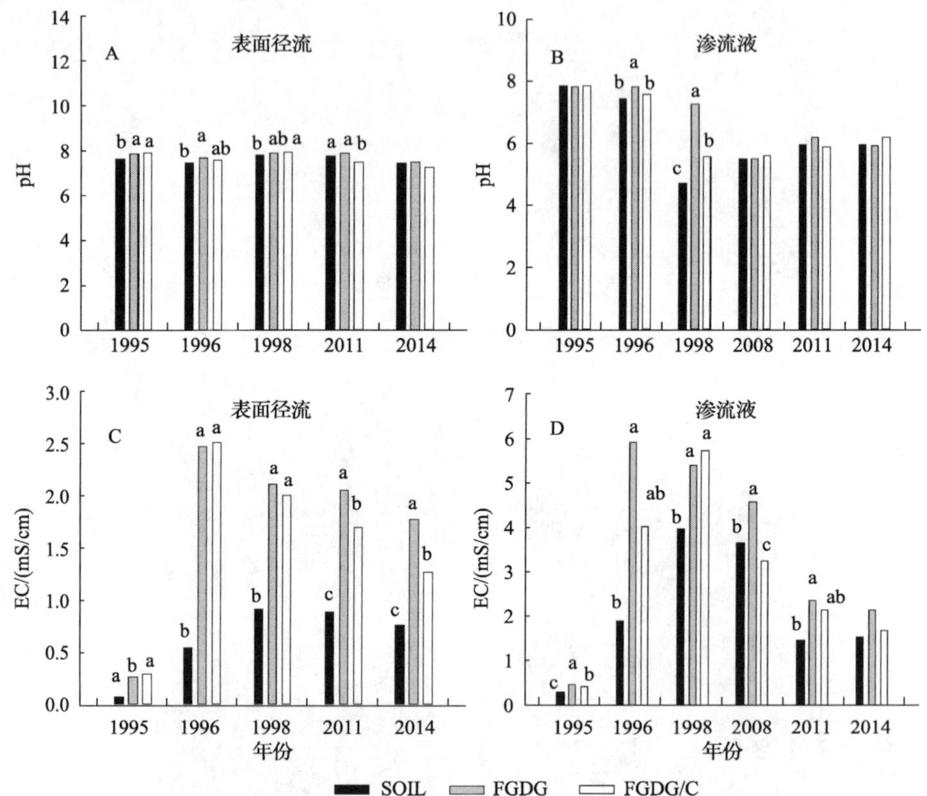


图 5-20　不同处理表面径流（A、C）和渗滤液（B、D）pH 和电导率（EC）随时间的变化（Chen et al., 2015a）

图中同年柱状图上有相同字母或没有字母表示无显著性差异（$P \leqslant 0.05$）

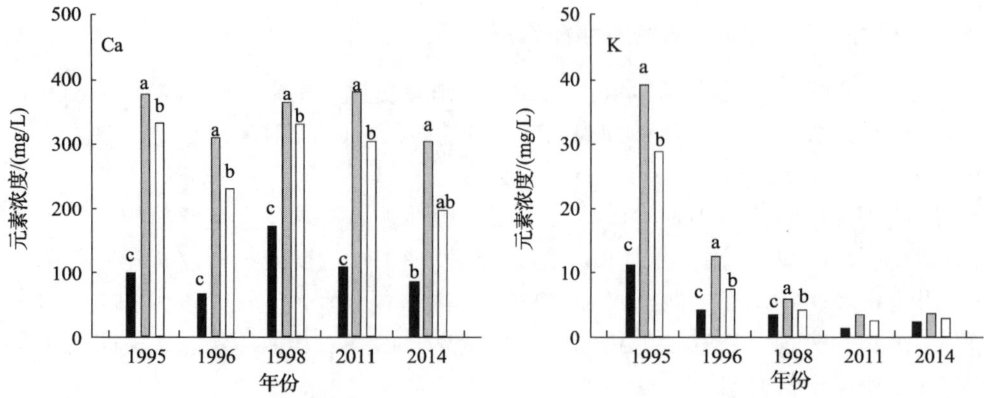

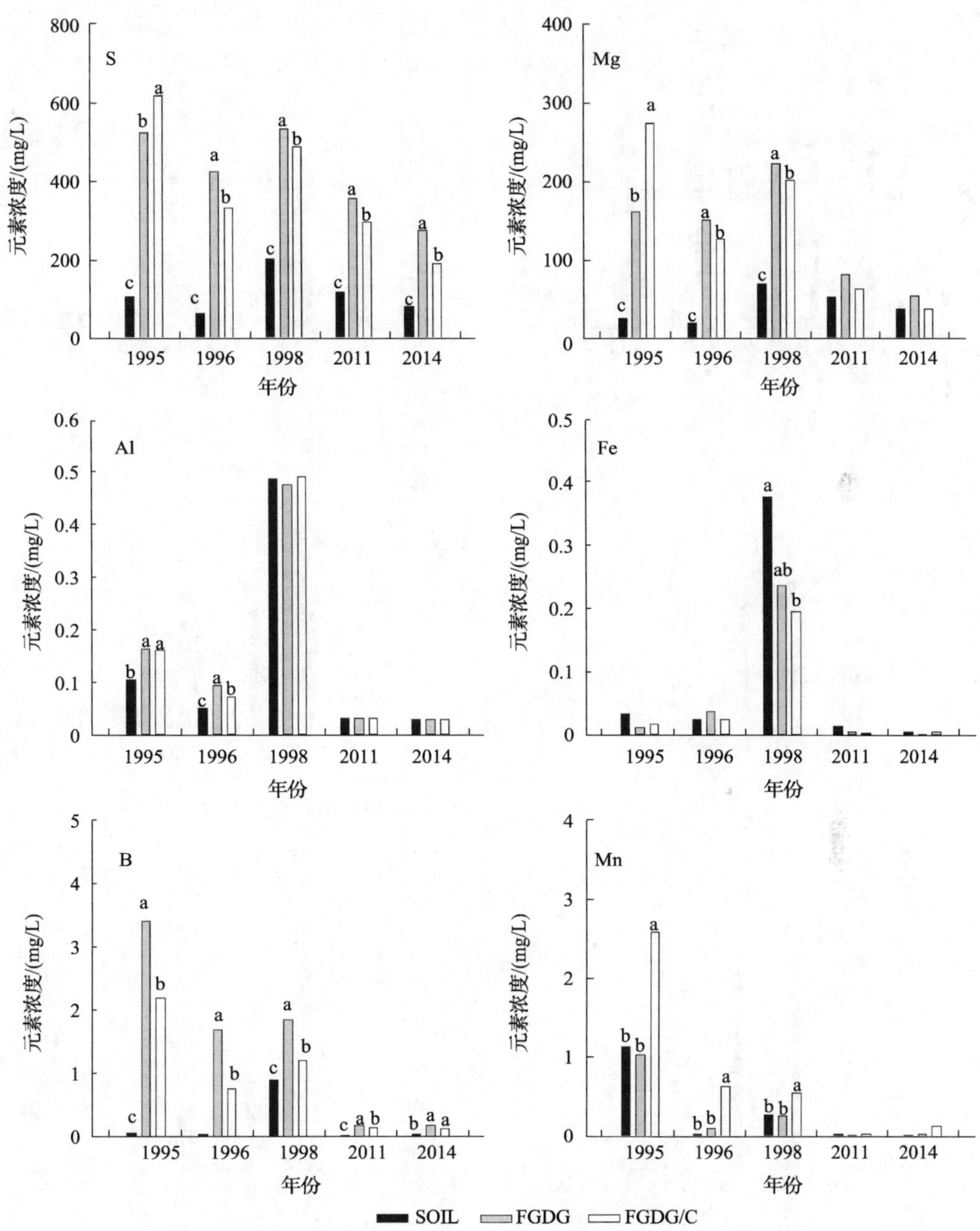


图 5-21 不同处理表面径流中关注元素随时间的变化(Chen et al., 2015a)

图中同年直方柱上有相同字母或没有字母表示无显著性差异($P\leqslant0.05$)

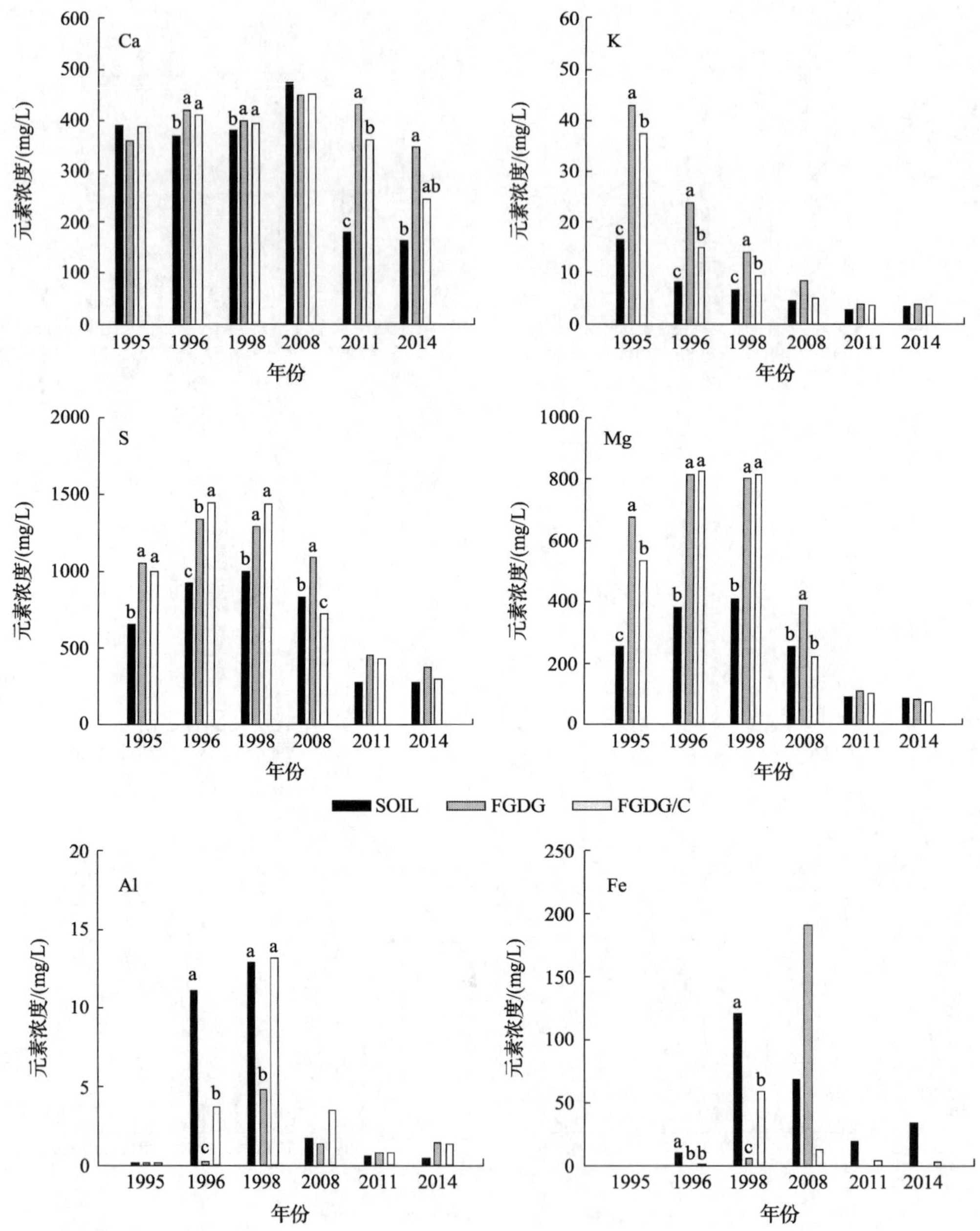

Ca
K
S
Mg
Al
Fe
元素浓度/(mg/L)
年份
1995 1996 1998 2008 2011 2014
SOIL FGDG FGDG/C

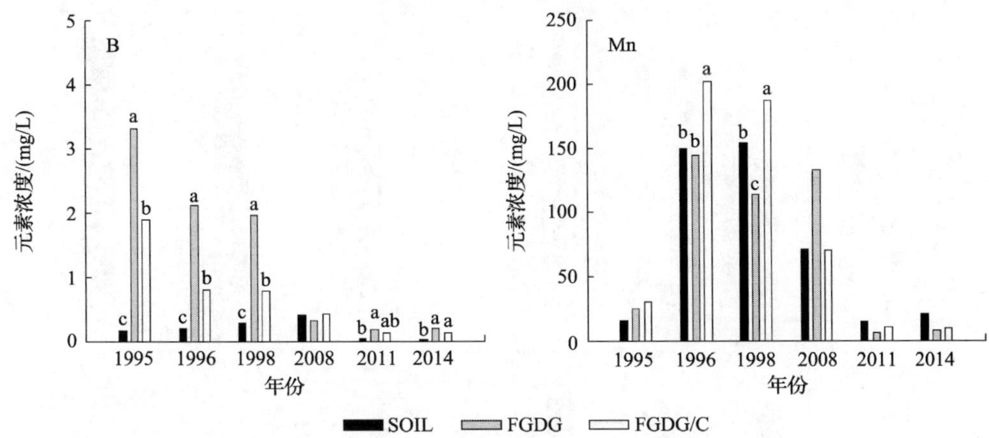


图 5-22　不同处理渗滤液中关注元素随时间的变化(Chen et al.，2015a)

图中同一年直方柱上有相同字母或没有字母表示无显著性差异($P≤0.05$)

## 5.4　烟气脱硫石膏对污染土壤重金属的修复

烟气脱硫石膏是燃煤电厂烟气脱硫工艺中产生的合成副产品。由于来源丰富、粒径均一，理化性质与天然的矿质石膏相似及纯度高，烟气脱硫石膏有一些有益的应用，如作为水泥生产、墙板制造的原材料和作为土壤修复剂的农业实践。由于含有较高的$Ca^{2+}$和$SO_4^{2-}$，以及烟气脱硫石膏的碱性行为，它能够在土壤中通过沉降、吸附、阳离子交换尤其是形成稳定的矿质复合物来固定二价重金属。

### 5.4.1　对围垦滩涂重金属 Cd/Pb 的修复

李贤等(2013)以烟气脱硫石膏为改良剂，在实验室中采用土柱淡水淋洗的方法，探讨降低围垦滩涂土壤中重金属镉(Cd)、铅(Pb)污染物的方法。结果如下。

(1)经过烟气脱硫石膏淋洗，围垦农田土壤中重金属 Cd 和 Pb 的含量都得到大幅度降低。在所有 21 个处理中，表层(0～30cm)土壤中 Cd 和 Pb 的最高去除率分别达到 52.7%和 30.5%(图 5-23)。淋洗主要去除可交换态和碳酸盐结合态的 Cd 和 Pb，而且经过淋洗，土壤中可氧化态 Pb 的含量增加。烟气脱硫石膏淋洗几乎去除了围垦农田土壤中所有的可交换态和碳酸盐结合态的 Cd 和 Pb，表明这种修复方法可以有效降低围垦农田种植食用性作物的风险(表 5-3)。

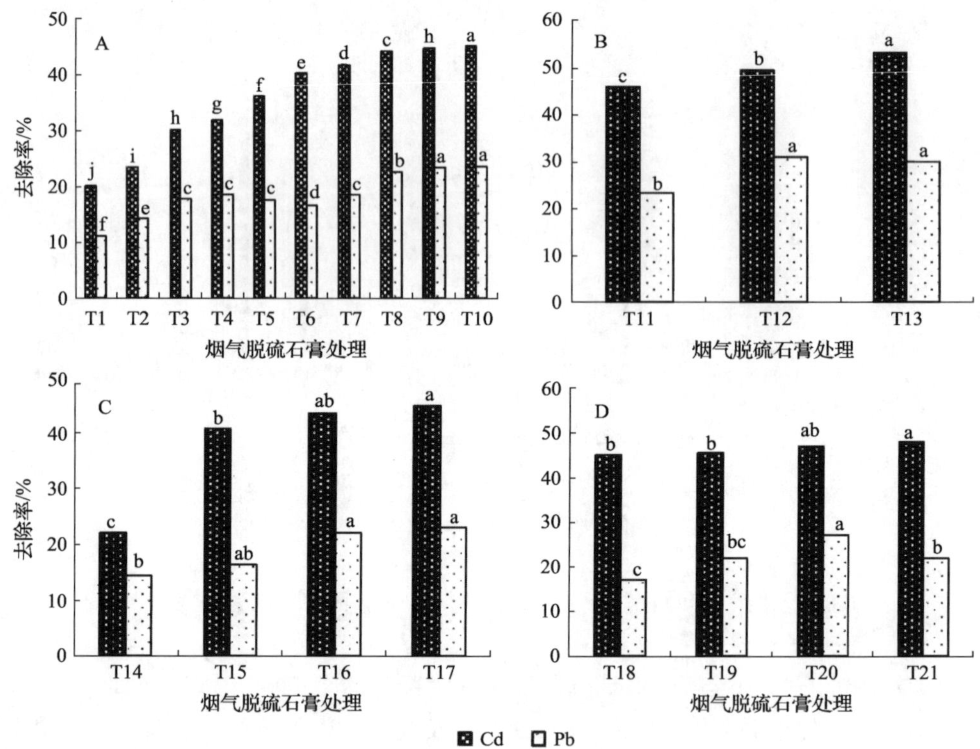


图 5-23 土柱 10 ~ 30 cm 土层 Cd 和 Pb 的去除率(李贤等，2013)

A.不同烟气脱硫石膏施加量；B.不同石膏施加次数；C.每次不同淋洗用水量；D.不同淋洗间隔时间。字母 a ~ j 表示显著差异($P<0.05$)，每个图中对比仅在同种元素之间进行

**表 5-3 淋洗前后土壤重金属形态变化** (单位：mg/kg 干重)

| 重金属 | | 可交换态 | 碳酸盐结合态 | 可还原态 | 可氧化态 | 残余态 |
|---|---|---|---|---|---|---|
| Cd | CK | 1.03±0.21a | 0.49±0.23a | 0.18±0.09a | 0.02±0.06a | 0.96±0.17a |
| | T10 | 0.05±0.00b | 0.01±0.00b | 0.08±0.00b | 0.05±0.02b | 1.15±0.21a |
| Pb | CK | 15.47±3.19a | 2.08±0.82a | 5.16±2.11a | 1.36±0.97b | 11.75±1.40a |
| | T10 | 1.93±0.07b | 0.12±0.00b | 5.37±0.08a | 4.00±0.18a | 12.63±0.39a |

注：表中数据为平均值±标准差；CK 表示淋洗前的土壤；同一列内不同字母表示显著差异($P<0.05$)

(2)重金属的去除率与烟气脱硫石膏施加量和每次淋洗所用水量相关，同时受到石膏施加次数和淋洗时间间隔的影响。烟气脱硫石膏最佳施加量为 7.05kg/m$^2$，每次淋洗时最佳用水量为 217.74L/m$^2$，最佳淋洗时间间隔为 20 天。通过施加 2 或 3 次石膏可以增加去除率。从表层土壤中淋洗出来的重金属吸附在 30～70cm 层土壤中。

仅用淡水淋洗围垦滩涂土壤，只有少量的可交换态重金属可被淋洗掉。实验结果表明，烟气脱硫石膏在可交换态重金属的去除中发挥了重要作用，强化了淋洗的效果。这种淋洗方式有利于原位修复受 Cd 和 Pb 污染的围垦土壤，并可以综合利用工业副产物烟气脱硫石膏。

### 5.4.2 重金属在燃煤烟气脱硫石膏改良盐碱土壤中的迁移

王淑娟等(2013)通过土柱淋滤试验，分析研究了加入不同剂量烟气脱硫石膏的盐碱土不同土层中重金属 Pb、Cd、Cr、As、Hg 的含量分布。结果显示，As、Hg、Cd 在蒸馏水溶淋作用下表现出向土壤深处迁移的趋势(图 5-24)，因此，在一定的浓度范围内施用烟气脱硫石膏，在雨水的冲刷作用下，不会导致严重的土壤 As 污染，且 As 多集中在下层土壤中，不会引起表土层作物根系的吸收；Cr 随深度分布比较均匀，Pb 的分布则呈现顶层多、深处少的趋势(图 5-24)。可能的原因是烟气脱硫石膏对重金属有解析效果，能不同程度地降低土壤对重金属的吸附(童泽军等，2009)。

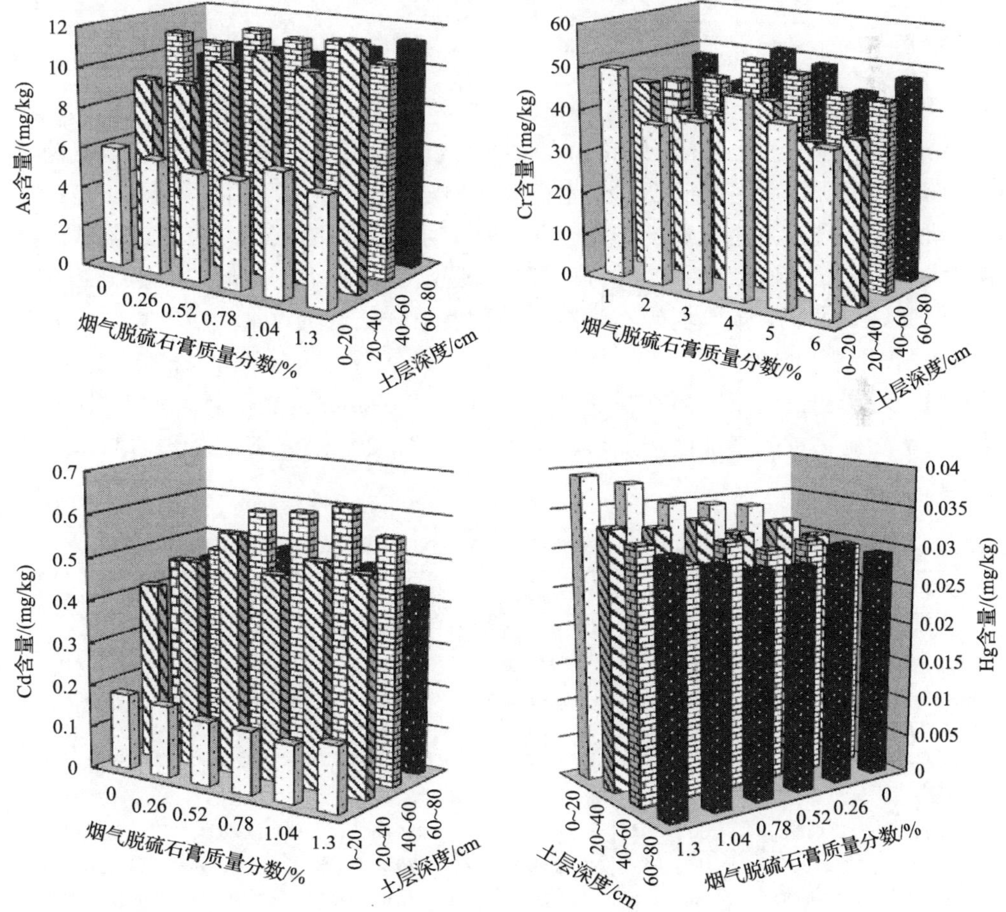

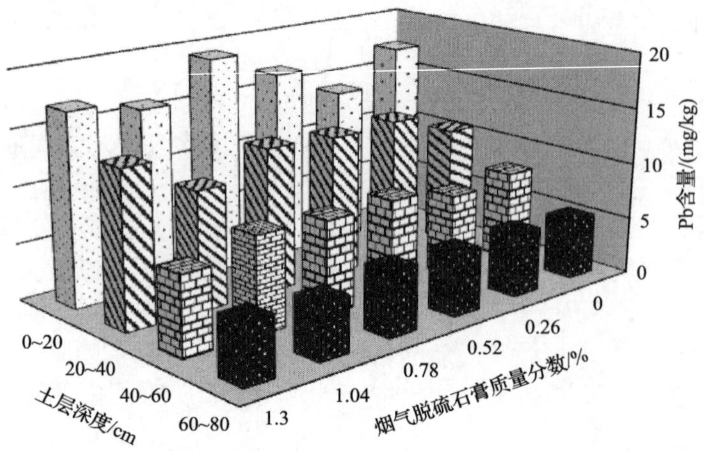


图 5-24　不同土层重金属(Pb、Cd、Cr、As、Hg)含量分布(王淑娟等，2013)

童泽军等(2009)以滩涂围垦的农田土壤为对象，在离心管中称取 20.0g 过 0.25mm 筛土样，加入 20ml 水和不同量的烟气脱硫石膏，在室温下于恒温振荡器中振荡，风干研碎后用原子吸收分光光度法测定重金属含量，并用 Tessier 连续提取法研究了处理前后重金属的形态变化。研究了烟气脱硫石膏对广州市南沙滩涂围垦土壤重金属的解吸效果，并分析了烟气脱硫石膏对重金属形态的影响。

研究结果表明，烟气脱硫石膏能不同程度地降低土壤对重金属的吸附，其解吸效果由大到小的顺序为：Cd、Cu、Ni、Zn、Pb、Cr。随着处理量的增加，重金属含量表现出先快速下降后平缓的趋势，2.02～8.08g/kg 的施用量解吸效果明显，且解吸率随施用量的增加而增加。施用量为 8.08～20.2g/kg 时各处理解吸率变化不大(表 5-4)。

**表 5-4　不同剂量烟气脱硫石膏对 Cd、Cu、Ni、Zn、Pb 和 Cr 的解析效果**

| 处理 | Zn/(mg/kg) | Pb/(mg/kg) | Cr/(mg/kg) | Ni/(mg/kg) | Cu/(mg/kg) | Cd/(mg/kg) |
|---|---|---|---|---|---|---|
| CK | 141.9aA | 54.7aA | 95.7aA | 41.3aA | 55.4aA | 1.09aA |
| 2.02g/kg | 141.1aA | 54.2abA | 94.1bB | 40.7aAB | 50.9aA | 1.02aAB |
| 4.04g/kg | 139.6aA | 53.6abA | 93.4bcB | 39.4bB | 49.8bB | 0.89bBC |
| 6.06g/kg | 134.0bB | 53.2aB | 93.0bcB | 38.5bB | 47.9cC | 0.89bBC |
| 8.08g/kg | 129.3cBC | 51.3cB | 91.7bcB | 37.5cBC | 47.6cC | 0.79bcC |
| 10.1g/kg | 129.4cBC | 50.3cdB | 90.4cBC | 36.4cBC | 47.4cCD | 0.76cC |
| 12.1g/kg | 127.6cDC | 50.1cdB | 88.0cBC | 36.6dC | 46.9cdCD | 0.79cC |
| 14.1g/kg | 126.7cdCD | 50.0dB | 87.8cdC | 36.5dC | 46.9cdCD | 0.81cC |
| 16.2g/kg | 125.3deCD | 50.0dB | 87.7cdC | 36.0dC | 47.3cCD | 0.83cC |
| 18.2g/kg | 124.7deCD | 49.9dB | 87.7dC | 35.7dcD | 45.6dD | 0.83cC |
| 20.2g/kg | 121.7eD | 49.7dB | 87.2dC | 35.1dD | 45.6dD | 0.80cC |

注：大写字母 A、B、C 表示极显著差异($P < 0.01$)，小写字母 a、b、c 表示显著差异($P < 0.05$)

比较处理前后重金属的形态变化(图 5-25)，发现烟气脱硫石膏能大幅降低土壤对重金属的吸附，尤其是重金属可交换态和碳酸盐结合态，各重金属的可交换态解吸率均达 50%以上，并且重金属碳酸盐结合态含量也减少。经振荡离心可以降低重金属在滩涂围垦土壤中的生物可利用性和毒性。

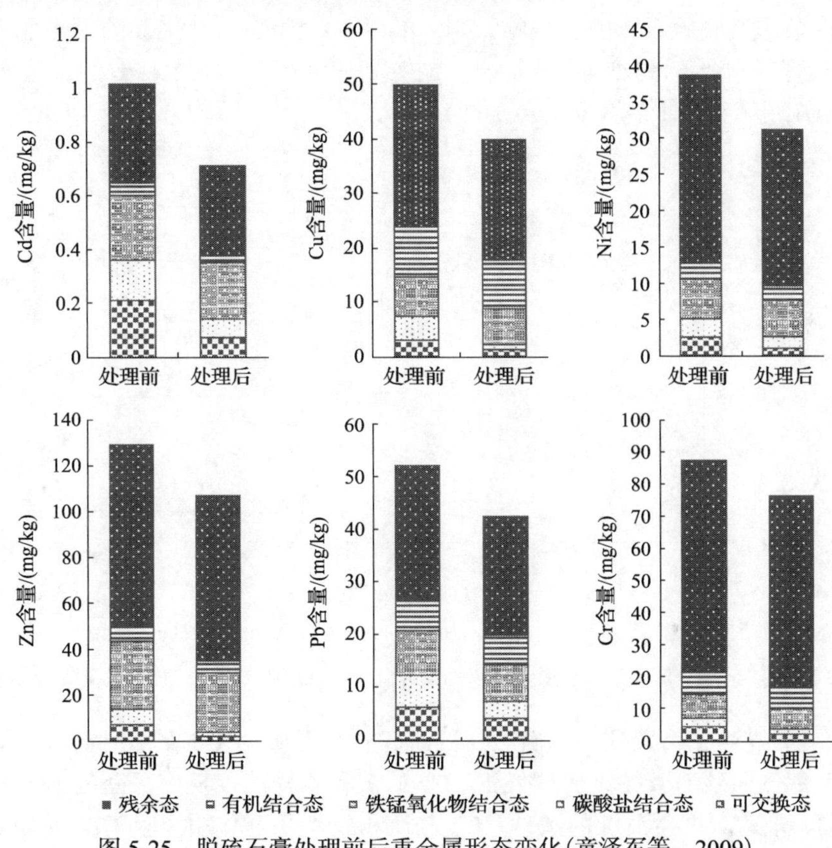


图 5-25　脱硫石膏处理前后重金属形态变化(童泽军等，2009)

Chen 等(2015)通过土柱渗滤试验研究烟气脱硫石膏的加入对土壤属性尤其是土层重金属(Pb、Cd、Cr、As 和 Hg)的剖面分布。结果显示，As、Cd 浓度通过渗滤随着土柱深度的增加而增加，而 Pb 和 Hg 浓度由于它们的移动性较差主要滞留在表层。

### 5.4.3　烟气脱硫石膏对重金属污染沉积物中 Cd/Cu 的稳定固定化作用

王瑶等(2010)研究了掺杂不同比例烟气脱硫石膏的沉积物中 Cd 的吸附热力学特征及其稳定固化效果。结果表明，吸附体系掺杂烟气脱硫石膏后的 pH 升高，促进 Cd 与固相介质之间由吸附向沉淀的转化，使重金属污染沉积物中 Cd 的稳定固化作用提高。

利用 Langmuir 等温线对掺杂不同比例烟气脱硫石膏的沉积物吸附 Cd 的热力学数据进行拟合，结果如图 5-26 所示。除沉积物原样为 0.95 外，5 种掺杂比例下拟合的相关系数均大于 0.99，显著性水平 $P \leqslant 0.02 (n=6)$，说明 Langmuir 等温线能描述掺杂烟气脱硫石膏的沉积物吸附 Cd 的热力学过程，且 Cd 的吸附能力随烟气脱硫石膏掺杂比例的增加而增大，当掺杂比例为 25%时，Cd 的最大吸附量(38.33mg/L)接近于原样(3.84mg/L)的 10 倍。

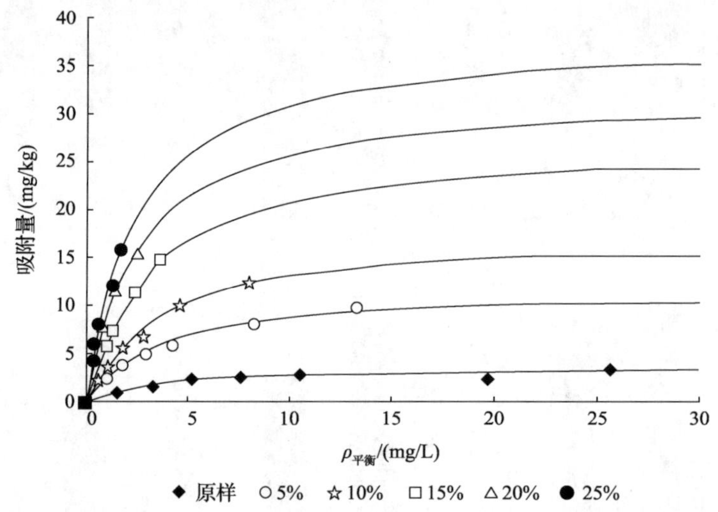


图 5-26 掺杂烟气脱硫石膏的沉积物对 Cd 的 Langmuir 吸附等温线(王瑶等，2010)

图 5-27 描述了掺杂烟气脱硫石膏的沉积物样品吸附 Cd 平衡时溶液 pH 的变化规律。烟气脱硫石膏掺杂比例低于 10%的沉积物样品，反应平衡的 pH 低于对应的 $pH_0$，未达到产生沉淀的条件，Cd 与沉积物的相互作用为吸附；随烟气脱硫石膏掺杂比例的增加，平衡溶液 pH 逐渐升高，15%掺杂量的沉积物样品，pH 介于其 $pH_0$ 和使 Cd 完全沉淀的 pH=9.4 之间，说明此时可能是通过沉淀与吸附同时作用来实现对 Cd 的固定(王瑶等，2010)，导致了沉积物对 Cd 固定能力的提高；除少数几个点外，烟气脱硫石膏掺杂比例为 20%的沉积物反应溶液 pH 均高于 9.4，而烟气脱硫石膏比例为 25%的沉积物反应溶液 pH 为 9.4～9.8，溶液中 Cd 的质量浓度也均低于 1.12mg/L，可判断溶液中 Cd 完全沉淀。

烟气脱硫石膏的掺杂提高了沉积物对溶液中 Cd 的吸附能力，随着烟气脱硫石膏掺杂比例的增大，沉积物对溶液中 Cd 的最大吸附量增加；同时，烟气脱硫石膏的掺杂提高了污染沉积物中 Cd 的稳定性，抑制了重金属污染沉积物样品中的 Cd 向溶液中释放。

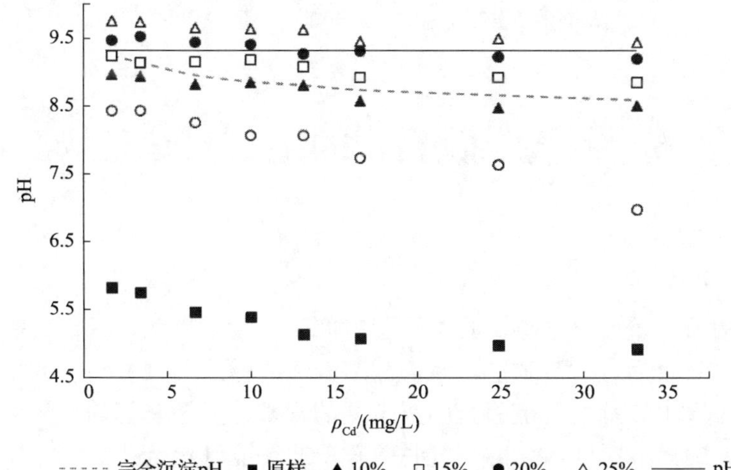


图 5-27 掺杂烟气脱硫石膏的沉积物吸附 Cd 平衡时 pH 的分布规律(王瑶等，2010)

李鸿业(2010)研究了掺杂烟气脱硫石膏前后松花江沉积物对溶液中 Cu 和 Cd 固定化的动力学和热力学特征，研究结果表明，烟气脱硫石膏虽然不能增加对沉积物中 Cu 的固定能力，但对 Cd 的固定能力较强。

由于烟气脱硫石膏的诸多有益作用，已经被用于墙板制造业、水泥生产和在农业实践中作为土壤改良剂和肥料。烟气脱硫石膏由于其碱性行为和高 $Ca^{2+}$、$SO_4^{2-}$ 含量也具有被用于固定污染土壤中重金属的潜力。然而，到目前为止没有关于烟气脱硫石膏作为重金属固定材料的研究报道。Koralegedara 等(2015)研究评估污染土壤中烟气脱硫石膏固定 Pb 的能力，并进行了一批关于烟气脱硫石膏修复土壤的浸出试验。在酸性条件下，试验开始的 48h 后，和未处理的对照土壤相比，烟气脱硫石膏修复的土壤中 Pb 的渗出率不到 51%。对于不同环境条件下获得最大稳定性的最佳条件仍需要进一步探讨。烟气脱硫石膏在环境保护方面的应用主要体现在提高河流、废水等污染沉积物中重金属 Cd 的固化能力。广州环境暴露和健康国家重点实验室 Yang 等(2016)进行了消除围垦滩涂土壤重金属的土柱淋溶试验，混有烟气脱硫石膏的土柱浸出分析表明：在表土层(0～30cm)的 Cd 和 Pb 的最高去除率分别为 52.7%和 30.5%。大部分可交换态和碳酸结合态的 Cd 和 Pb 被移除。烟气脱硫石膏的最佳施用量是 7.05kg/m$^2$，该剂量下的最佳渗滤水量为 217.74L/m$^2$。烟气脱硫石膏的施用(两次)和浸出时间间隔延长至 20 天能够增加表土层的重金属移除效率。从表土层(0～30cm)解析的重金属被重新吸附和固定在 30～70cm 土层。

# 6 烟气脱硫石膏的生态安全性

## 6.1 概　　述

土壤中的重金属较难迁移，具有残留时间长、隐蔽性强、毒性大等特点，并且可能经作物吸收后进入食物链，从而威胁人类的健康与其他动物的繁衍生息。因此，掌握燃煤电厂烟气脱硫石膏中重金属的含量，以及它们的暴露途径和健康风险，对于正确评估不同用途的烟气脱硫石膏的环境风险至关重要。

在前几章中，我们分别探讨了烟气脱硫石膏在农业种植、盐碱地治理和矿山复垦等方面的有益应用，并讨论了烟气脱硫石膏对土壤中重金属形态分布和迁移的影响，以及对植物和作物生长的影响。本章将着重从以下几个方面来讨论烟气脱硫石膏的生态安全性。

(1)美国对烟气脱硫石膏生态安全性的评估，重点介绍美国烟气脱硫石膏生态安全评估方法，以及烟气脱硫石膏与其他可利用副产品的系统比较。

(2)根据已经发表的文献，讨论烟气脱硫石膏对土壤重金属的作用，尤其是对汞(Hg)的作用；对土壤蚯蚓、若干淡水和底栖生物的影响；对若干植物的生理影响，以及对植物籽实重金属含量的影响。

(3)在分析我国燃煤电厂烟气脱硫石膏质量(主要是重金属含量)的基础上，提出烟气脱硫石膏的使用原则及其农业和环境用途的重金属限值。

美国国家环境保护局(US EPA)对烟气脱硫石膏的生态安全评估是以石膏板(墙板)为评价对象的，其评价结果也可以被推广到烟气脱硫石膏的农业和环境用途中。美国农业部(USDA)也正在进行一项烟气脱硫石膏生态恢复风险评估(ecological revitalization risk evaluation for beneficial use of FGD gypsum，8042-12000-014-06)，将采用先进的测量分析仪器在佐治亚州(GA)，亚拉巴马州(AL)和密西西比州(MS)农业研究中心的野外实验田分析烟气脱硫石膏、土壤、植物、水中的营养物质和微量元素，为烟气脱硫石膏的生态风险评估提供所需要的数据和信息，配合美国国家环境保护局正在进行的风险评估，回答公众关注的问题，提出烟气脱硫石膏农业和环境用途的最终风险评估报告。这项研究拟于2017年完成。

由于烟气脱硫石膏在农业和环境上有诸多用途，新的有益用途也在不断地被开发出来，烟气脱硫石膏的生态安全研究和评价也正在继续进行中。

# 6.2　美国对烟气脱硫石膏生态安全性的评估

经过20多年的不断努力，美国粉煤灰协会和电力系统成功及安全地研发和推广了在石膏板制作中采用烟气脱硫石膏(FGDG)作为主要原材料的技术。为了使FGDG满足建材工业对石膏产品的规格要求，燃煤电厂使用了多步骤的生产过程来提高FGDG品质(水洗过的烟气脱硫石膏，washed FGDG)。全球著名的环境咨询公司ARCADIS的评价结果表明，用于生产石膏板的FGDG都不是有害的物质；所有可获取的数据确认产品是安全的，不存在对人体健康或环境的任何风险。美国EPA在其2014年2月《燃煤残渣有益使用评价：飞灰水泥和FGDG墙板》的最终报告中完全支持了ARCADIS的评价结果，确认在使用的FGDG中重金属的含量均低于美国EPA关注的限值(United states Environmental Protection Agency，2014)。美国国家环境保护局认为，以环境可靠的方式有益使用燃煤残渣能够获得显著的环境和经济效益。这里所指的环境效益包括减少温室气体排放、减少燃煤残渣填埋处置，以及减少原始资源的使用；所指的经济效益包括创造工业的工作机会、降低燃煤残渣处置的成本、增加出售FGDG的收入，以及节约其他昂贵的原材料。美国国家环境保护局支持燃煤飞灰在水泥和FGDG墙板制作中的有益使用，并相信这些有益使用为促进可持续的材料管理(sustainable materials management，SMM)提供了重要的机会。

### 6.2.1　烟气脱硫石膏的风险评估方法

2010年美国国家环境保护局办公室督察长(Inspector General)提出，在批准烟气脱硫石膏等燃煤产品(coal combustion product，CCP)综合利用之前，应该评价其可能的风险。美国国家环境保护局随即研发了一套烟气脱硫石膏的风险评价方法，共有5个步骤(United states Environmental Protection Agency，2014)。

1) 文献回顾和数据收集

在未来评价中剔除那些有文献充分论证过的污染物释放和特定潜在的关联污染物(COPC)。

2) 数据比较

在未来评价中剔除那些相同或低于同类非燃煤残渣产品(non-CCR)污染物释放的COPC。

3) 暴露途径回顾

在未来评价中剔除那些没有完整暴露途径的污染物释放的COPC。

4) 模型计算

在未来评价中剔除那些达到或低于保守筛选基准污染物暴露的COPC。

5) 风险评估

在未来评价中剔除那些达到或低于基于相关法规或健康标准计算的风险值的污染物暴露的 COPC。

上述 5 个步骤一般只考虑烟气脱硫石膏产品的使用，不进行生命周期评价(LCA)；可以按顺序逐一实施，也可以交错进行。图 6-1 给出了燃煤残渣产品(CCR)和烟气脱硫石膏(FGDG)风险评价的方法步骤路线图。

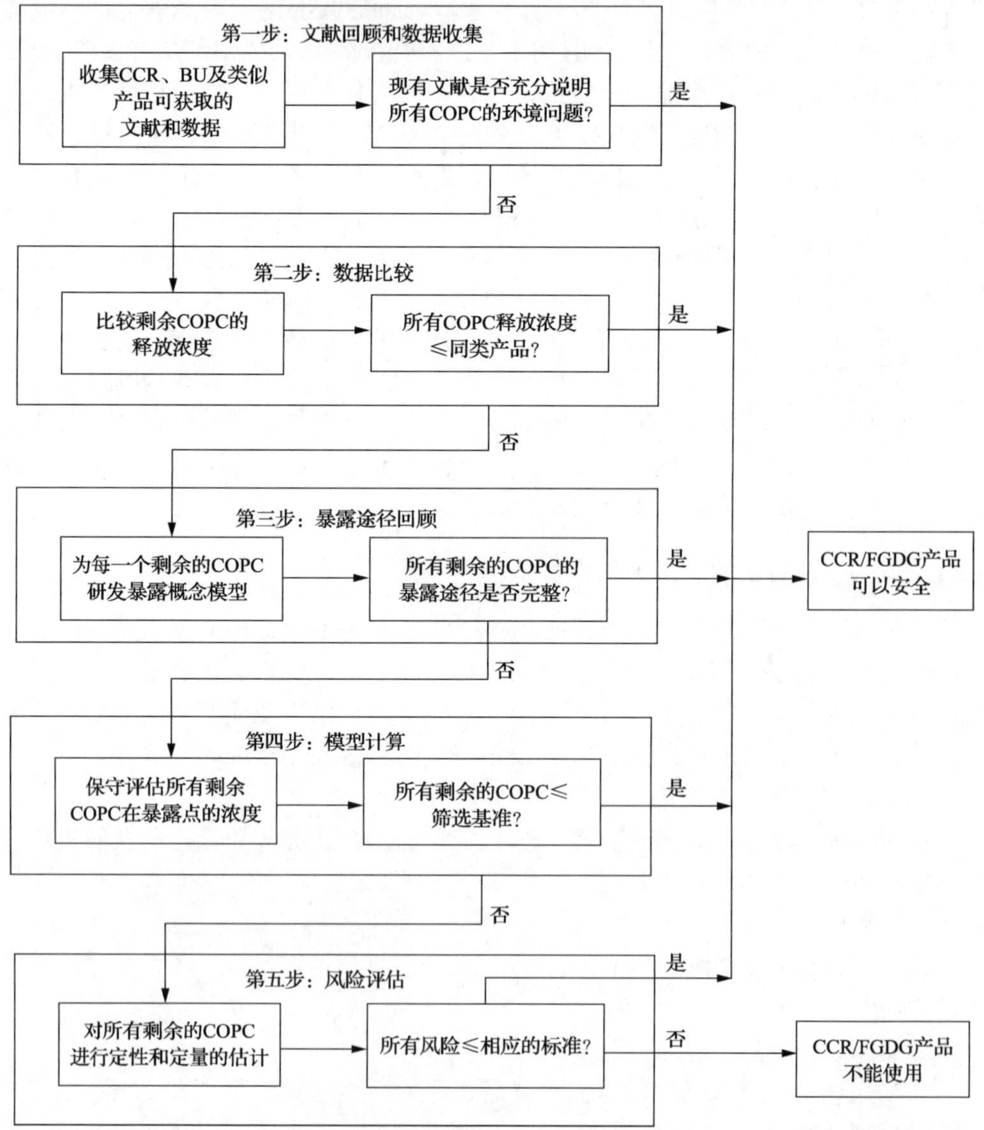


图 6-1　燃煤残渣产品(CCR)和烟气脱硫石膏(FGDG)风险评价的方法步骤路线图

BU 为有益使用；COPC 为特定潜在的关联污染物

**案例：烟气脱硫石膏墙板的风险评估**

第一步：在烟气脱硫石膏墙板(wallboard)实际的风险评价中，首先要鉴别墙板向环境释放的可能的污染物质类型(United States Environmental Protection Agency，1988)。一般认为，烟气脱硫石膏墙板向环境释放的污染物质有 4 种类型：①产生灰尘；②向大气逸散；③向地下和地表水渗漏；④自然出现的放射性物质的衰变。

根据美国国家环境保护局和相关文献(United States Environmental Protection Agency，1999)，确认了在 CCR 和 FGDG 产品及其浸出液中，多环芳烃(PAH)和二噁英含量等于或低于检测限，而且不挥发。因此，从未来评估中删去多环芳烃和二噁英。根据 Yost 等(2010)和 CPSC(2010)的研究，用于室内的墙板一般不会暴露在环境介质中，因此删除其对室内空气逸散和放射性衰变的 COPC，也排除活性硫气体可能的影响。

美国国家环境保护局研究比较了烟气脱硫石膏和矿物石膏在制作墙板过程中可能的放射性问题，认为烟气脱硫石膏的应用范围没有超出矿物石膏的应用范围，在未来的评估中删除了放射性物质的 COPC。

Long 等(2012)对居民区和学校使用的烟气脱硫石膏和矿物石膏墙板进行了风险评价，美国国家环境保护局认为每种材料的样本数(*n*=3)太少，不足以充分评估产品的风险。因此，向空气逸散的汞(Hg)必须作为 COPC 考虑。

因此在下一步的评估中只保留了 Hg 的 COPC 和向空气逸散的暴露途径。

第二步：由于烟气脱硫石膏墙板中 Hg 向空气逸散的速率要高于矿物石膏墙板，因此要进行 Hg 向空气逸散的分析评价(表 6-1，图 6-2)。

**表 6-1 不同材料墙板中 Hg 的逸散速率比较**(Long et al.，2012) [单位：ng/($m^2$·h)]

| 样品类型 | 样本数量 | 低 | 中 | 高 |
|---|---|---|---|---|
| 矿物石膏墙板 | 3 | 0.03 | 0.04 | 0.04 |
| FGDG 墙板 | 3 | 0.14 | 0.28 | 0.34 |

注：FGDG 为烟气脱硫石膏

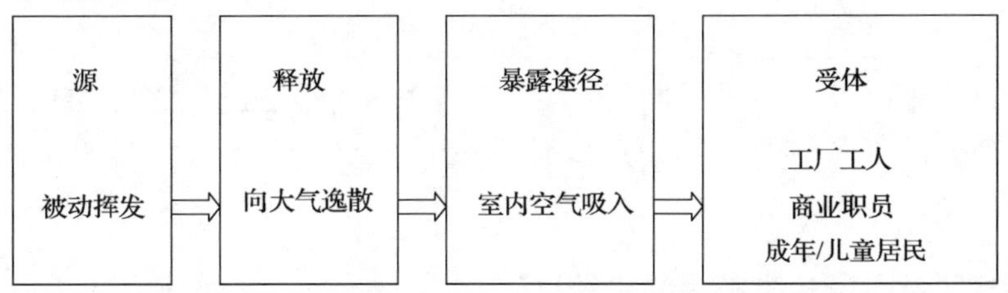


图 6-2 烟气脱硫石膏墙板对受体(人)的暴露概念模型(Long et al.，2012)

第三步：对潜在的暴露途径进行了评估，发现其暴露途径是完整的。图 6-3 给出了烟气脱硫石膏健康风险评估的概念模型(CSM)。

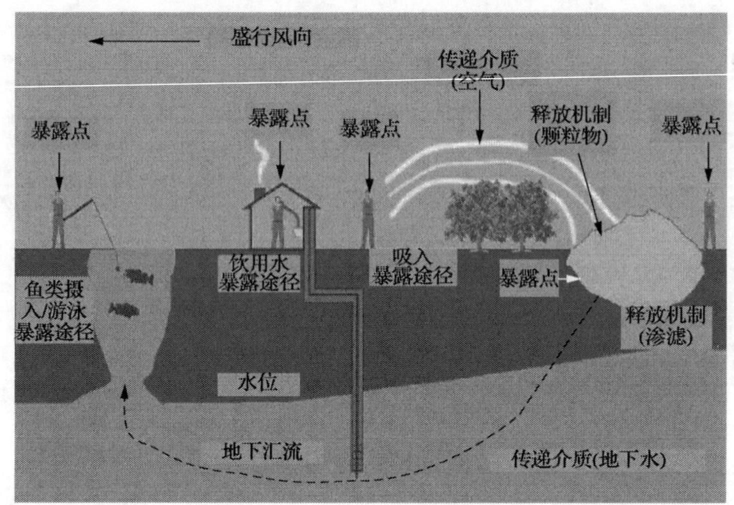


图 6-3　烟气脱硫石膏健康风险评估的概念模型(CSM)(Long et al.，2012)

第四步：采用风险评价模型计算由于墙板逸散造成的室内空气 Hg 的浓度：

$$C=\frac{E\times \mathrm{SA}}{\alpha\times V}$$

式中，$E$ 为 Hg 的大气逸散速率[ng/($m^2$·h)]；$\alpha$ 为每小时空气变化(1/h)；SA 为产品表面积($m^2$)；$V$ 为房间的空间体积($m^3$)；$C$ 为 Hg 在空气中的稳态浓度(ng/$m^3$)。

暴露点风险估计：

$$\text{暴露估计}=\frac{\text{吸入率}\times\text{暴露频率}\times\text{暴露时间}\times\text{空气浓度}}{\text{体重}\times\text{平均周期}}$$

暴露概率估计(各参数的概率分布示意图)：

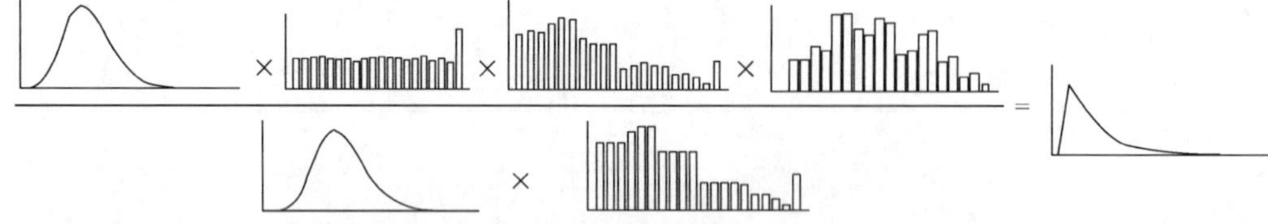

第五步：根据计算结果，烟气脱硫石膏墙板可能导致室内空气 Hg 的浓度为 49.0ng/($m^2$·h)，室内空气 Hg 的吸入标准为小于 300ng/($m^2$·h)。因此该 COPC 被筛出，不予考虑。

### 6.2.2　烟气脱硫石膏化学特性的系统比较

#### 6.2.2.1　烟气脱硫石膏与矿质石膏的比较

烟气脱硫石膏和矿质石膏可以在各种土壤和水文地质条件下作为土壤修复

剂。Dontsova 等(2005)给出了烟气脱硫石膏与天然矿物石膏的区别(表 6-2)。

**表 6-2　天然矿物石膏与烟气脱硫石膏的比较**(Dontsova et al.，2005)

| 特性/元素 | 烟气脱硫石膏 | 矿物石膏 | 特性/元素 | 烟气脱硫石膏 | 矿物石膏 |
|---|---|---|---|---|---|
| 物理性质 | | | 植物所需的微量元素/(mg/kg) | | |
| 水分/% | 5.5 | 0.38 | B | 13 | 99 |
| $CaSO_4 \cdot 2H_2O$/% | 99.6 | 87.1 | Cu | ＜0.38 | ＜0.60 |
| 不可溶残渣/% | 0.4 | 13 | Fe | 150 | 3 800 |
| 颗粒尺寸/% | | | Mn | 0.62 | 225 |
| ＞250mm | 0.14 | 100 | Mo | 3.2 | ＜0.60 |
| 150～250mm | 3.2 | 0 | Ni | ＜3.0 | ＜0.60 |
| 105～150mm | 33 | 0 | Zn | 1.2 | 8.7 |
| 74～105mm | 33 | 0 | 环境关注的元素/(mg/kg) | | |
| ＜74mm | 31 | 0 | As | ＜11 | 462 |
| 植物需要的营养元素 | | | Ba | 5.5 | 76 |
| Ca/% | 24.3 | 24.5 | Cd | ＜1.0 | ＜0.12 |
| S/% | 18.5 | 16.1 | Cr | ＜1.0 | 10.4 |
| N/(mg/kg) | 970 | — | Pb | ＜5.0 | 100 |
| P/(mg/kg) | ＜1.0 | 30 | Se | ＜25 | ＜0.60 |
| K/(mg/kg) | ＜74 | 3 600 | | | |
| Mg/(mg/kg) | 200 | 26 900 | | | |

通常烟气脱硫石膏粒径小于 250μm，粒径主要集中在 30～60μm，烟气脱硫石膏的纯度一般均高于 90%。与矿物石膏相比，无论化学品质还是物理特性，烟气脱硫石膏都优于矿物石膏。烟气脱硫石膏和矿质石膏的主要组分都是 $CaSO_4 \cdot 2H_2O$，但烟气脱硫石膏中的 $CaSO_4 \cdot 2H_2O$ 含量高于天然矿质石膏，有时烟气脱硫石膏也包含少量的石英($SiO_2$)，矿质石膏包含石英和白云石[$CaMg(CO_3)_2$]。与矿质石膏相比，烟气脱硫石膏通常更细腻均一，99%以上粒径小于 250μm，纯度更高(高达 99.6%)，并且溶解度更高(Amezketa et al.，2005)。化学组分受煤炭类型、洗涤过程和脱硫过程中所用吸附剂的影响。

烟气脱硫石膏因可大量获取、成本低，已成为矿物石膏的替代品，使用烟气脱硫石膏修复土壤可以避免贮存过程中的二次污染，为烟气脱硫石膏开拓了新的应用领域，又可以为土壤改良技术开辟新方法。

#### 6.2.2.2　烟气脱硫石膏与其他物质的比较

为了确保烟气脱硫石膏的生态安全，美国 EPRI 系统地比较了烟气脱硫石膏与岩石(图 6-4)、土壤背景值(图 6-5)、化肥(图 6-6)、金属矿渣(图 6-7)、铸造用砂(图 6-8)、市政污泥(图 6-9)的化学特性及 EPA 居住区土壤筛选限值中微量元素的浓度范围(图 6-10)。

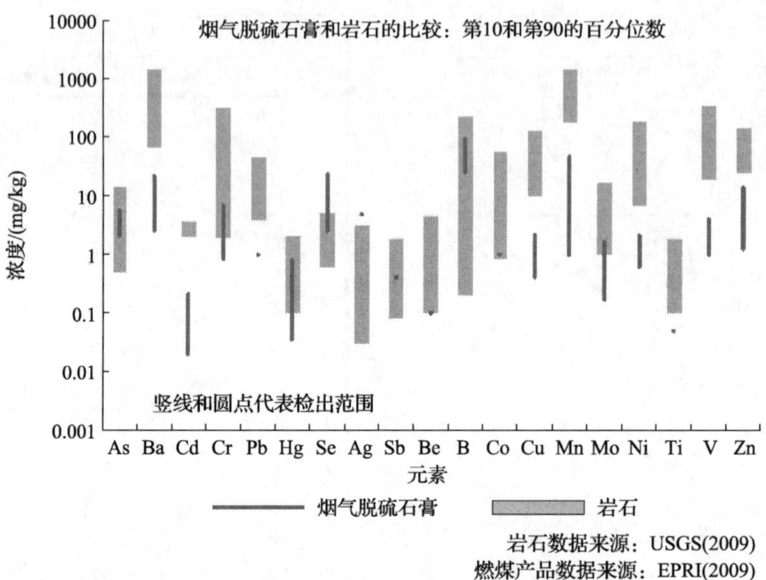


图 6-4　美国烟气脱硫石膏和岩石中微量元素浓度范围的比较(FGDG$n=27$)(EPRI，2010)

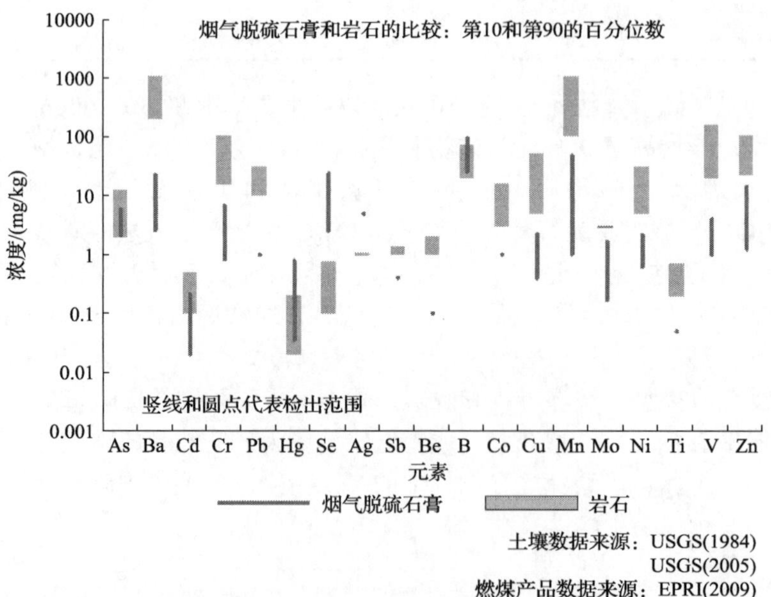


图 6-5　美国烟气脱硫石膏与土壤背景值中微量元素浓度范围的比较(FGDG$n=27$)(EPRI，2010)

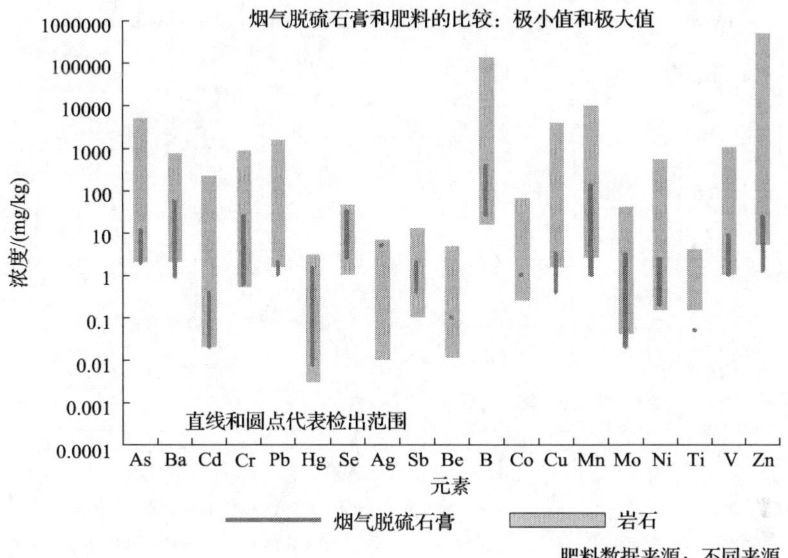


图 6-6 美国烟气脱硫石膏与化肥中微量元素浓度范围的比较（FGDG$n = 27$）(EPRI，2010)

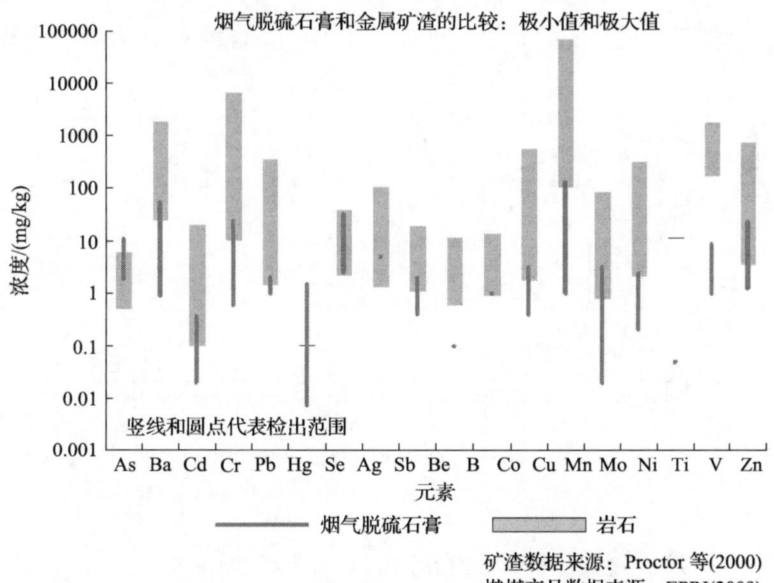


图 6-7 美国烟气脱硫石膏与金属矿渣中微量元素浓度范围的比较(EPRI，2010)

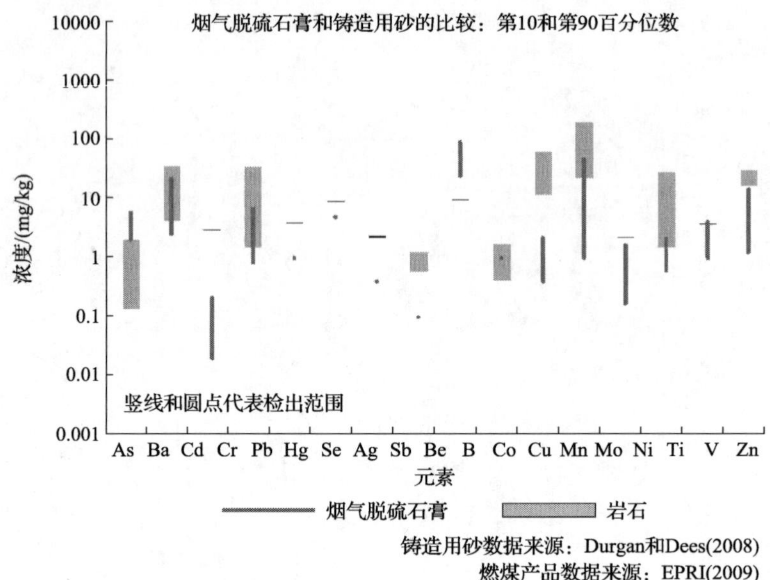


图 6-8　美国烟气脱硫石膏与铸造用砂中微量元素浓度范围的比较(EPRI，2010)

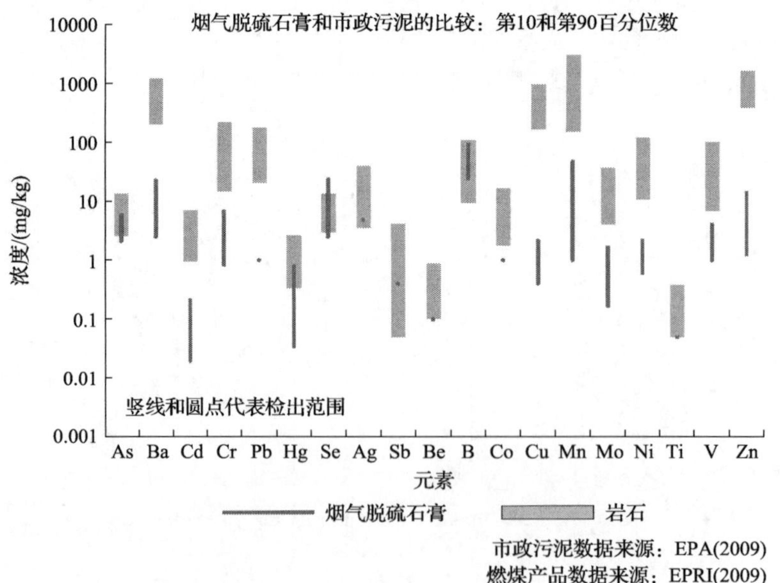


图 6-9　美国烟气脱硫石膏与市政污泥中微量元素浓度范围的比较(EPRI，2010)

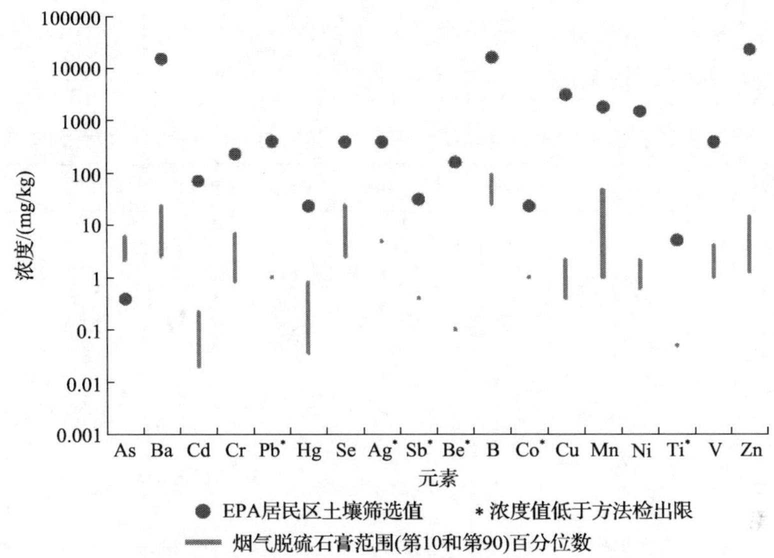


图 6-10　美国烟气脱硫石膏中微量元素浓度与 EPA 居住区土壤筛选值的比较(EPRI，2010)

系统分析的结果如下。

(1) 烟气脱硫石膏在化学上类似矿物石膏，主要成分皆为含水硫酸钙($CaSO_4 \cdot 2H_2O$)；但烟气脱硫石膏纯度为 90%～95%，而矿物石膏的纯度变化很大。

(2) 除了少数例外，烟气脱硫石膏微量元素的浓度范围相当于或低于岩石和化肥的浓度范围，低于土壤、金属矿渣、铸造用砂和市政污泥。

(3) 除了砷(As)以外，烟气脱硫石膏微量元素的浓度范围低于美国国家环境保护局以摄入和皮肤接触为暴露途径的居民区和工业区的土壤筛选值。而其他可以综合利用的材料，一般都超过 As 的筛选值(图 6-11)。

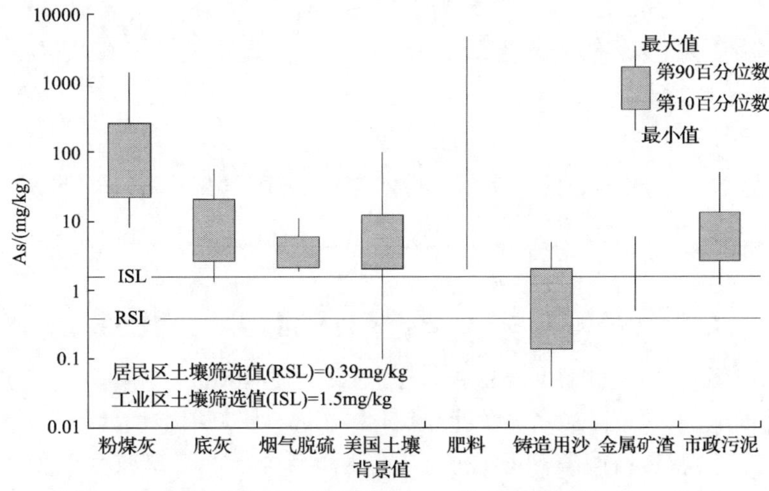


图 6-11　美国不同的可回用材料中 As 的含量范围(EPRI，2010)

表 6-3 总结了烟气脱硫石膏与其他物质和材料重金属含量范围的比较，表明使用烟气脱硫石膏是安全的。

**表 6-3　烟气脱硫石膏重金属含量与其他物质和材料重金属含量的比较**(EPRI，2010)

| 图解比较 | 岩石 | 土壤 | 化肥 | 金属矿渣 | 铸造用沙 | 市政污泥 |
|---|---|---|---|---|---|---|
| 高于 | | Se | | | As、B | |
| 重叠略高于 | Se | Hg、B | | As | | |
| 覆盖 | | | | | | Se |
| 包含在内 | As、B | As | Cr、Hg、Se、Sb、B、Ni | Se | | B |
| 重叠略低于 | Cr、Hg、Co、Mo | Cd | As、Ba、Cd、Pb、Cu、Mn、Mo、V、Zn | Ba、Cd、Cr、Pb、Sb、Cu、Mn、Mo、Ni、Zn | Ba、Cr、Mn、Ni | As、Hg |
| 低于 | Ba、Cd、Pb、Be、Cu、Mn、Ni、Ti、V、Zn | Ba、Cr、Pb、Sb、Be、Co、Cu、Mn、Ni、Ti、V、Zn | Ti | Be、V | Be、Cu、Zn | Ba、Cd、Cr、Pb、Be、Co、Cu、Mn、Mo、Ni、Ti、V、Zn |
| 由于均未检出无法比较 | Ag、Sb | Ag、Mo | Ag、Be、Co | Hg、Ag、Co、Ti | Cd、Pb、Ag、Sb、Co、Mo、V | Ag、Sb |

注：其中绿色柱体线代表烟气脱硫石膏重金属含量，灰色柱体代表其他物质和材料重金属含量

除了铸造用砂 As 的平均含量低于工业土壤筛选值之外，其余材料均需考虑 As 的风险。

## 6.3　燃煤电厂烟气脱硫石膏的重金属问题

### 6.3.1　烟气脱硫石膏的浸出特性

#### 6.3.1.1　美国对烟气脱硫石膏浸出特性的研究

美国电力科学研究院(Electric Power Research Institute，EPRI)从美国 13 个州的 29 个燃煤电厂收集了 32 个烟气脱硫石膏样品，从美国、墨西哥和加拿大采集了 11 个自然矿物石膏样品(图 6-12)，对上述样品进行了石膏纯度、总的组分、毒性特征沥滤方法(toxicity characteristic leaching procedure，TCLP)浸出浓度和合成

沉淀溶出方法(synthetic precipitation leaching procedure，SPLP)浸出浓度的分析测量与比较(EPRI，2011c)，结果如下。

图 6-12　美国 EPRI 收集和采集烟气脱硫石膏和矿物石膏样品的地方

在加拿大和墨西哥还有 3 处矿物石膏采集点未包括在图内

(1)烟气脱硫石膏中 $CaSO_4·2H_2O$ 的含量大于 90%，其 Ca 和 S 含量的中位数分别为 23.7%和 18.8%(图 6-13)；其他元素均小于 0.1%。烟气脱硫石膏的纯度为 90%～99%，而矿物石膏的纯度为 66%～98%(图 6-14)。

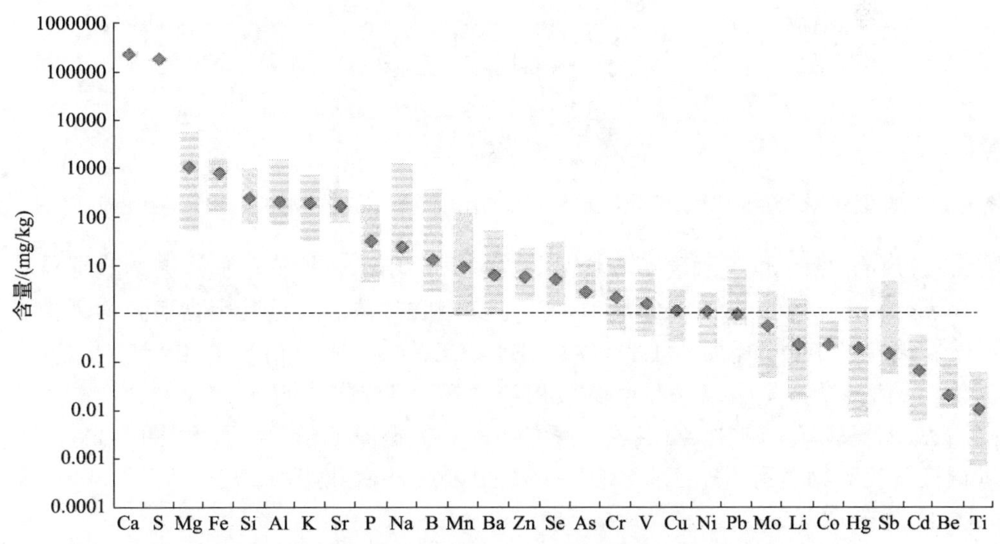


图 6-13　美国烟气脱硫石膏化学元素的含量范围(EPRI，2011c)

图中绿色菱形代表该化学元素含量的中位数，虚线为 1mg/kg 的参考线

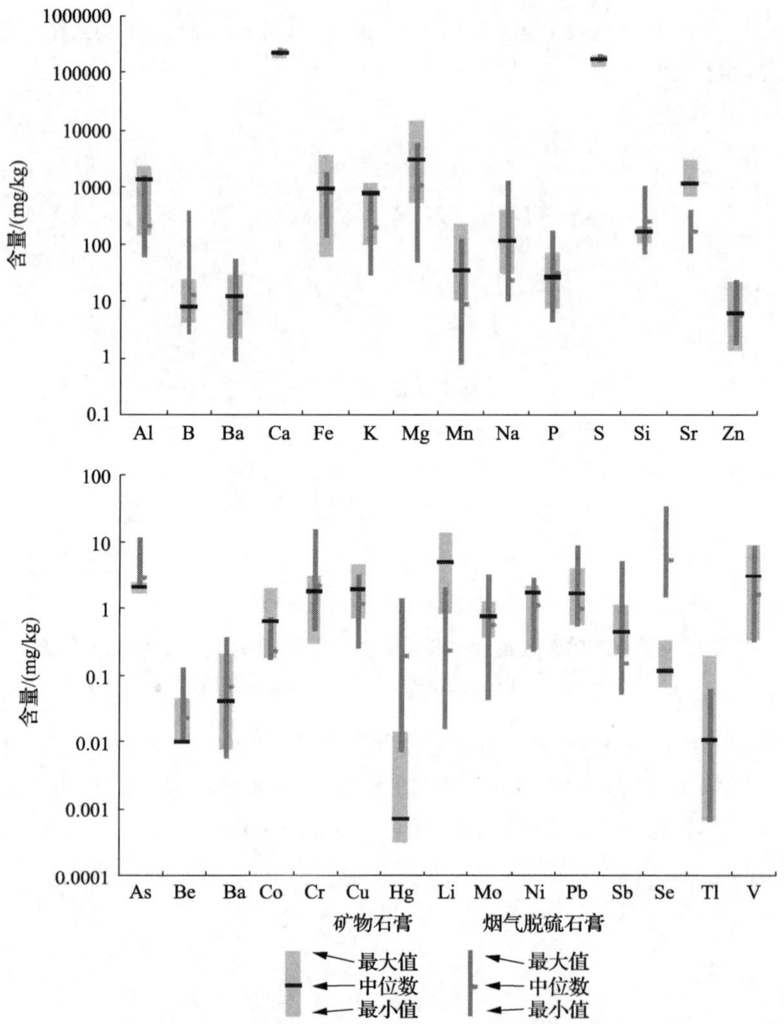


图 6-14　烟气脱硫石膏与矿物石膏化学元素组分的比较(测量方法：Method 3051a) (EPRI，2011c)

(2)所有 32 个烟气脱硫石膏样品的 TCLP 浸出浓度均低于危险废物鉴别检测限(toxicity characteristic limit，TC)，其中美国联邦政府《危险废物和固体废物修正案》关注的 7 个重金属中(Ag、As、Ba、Cd、Cr、Hg 和 Pb) TCLP 最大浓度小于 TC 限值两个数量级；Se 的最大浸出浓度只有 TC 限值的一半。

(3)烟气脱硫石膏中 2/3 化学元素的 SPLP 类似或低于矿物石膏(图 6-15)，可以直接取代矿物石膏进行工业产品生产(如墙板)和农业应用。

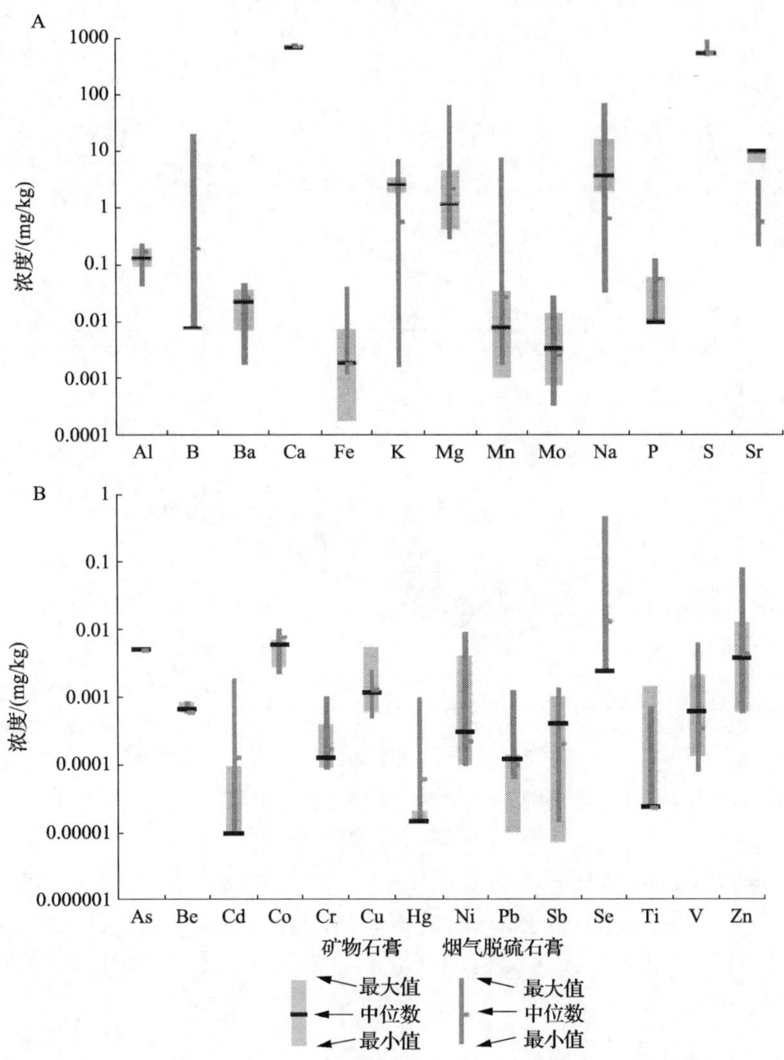


图 6-15　烟气脱硫石膏与矿物石膏化学元素 SPLP 提取浓度的比较
(测量方法：Method 1312)(EPRI，2011c)

在所有矿物石膏样品中没有检测到 B(A)，在所有矿物石膏和烟气脱硫石膏样品中没有检测到 As(B)

(4) 虽然硼(B)、汞(Hg)和硒(Se)SPLP 中位数浓度相对较低，但它们在烟气脱硫石膏 SPLP 中的最高浓度要高于矿物石膏(图 6-15)。

(5) 除了 B、Na 和 Co 之外，多数元素(Al、Ba、Ca、Cd、Cr、Cu、Fe、Hg、K、Mg、Mn、Ni、P、Pb、S、Sb、Se、V 和 Zn)在 SPLP 试验条件下的释放能力小于总可回收量的 10%(图 6-16)。

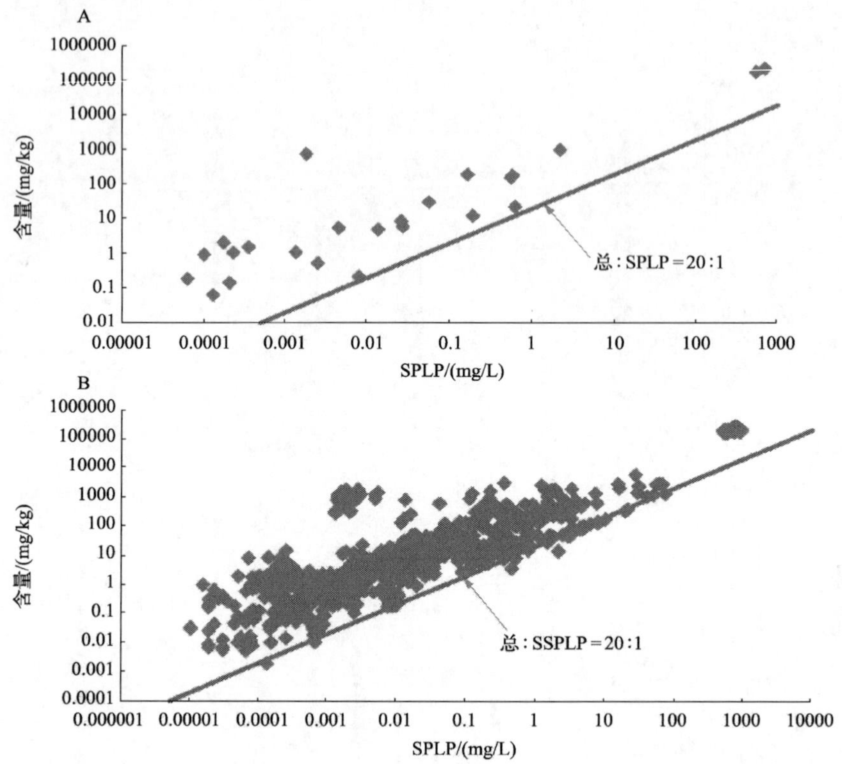


图 6-16　烟气脱硫石膏样品中所有组分含量与其 SPLP 提取浓度的比较(EPRI，2011c)

A. 中位数；B. 全部数据

(6) 与未洗涤过的烟气脱硫石膏相比较，洗涤过的烟气脱硫石膏中各类化学元素的浸出浓度较低。洗涤过的烟气脱硫石膏许多化学元素的总量和浸出浓度显著减少了(图 6-17)；这也是美国提倡烟气脱硫石膏洗涤工艺的原因所在(图 6-18)。

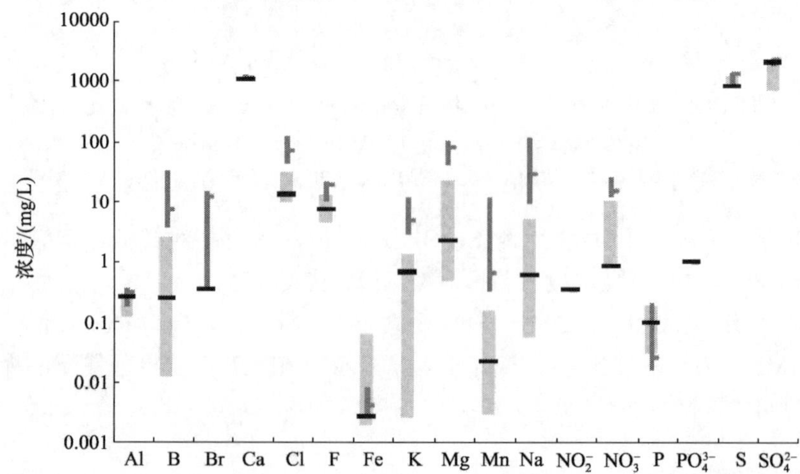

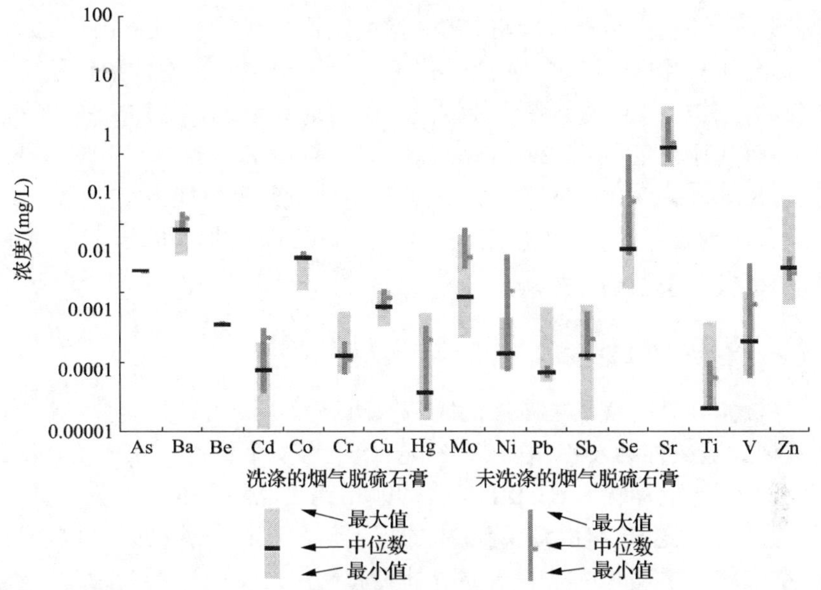


图 6-17 洗涤和未洗涤的烟气脱硫石膏化学元素 SPLP 浸出浓度的比较(EPRI，2011c)

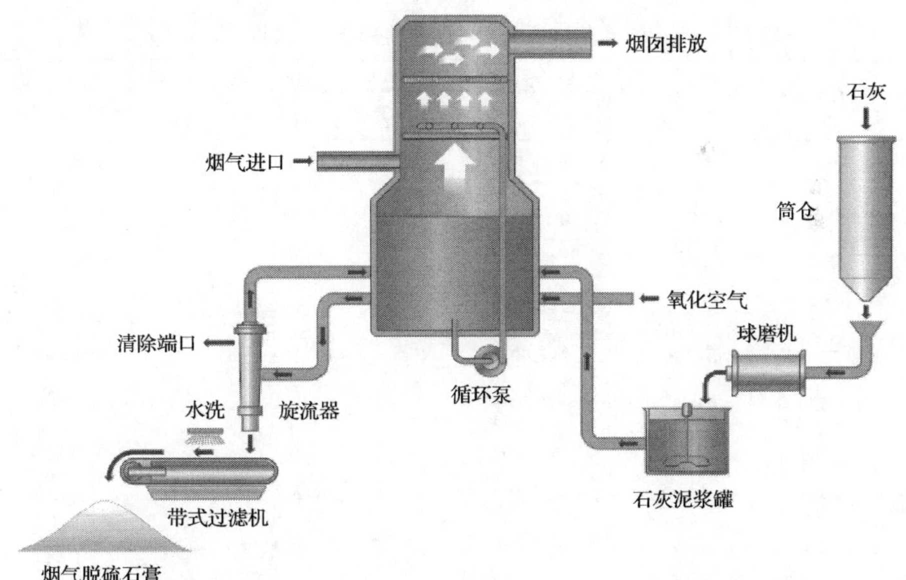


图 6-18 典型的强制氧化湿法脱硫的机械脱水系统(EPRI，2011c)(彩图请见文后图版)

机械脱水系统通常设有旋流器作为第一级脱水，第二级脱水则包括一喷水冲洗系统和带式过滤机。水洗可以除去可溶性氯，也可以去除氨氮、细颗粒和一些微量成分，以满足墙板及其他有益应用的要求

一般来说，烟气脱硫石膏 SPLP 提取液的浓度(中位数和单个浓度)随烟气脱硫石膏可回收总量呈正比例增加趋势(图 6-16)。如果烟气脱硫石膏在 SPLP 试验

中完全溶解，烟气脱硫石膏总量与 SPLP 浓度之比(单位都是 mg/kg)为 20∶1；这是 SPLP 试验中采用的稀释比。如图 6-16 所示，无论是元素中位数还是单个元素，这个比值都大于 20∶1。根据中位数浓度，B、Na 和 Co 在 SPLP 试验条件下溶解能力最高，而其他元素(Al、Ba、Ca、Cd、Cr、Cu、Fe、Hg、K、Mg、Mn、Ni、P、Pb、S、Sb、Se、V 和 Zn)在 SPLP 试验条件下的释放能力小于总可回收量的 10%。需要说明的是，由于烟气脱硫石膏中 $Ca^{2+}$ 和 $SO_4^{2-}$ 的含量很高，它们的 SPLP 浸出浓度中位数大于 500mg/L。

#### 6.3.1.2　其他烟气脱硫石膏浸出特性的研究

钱枫等(2003)对南京下关电厂的脱硫灰渣进行了浸出试验研究，结果如下。

(1)两种脱硫灰样的浸出试验结果和《地下水质量标准》(GB/T 14848—93)及《地表水环境质量标准》(GHZB1—1999)相比较，除 pH 外，各种重金属离子和氟离子的浸出浓度均没有超过标准中的规定值。从该试验结果可以认为，钙基脱硫灰渣在堆放、填埋和回填、筑路等处置和利用过程中，不会污染地下水，也不会对周围环境造成影响(表 6-4)。

**表 6-4　两种脱硫灰样浸出液中的重金属含量**(钱枫等，2003)

| 项目 | 1#脱硫灰样 | 2#脱硫灰样 | 地下水质量标准 GB/T 14848—93(Ⅲ)[a] | 地表水环境质量标准 GHZB1—1999(Ⅲ)[b] | 德国固体废弃物填埋标准(Ⅰ)[c] |
|---|---|---|---|---|---|
| pH | 13.0 | 13.0 | 6.5～8.5 | 6.5～8.5 | 5.5～13.0 |
| $Cu^{2+}$ | 0.048 | 0.044 | ≤0.04 | ≤0.04 | ≤0.04 |
| $Zn^{2+}$ | 0.116 | 0.130 | ≤0.13 | ≤0.13 | ≤0.13 |
| $Pb^{2+}$ | <0.05 | <0.05 | ≤0.050 | ≤0.050 | ≤0.05 |
| $Cd^{2+}$ | <0.005 | <0.005 | ≤0.005 | ≤0.0053 | ≤0.005 |
| $Cr^{6+}$ | <0.004 | <0.004 | ≤0.004 | ≤0.004 | ≤0.004 |
| $Ni^{2+}$ | <0.01 | <0.01 | ≤0.014 | — | ≤0.01 |
| $Hg^{2+}$ | 0.0001 | 0.0001 | ≤0.0001 | ≤0.0001 | ≤0.0001 |
| $As^{3+}$ | <0.001 | <0.001 | ≤0.001 | ≤0.001 | ≤0.00 |
| $F^-$ | <0.01 | <0.01 | ≤0.01 | ≤0.01 | ≤0.01 |

注：a. Ⅲ类指以人体健康基准值为依据，主要适用于集中式生活饮用水的水源及工农业用水；b. Ⅲ类指主要适用于集中式生活饮用水水源地二级保护区、一般鱼类保护区及游泳区；c. Ⅰ类指燃煤电厂固体废弃物；表中 $Hg^{2+}$ 的单位为 μg/L，除 pH，其余项目的单位均为 mg/L

(2)与《污水综合排放标准》(GB 8978—1996)及《危险废物鉴别标准》(GB 5085—1996)相比较，两种脱硫灰样浸出液中的重金属含量均未超出规定值，不具有浸出毒性。采用 pH 为 4.5 和 pH 为 3.6 的浸取剂时，Cu、Pb 和 As 略有超标；但与《危险废物鉴别标准》GB 5085—1996 相比较，灰样中各元素的浸出浓度均未超出规定值，不具有浸出毒性(表 6-5)。

**表 6-5 不同 pH 浸取剂的浸出液分析结果**(钱枫等，2003)

| 浸取剂 | 灰样 | 浸出液浓度[a] | | | | | | | | |
|---|---|---|---|---|---|---|---|---|---|---|
| | | pH | $Ca^{2+}$ | $Zn^{2+}$ | $Pb^{2+}$ | $Cd^{2+}$ | $Cr^{6+}$ | $Ni^{2+}$ | $Hg^{2+}$ | $As^{3+}$ |
| HAc-NaAc 缓冲溶液 pH=5.7 | 1 | 12.9 | 0.081 | < 0.05 | 0.473 | < 0.005 | 0.050 | < 0.01 | 0.106 | < 0.001 |
| | 2 | 13.0 | 0.124 | < 0.05 | 0.473 | < 0.005 | 0.031 | < 0.01 | 0.099 | 0.123 |
| HAc-NaAc 缓冲溶液 pH=4.5 | 1 | 4.78 | 0.485 | 0.803 | 1.18 | 0.036 | 0.224 | 0.493 | 1.419 | 0.437 |
| | 2 | 4.92 | 0.354 | 0.232 | 0.94 | 0.036 | 0.211 | 0.411 | 1.783 | 0.413 |
| HAc-NaAc 缓冲溶液 pH=3.6 | 1 | 3.96 | 0.661 | 1.119 | 1.42 | 0.078 | 0.271 | 0.740 | 3.535 | 0.531 |
| | 2 | 4.12 | 0.545 | 0.361 | 1.42 | 0.078 | 0.235 | 0.575 | 1.883 | 0.492 |
| 《污水综合排放标准》(GB 8978—1996) | | 6 ~ 9 | 0.5[b] | 2.0[b] | 1.0 | 0.1 | 0.5 | 1.0 | 50 | 0.5 |
| 《危险废物鉴别标准》(GB 5085—1996) | | ≥12.5 | 50 | 50 | 3.0 | 0.3 | 1.5 | 10 | 50 | 1.5 |

注：a.$Hg^{2+}$的单位为 μg/L，pH 无纲量，其余项目的单位均为 mg/L；b.指排入地表水环境质量标准Ⅱ类水域和海水水质标准Ⅱ类海域的污水，执行一级标准

曹晴等(2012)采集并分析了我国不同区域 25 个燃煤电厂的飞灰、炉渣和脱硫石膏样品中 Hg 的含量，考察了固体燃煤副产物中 Hg 的分布状况。燃煤电厂脱硫石膏和飞灰中 Hg 含量平均值分别为 0.35mg/kg 和 0.26mg/kg，高于炉渣中汞含量，表明 Hg 易在脱硫石膏和飞灰中富集。同时按照《危险废物鉴别技术规范》(HJ/T 298—2007)、《危险废物鉴别标准》(GB 5085—2007)及《固体废物浸出毒性浸出方法硫酸硝酸法》(HJ/T 299—2007)对含汞燃煤电厂副产物进行浸出毒性鉴别。结果表明，烟气脱硫石膏浸出液中的 Hg 含量接近限值。

按照现行国家危险废物鉴别标准《危险废物鉴别技术规范》(HJ/T 298—2007)和《危险废物鉴别标准》(GB 5085—2007)规定，飞灰、脱硫石膏和炉渣应作为固体废物处置，按照《固体废物浸出毒性浸出方法硫酸硝酸法》(HJ/T 299—2007)规定标准 Hg 含量为 0.10mg/L。通过表 6-6 可见，飞灰浸出液中 Hg 含量为 0.19mg/L，超出限值，脱硫石膏浸出液中 Hg 含量接近限值，而炉渣浸出液中 Hg 含量较低。因此，燃煤电厂燃烧固体产物炉渣具有一定的环境污染倾向，视其具体浸出液测定结果，在堆放处置时应采取一定的预防处置措施，如渣场铺设防渗地面等；飞灰及脱硫石膏的环境污染倾向较严重，应采取无害化处理措施或进行综合利用。

表 6-6　燃煤副产物浸出液中汞的理论最大浓度值及浓度标准限值（曹晴等，2012）

（单位：mg/L）

| 样品名称 | 理论最大值 | 浓度限值 |
|---|---|---|
| 飞灰 | 0.19 | |
| 炉渣 | 0.01 | 0.10 |
| 脱硫石膏 | 0.07 | |

Córdoba 等（2015）研究了某一电厂 4 组烟气脱硫石膏化学组分潜在的移动性（表 6-7），其浸出结果表明：在烟气脱硫石膏主要元素中，$Ca^{2+}$和$SO_4^{2-}$具有最高的浸出值；除了样品 FGD-G3 浸出液中 As 略高之外，其余微量元素的浸出值均很低。

表 6-7　某电厂 4 组烟气脱硫石膏化学组分潜在的移动性（Córdoba et al.，2015）

| 化学成分＼样品 | FGD-G1 | FGD-G2 | FGD-G3 | FGD-G4 |
|---|---|---|---|---|
| pH | 7.8 | 7.5 | 7.1 | 8.1 |
| Al/(mg/L) | 0.1 | 0.1 | 0.2 | 0.1 |
| Ca/(mg/L) | 609 | 587 | 584 | 564 |
| Fe/(mg/L) | 0.02 | 0.02 | 0.03 | 0.02 |
| K/(mg/L) | 1.8 | 2.1 | 2.1 | 1.8 |
| Mg/(mg/L) | 34 | 34 | 41 | 37 |
| Na/(mg/L) | 3.1 | 3.1 | 3.7 | 4.1 |
| $SO_4^{2-}$/(mg/L) | 1585 | 1543 | 1564 | 1459 |
| Li/(μg/L) | 3.5 | 4.4 | 4.8 | 3.9 |
| Mn/(μg/L) | 402 | 342 | 535 | 286 |
| Ni/(μg/L) | 8.0 | 8.5 | 7.4 | 6.8 |
| Cu/(μg/L) | 1.3 | 1.1 | 1.8 | 1.1 |
| Zn/(μg/L) | 2.1 | 2.1 | 3.8 | 4.4 |
| As/(μg/L) | <0.01 | <0.01 | 0.8 | <0.01 |
| Se/(μg/L) | 3.4 | 2.5 | 4.4 | 3.0 |
| Rb/(μg/L) | 0.8 | 0.9 | 1.0 | 1.0 |
| Mo/(μg/L) | 2.9 | 2.7 | 3.4 | 1.5 |
| U/(μg/L) | 7.6 | 12 | 6.2 | 6.7 |

### 6.3.2　烟气脱硫石膏对土壤重金属（Cd、Cu、Ni、Zn、Pb、Cr）的作用

滩涂围垦土壤是重金属等难降解污染物的主要最终归宿场所之一，其对重金属的解吸将影响重金属的迁移性、生物有效性和潜在毒性，研究重金属的解吸对

土壤污染评价、修复及环境容量预测至关重要。童泽军等(2009)研究了烟气脱硫石膏对广州市南沙滩涂围垦土壤重金属的解吸效果，并分析了烟气脱硫石膏对重金属形态的影响。在离心管中称取 20.0g 过 0.25mm 筛土样，加入 20ml 水和不同量的烟气脱硫石膏，在室温下于恒温振荡器上振荡，风干研碎后用原子吸收分光光度法测定重金属含量，并用 Tessier 连续提取法研究了处理前后重金属的形态变化。研究结果表明，随着烟气脱硫石膏施用量的增加，经过振荡离心后的滩涂围垦土壤中重金属含量先急剧下降，之后变化趋于平缓。与原土相比，各重金属最大解吸率分别为：Cd 30.38%、Cu 17.73%、Ni 15.00%、Zn 14.19%、Pb 9.46%、Cr 8.89%。比较处理前后重金属的形态变化，发现各重金属的可交换态解吸率均达 50%以上，并且重金属碳酸盐结合态的含量也有减少。说明烟气脱硫石膏能降低土壤对重金属的吸附，经振荡离心后能降低土壤中重金属的毒性和生物可利用性。

在 5 种重金属形态中，烟气脱硫石膏主要影响可交换态和碳酸盐结合态的解吸。各重金属的可交换态含量显著降低，解吸率达 50%以上，其机理主要是钙离子和可交换态重金属的交换吸附；碳酸盐结合态也有不同程度的降低，可能是因为硫酸根的加入影响土壤 pH，从而降低碳酸盐结合态含量。利用烟气脱硫石膏能大幅解吸滩涂围垦土壤中可交换态和碳酸盐结合态的重金属，经振荡离心可以降低重金属在滩涂围垦土壤中的生物可利用性和毒性。

王淑娟等(2013)通过土柱淋滤试验，分析研究了加入不同质量比例烟气脱硫石膏的不同盐碱土壤层中重金属 Pb、Cd、Cr、As、Hg 的含量分布。结果显示，加入烟气脱硫石膏的盐碱土壤 pH、电导率值及碱化度有明显降低，表明烟气脱硫石膏对于盐碱土具有明显的改良作用。总体而言，烟气脱硫石膏的加入并未引起土壤重金属含量的显著变化。随着烟气脱硫石膏的加入，在 60～80cm 土层中镉(Cd)含量增加，在 40～60cm 土层中汞(Hg)含量增加，而在土柱其余各层中的铅(Pb)含量均明显低于 0～20cm 表层土壤。这些重金属的不同分布状态是由其在土壤中迁移特性决定的。重金属在各土层中的最高含量均符合《土壤环境质量标准》(GB 15618—1995)，表明烟气脱硫石膏在改良盐碱土过程中不会导致土壤重金属污染而影响土壤环境质量。

表 6-8 给出了最大施用量($60t/hm^2$)烟气脱硫石膏和未施加烟气脱硫石膏的对照处理组崇明东滩盐碱土中重金属含量。施入烟气脱硫石膏两年后(2013 年)，和对照处理相比，0～30cm 土层的 As、Cr、Cu、Pb 4 种重金属元素含量都有所降低。施用烟气脱硫石膏 4 年后(2015 年)，烟气脱硫石膏处理和对照处理的土壤中 Cr、Cu、Pb 和 Cd 含量无差异，施用烟气脱硫石膏的土壤中 As 浓度略高，但仍低于《土壤环境质量标准(修订)》(GB 15618—2008)二级标准。施用烟气脱硫石膏的

4 年间的两次检测结果表明，即使烟气脱硫石膏的施用量达到 60t/hm$^2$ 也不会造成土壤重金属污染，改良后土壤中的这几种重金属含量均符合《土壤环境质量标准(修订)》(GB 15618—2008)二级标准。

**表 6-8 施用烟气脱硫石膏后崇明东滩围垦滩涂重金属含量的变化**

| 年份 | 烟气脱硫石膏用量 | As/(mg/kg) | Cd/(mg/kg) | Cr/(mg/kg) | Pb/(mg/kg) | Cu/(mg/kg) |
|---|---|---|---|---|---|---|
| 2013 | 0t/hm$^2$ | 20.0 | ND | 64.1 | 26.8 | 32.6 |
| | 60t/hm$^2$ | 15.0 | ND | 50.8 | 18.3 | 19.8 |
| 2015 | 0t/hm$^2$ | 12.7 | 0.29 | 86.2 | 24.7 | 23.0 |
| | 60t/hm$^2$ | 15.6 | 0.27 | 85.8 | 24.5 | 22.1 |
| 土壤环境质量二级标准 | | 20～45 | 0.25～1.0 | 120～350 | 50～80 | |

注：《土壤环境质量标准(修订)》(GB 15618—2008)，是土壤无机污染物的环境质量第二级标准值，包括农业用地的全部范围(从 pH≤5.5 到 pH＞7.5，包括水田、旱地和菜地)；ND 为未检测

我们的研究也得到了类似结果。施用烟气脱硫石膏 18 个月后检测土壤中重金属含量，检测结果如表 6-9 所示。随着烟气脱硫石膏的施入，崇明东滩和南汇东滩盐碱土壤中(0～30cm 土层)的 As、Cr、Cu、Pb 4 种重金属元素含量都有所降低。烟气脱硫石膏的施用量即使达到 60t/hm$^2$ 也不会造成土壤重金属污染，改良后土壤中的这几种重金属含量均符合国家土壤环境质量二级标准，表明烟气脱硫石膏在改良滨海滩涂盐碱土过程中不会导致土壤重金属污染。

**表 6-9 施用烟气脱硫石膏 18 个月后滩涂盐碱土重金属含量的变化**

| 试验地点 | 烟气脱硫石膏剂量 | As /(mg/kg) | Cr /(mg/kg) | Cu /(mg/kg) | Pb /(mg/kg) | Cd /(mg/kg) |
|---|---|---|---|---|---|---|
| 崇明东滩 | 0/(t/hm$^2$) | 20.0 | 64.1 | 32.6 | 26.8 | ND |
| | 60/(t/hm$^2$) | 15.0 | 50.8 | 19.8 | 18.3 | ND |
| 南汇东滩 | 0/(t/hm$^2$) | 15.0 | 101 | 46.7 | 38.2 | ND |
| | 60/(t/hm$^2$) | 12.6 | 62.9 | 27.2 | 23.3 | ND |
| 土壤环境质量标准(GB 15618—1995) | | 20.0 | 250 | 100 | 350 | 0.60 |

注：ND 表示未检出

崇明东滩和南汇东滩示范工程均表明，即使烟气脱硫石膏的施用量达到 60t/hm$^2$ 也不会造成土壤重金属污染，改良后所测的几种土壤重金属含量均符合国家《土壤环境质量标准(修订)》(GB 15618—2008)二级标准，表明施用烟气脱硫石膏到围垦滩涂土壤中，其所含的重金属不会污染土壤。

为了更加清楚地了解施用烟气脱硫石膏对土壤重金属的累积效应，表 6-10 给出了一些研究中烟气脱硫石膏施用前后耕层土壤重金属含量变化。烟气脱硫石膏

中的部分重金属元素含量虽然高于土壤背景值，但由于一般只施放一次，并且添加剂量很小，随着时间推移，土壤重金属浓度基本可以保持或者回复到原来的背景值，低于国家土壤环境质量的二级标准。烟气脱硫石膏的施入并未引起土壤重金属浓度的累积，改良后土壤的重金属浓度符合《土壤环境质量标准》(GB 15618—1995)。这可能是由于烟气脱硫石膏能降低土壤对 Cd、Cu、Ni、Zn、Pb、Cr 的吸附作用(童泽军等，2009)。利用烟气脱硫石膏改良围垦滩涂盐碱土基本不会对土壤重金属含量造成影响。

**表 6-10　烟气脱硫石膏施用前后耕层土壤重金属含量变化**　(单位：mg/kg)

| 烟气脱硫石膏施用量 | 改良前后 | As | Hg | Pb | Cr | Cu | Cd | 参考文献 |
|---|---|---|---|---|---|---|---|---|
| $60t/hm^2$ | 烟气脱硫石膏 | 5.1 | 0.20 | 14.7 | 0.47L[c] | 11.5 | | 毛玉梅和李小平，2016 |
| | 对照处理 | 12.7 | 0.0001L | 24.7 | 86.2 | 23.0 | 0.29 | |
| | 改良后(第 4 年) | 15.6 | 0.0001L | 24.5 | 85.8 | 22.1 | 0.27 | |
| $30t/hm^2$ | 烟气脱硫石膏 | 22.0 | < 2.0 | 16 | 2.0 | | < 1.0 | 李彦等，2010b |
| | 改良前背景值 | 11.5 | 0.04 | 49.2 | 66.0 | | 0.094 | |
| | 改良后(第 5 年) | 11.6 | 0.03 | 56.4 | 63.9 | | 11.3 | |
| $37.5t/hm^2$ | 烟气脱硫石膏 | 2.71 | 0.03 | 11.2 | 21.3 | | 0.49 | 王淑娟等，2013 |
| | 原始土壤 | 12.9 | 0.17 | 14.9 | 63.1 | | 0.61 | |
| | 施用后(2 个月) | 6.00 | 0.033 | 16.9 | 40.1 | | 0.17 | |
| $45t/hm^2$ | 烟气脱硫石膏 | 6.07 | 0.34 | 34.4 | 19.6 | | 0.12 | 王彬，2010 |
| | 对照 | 11.0 | 0.09 | 51.6 | 50.8 | | 0.11 | |
| | 施用后(第 2 年) | 11.5 | 0.08 | 46.2 | 65.5 | | 0.09 | |
| | 土壤环境质量标准(GB 15618—1995) | 25.0 | 1.00 | 350 | 250 | | 0.60 | |
| $2.2 \sim 20t/hm^2$ | 烟气脱硫石膏 | < 1.28 | 0.62 | < 0.77 | 5.06 | < 0.38 | 0.32 | Chen et al.，2014 |
| | 对照 | 8.86 | 0.042 | 13.6 | 28.5 | 8.09 | 0.96 | |
| | 改良后(4～18 个月) | 8.75 | 0.050 | 13.2 | 28.3 | 8.89 | 0.95 | |
| $23t/hm^2$ | 烟气脱硫石膏 | | | 15.7 | 12.2 | 12.5 | | Chun et al.，2001 |
| | 对照 | | | 14.9 | 2.4 | 11.2 | | |
| | 改良后(第 4 年) | | | 15.0 | 2.3 | 11.7 | | |

注：施用量均为所有烟气脱硫石膏处理中的最大施用量；所有引用的文献中烟气脱硫石膏施用次数均为 1 次。表中 L 表示低于检测限

但目前对烟气脱硫石膏改良土壤过程中土壤重金属累积效应的相关研究较为匮乏，需要更多的更长期的试验来证明烟气脱硫石膏的施用具有低的环境风险，从而推动烟气脱硫石膏在环境上的大面积应用。

关于烟气脱硫石膏提高作物产量、土壤质量和水质的相关研究越来越被人们所关注，美国在最主要的农业产区大量利用烟气脱硫石膏已有近 20 年的时间，在所进行的研究中，烟气脱硫石膏对环境的影响大部分是积极的，甚至连续施用 80 年也仅有很少的负面影响(Watts and Dick，2014)。

### 6.3.3 烟气脱硫石膏对土壤重金属 Hg 的作用

由于在电厂湿法脱硫的过程中可能混入少量飞灰，烟气脱硫石膏的环境安全是必须考虑的问题。王淑娟等(2013)的研究结果表明，在烟气脱硫石膏 Hg 含量(0.17mg/kg)高于原始土壤(Hg=0.03mg/kg)和烟气脱硫石膏添加量接近 $40t/hm^2$ 的情景下，土壤 Hg 的含量均低于《土壤环境质量标准》(GB 15618—1995)二级标准。

李小平等(2014)的研究表明，除了 Hg 之外，烟气脱硫石膏的其他重金属含量均比滩涂盐碱地的土壤重金属含量低，不会对土壤环境安全产生影响。烟气脱硫石膏中 Hg 的含量虽然高于土壤背景，却仍满足《土壤环境质量标准》(GB 15618—1995)二级标准(pH＞7.5)，而且施用量最大只是表层土壤的 5%。2013 年 8 月，在施放烟气脱硫石膏两年后，对崇明东滩示范工程土壤中的 Hg 进行了检测。结果也表明，即便在烟气脱硫石膏添加量为 $60t/hm^2$ 时，土壤样品提取液中的 Hg 均低于检测限($n$=14)(表 6-11)。一次性使用烟气脱硫石膏没有环境安全隐患。

但是，也有 Hg 在土壤和植物中累积的报道。王立志等(2011)采用太原第一热电厂的烟气脱硫石膏，Hg 的含量高达 2.32mg/kg，施用量为 $22.5t/hm^2$。一次性施用后 0～20cm 土壤中 Hg 的含量由原来种植苜蓿前的 0.13mg/kg 提高到苜蓿收获后的 0.16mg/kg。苜蓿茎、叶中 Hg 的含量分别为 0.04mg/kg 和 0.06mg/kg，比对照组苜蓿茎、叶的 Hg 含量都提高了一倍。

Wang(2012)的研究发现，较高的烟气脱硫石膏施用量会造成土壤中的 Hg 含量提高，导致土壤向大气中释放的 Hg 数量及植物根和叶中 Hg 含量的升高。高温和多雨(水)对土壤中 Hg 的释放有利，植物根和叶中的一部分 Hg 来自于大气。

烟气脱硫石膏往往比开采的矿质石膏含有较高浓度的 Hg，美国的研究人员也对其在农业或其他用途应用中的 Hg 给予了高度关注。美国烟气脱硫石膏中 Hg 的浓度为 10～1400μg/kg(Chen et al.，2014；EPRI，2011)。Briggs 等(2014)研究表明 Hg 可以从烟气脱硫石膏处理过的土壤释放到空气中。在这一研究中，3 种来源的烟气脱硫石膏与 3 种土壤(0～15cm 土层)以 $4.5t/hm^2$、$45t/hm^2$、$170t/hm^2$ 混合，代表使用约 1 年、10 年和 80 年。3 个来源的石膏 Hg 浓度为 70～391μg/kg，与矿质石膏中 1.0μg/kg 和 2.0μg/kg 作对比处理。加入石膏的土壤 Hg 浓度为 21～48μg/kg，低于被认为的典型土壤自然背景值(100μg/kg)。与未经处理的土壤相比较。烟气脱硫石膏处理过的土壤 Hg 的排放(小于总汞使用的 1%)远远低于当烟气脱硫石膏单独放置在加盖培养皿中时的排放率(总汞的 26%～68%)。这表明土壤与烟气脱硫石膏的相互作用可以显著减少 Hg 向大气中排放。灌溉排水中总汞和甲基汞的含量和植物中测量的总汞浓度在处理和未处理的土壤中均相近。

**表 6-11 烟气脱硫石膏施入前后耕层土壤重金属含量变化**

| 试验地点 | 烟气脱硫石膏施用量 | Hg 含量/(mg/kg) |
|---|---|---|
| | 上海土壤本底值 | 0.2 |
| 崇明东滩 | 0t/hm$^2$ | 0.0001L[c] |
| | 60t/hm$^2$ | 0.0001L |
| 南汇东滩 | 0t/hm$^2$ | 0.0001L |
| | 60t/hm$^2$ | 0.0001L |
| | 土壤环境质量二级标准[a] | 1.0 |
| | 土壤环境质量一级标准[b] | 0.15 |

a.《土壤环境质量标准》(GB 15618—1995) (pH＞7.5)；b.《土壤环境质量标准》(GB 15618—1995) (pH＞7.5)；c.表示未检出，其数值为该项目检出限

从表 6-11 中可见，烟气脱硫石膏中的 Hg 含量虽然高于围垦滩涂盐碱土背景含量，却仍满足《土壤环境质量标准》(GB 15618—1995)二级标准(pH＞7.5)，而且最大施用量(60t/hm$^2$)只是表层土壤的 10%。施放烟气脱硫石膏两年后(2013年)，测定围垦滩涂土壤中的 Hg 含量。测试结果也表明，即便在烟气脱硫石膏添加量为 60t/hm$^2$ 时，崇明东滩土壤样品提取液中 Hg 低于检测限($n$=14)，南汇东滩土样中只有一个样品 Hg 含量为 0.17mg/kg($n$=8)，略高于土壤环境质量一级标准。由于施入的烟气脱硫石膏最多仅占土壤质量的 10%，且仅施放一次，混合施用后土壤中的重金属 Hg 可以保持在安全范围内，适量施用烟气脱硫石膏不会给环境带来不利的影响(李小平等，2014)。

另外，Briggs 等(2014)研究表明，Hg 可以从烟气脱硫石膏处理过的土壤释放到空气中。灌溉排水中总 Hg 和甲基 Hg 的含量和植物中测量的总 Hg 浓度在处理和未处理的土壤中相近。Chen 等(2014)研究发现，烟气脱硫石膏处理的土壤和蚯蚓中的 Hg 相比对照处理组和矿质石膏处理组略有增加。烟气脱硫石膏处理的土壤 Hg 浓度与对照基本没有显著差异。王淑娟等(2013)的研究表明，在烟气脱硫石膏 Hg 含量高于原始土壤和烟气脱硫石膏添加量接近 40t/hm$^2$ 的情景下，土壤 Hg 的质量分数均低于《土壤环境质量标准》(GB 15618—1995)二级标准。

从目前已经获得的数据上看，不同来源的烟气脱硫石膏中的重金属含量差异较大，必须重视烟气脱硫石膏在农业和环境上的应用，烟气脱硫石膏中含有的重金属尤其是 Hg 可能对土壤和其他环境造成的影响，施加前有必要检测重金属含量，设立用于农业和环境的烟气脱硫石膏的重金属标准。

### 6.3.4 烟气脱硫石膏对土壤蚯蚓的影响

Chen 等(2014)的一项研究调查了当使用烟气脱硫石膏时作为元素可利用性的指示种蚯蚓中的 Hg 及其他 14 种微量元素的含量，结果见表 6-12 和表 6-13。该项研究在横跨美国的 4 个地点(威斯康星州、俄亥俄州、印第安纳州和亚拉巴马州)进行。石膏的使用量在印第安纳州为 2.2t/hm$^2$，在俄亥俄州和亚拉巴马州为 20t/hm$^2$，是通常推荐使用量的 2～10 倍。从石膏使用到采样的时间在威斯康星州是 4 个月，俄亥俄州是 5 个月和 18 个月，印第安纳州是 6 个月，亚拉巴马州是 11 个月。在所有测定的元素中，烟气脱硫石膏处理组蚯蚓中的 Hg 浓度和对照、矿质石膏处理组相比轻微增加。在印第安纳州和威斯康星州，烟气脱硫石膏处理中的蚯蚓体内的 Se 浓度显著高于对照处理，但不显著高于矿质石膏处理(表 6-12)。与所有元素的对照组相比，烟气脱硫石膏处理组的非净化蚯蚓的生物富集系数统计学上相似或低于对照处理(表 6-14)。正常农业推荐剂量上施用烟气脱硫石膏对蚯蚓和土壤中的示踪元素并没有显著影响。

**表 6-12 蚯蚓体内 Hg、As 和 Se 的浓度**(Chen et al.，2014)

| 位置 | 石膏 | 石膏用量 | 时间 | Hg/(μg/kg) | As/(mg/kg) | Se/(mg/kg) |
|---|---|---|---|---|---|---|
| 俄亥俄州 | 烟气脱硫石膏 | 20t/hm$^2$ | 5 个月 | 1110 | 6.74 | 36.0 |
| | 矿质石膏 | 20t/hm$^2$ | 5 个月 | 939 | 7.96 | 49.7 |
| | 对照 | 0t/hm$^2$ | 5 个月 | 791 | 5.58 | 29.6 |
| 俄亥俄州 | 烟气脱硫石膏 | 20t/hm$^2$ | 18 个月 | 1280 | 5.53b | 27.5 |
| | 矿质石膏 | 20t/hm$^2$ | 18 个月 | 1080 | 7.34a | 27.9 |
| | 对照 | 0t/hm$^2$ | 18 个月 | 1030 | 5.11b | 27.1 |
| 印第安纳州 | 烟气脱硫石膏 | 2.2t/hm$^2$ | 6 个月 | 432 | 4.87 | 21.9a |
| | 矿质石膏 | 2.2t/hm$^2$ | 6 个月 | 481 | 4.02 | 20.1ab |
| | 对照 | 0t/hm$^2$ | 6 个月 | 518 | 3.93 | 14.2b |
| 亚拉巴马州 | 烟气脱硫石膏 | 20t/hm$^2$ | 11 个月 | 149 | 4.44 | 8.03 |
| | 矿质石膏 | 20t/hm$^2$ | 11 个月 | 128 | 5.98 | 8.34 |
| | 对照 | 0t/hm$^2$ | 11 个月 | 115 | 5.16 | 6.97 |
| 威斯康星州 | 烟气脱硫石膏 | 9.0t/hm$^2$ | 4 个月 | 177 | 3.48 | 5.73a |
| | 矿质石膏 | 9.0t/hm$^2$ | 4 个月 | 168 | 4.09 | 4.44ab |
| | 对照 | 0t/hm$^2$ | 4 个月 | 155 | 3.98 | 3.99b |

注：表中数值为 4 个重复的平均值。在同一位点同一元素，均值后无字母或者有相同字母代表用 LSD 检验在 $P$=0.05 水平无显著差异；时间长度为施用石膏到蚯蚓采样；Se 的测定为采用氢化物发生原子吸收光谱法

表 6-13 蚯蚓体内若干重金属元素浓度(Chen et al.，2014)

| 位置 | 石膏 | 石膏用量 | 时间 | Ba/(mg/kg) | Cd/(mg/kg) | Co/(mg/kg) | Cr/(mg/kg) | Cu/(mg/kg) | Mo/(mg/kg) | Ni/(mg/kg) | Pb/(mg/kg) | Sb/(mg/kg) | Sr/(mg/kg) | V/(mg/kg) | Zn/(mg/kg) |
|---|---|---|---|---|---|---|---|---|---|---|---|---|---|---|---|
| 俄亥俄州 | 烟气脱硫石膏 | 20t/hm$^2$ | 5 个月 | 33.4b | 17.0 | 5.81 | 5.04b | 12.1 | 0.944 | 4.67b | 6.56b | 1.86 | 9.73 | 9.24b | 732 |
| | 矿质石膏 | 20t/hm$^2$ | 5 个月 | 52.8a | 19.2 | 7.23 | 8.39a | 11.1 | 0.788 | 6.78a | 10.5a | 1.40 | 62.0 | 14.2a | 589 |
| | 对照 | 0t/hm$^2$ | 5 个月 | 38.5ab | 11.3 | 6.01 | 6.93ab | 9.46 | 0.548 | 5.87ab | 7.40ab | 1.05 | 12.0 | 11.9a | 433 |
| 俄亥俄州 | 烟气脱硫石膏 | 20t/hm$^2$ | 18 个月 | 30.4 | 12.4 | 4.93 | 9.06 | 7.05b | 0.938 | 7.52 | 7.06b | 1.06 | 4.96b | 11.2 | 391 |
| | 矿质石膏 | 20t/hm$^2$ | 18 个月 | 45.0 | 11.9 | 6.09 | 10.6 | 8.15a | 0.995 | 9.22 | 10.2a | 1.08 | 19.9a | 16.3 | 338 |
| | 对照 | 0t/hm$^2$ | 18 个月 | 39.6 | 12.2 | 4.92 | 7.38 | 6.98b | 1.04 | 6.96 | 9.10ab | 1.05 | 7.96b | 12.9 | 419 |
| 印第安纳州 | 烟气脱硫石膏 | 2.2t/hm$^2$ | 6 个月 | 17.2 | 9.76a | 2.95 | 3.62 | 7.10 | 0.555 | 2.06 | 1.62 | 1.52 | 5.18b | 10.5 | 381a |
| | 矿质石膏 | 2.2t/hm$^2$ | 6 个月 | 16.8 | 8.09ab | 4.18 | 3.38 | 7.29 | 0.568 | 1.84 | 1.33 | 1.20 | 9.49a | 10.3 | 294b |
| | 对照 | 0t/hm$^2$ | 6 个月 | 17.0 | 663b | 3.56 | 3.66 | 6.80 | 0.745 | 2.18 | 1.15 | 1.63 | 5.86b | 10.5 | 262b |
| 亚拉巴马州 | 烟气脱硫石膏 | 20t/hm$^2$ | 11 个月 | 18.5 | 1.14 | 1.92 | 4.51 | 15.7 | 0.579 | 2.85 | 2.06 | 3.55 | 21.5 | 10.1 | 453 |
| | 矿质石膏 | 20t/hm$^2$ | 11 个月 | 24.0 | 1.26 | 2.43 | 4.93 | 9.88 | 0.735 | 3.30 | 1.60 | 2.15 | 68.2 | 10.3 | 455 |
| | 对照 | 0t/hm$^2$ | 11 个月 | 21.1 | 1.02 | 2.14 | 4.95 | 8.06 | 0.655 | 3.26 | 1.33 | 1.49 | 7.65 | 10.8 | 350 |
| 威斯康星州 | 烟气脱硫石膏 | 9.0t/hm$^2$ | 4 个月 | 66.4 | 1.93 | 5.23 | 11.6 | 6.74 | 0.612 | 8.59 | 3.78 | 1.05 | 10.6b | 24.1 | 182c |
| | 矿质石膏 | 9.0t/hm$^2$ | 4 个月 | 66.3 | 2.19 | 5.11 | 11.4 | 6.33 | 0.698 | 8.54 | 3.48 | 1.05 | 15.7a | 23.7 | 194b |
| | 对照 | 0t/hm$^2$ | 4 个月 | 72.6 | 2.15 | 6.26 | 10.8 | 6.73 | 0.635 | 8,54 | 4.37 | 1.12 | 11.4b | 22.8 | 210a |

注：表中数值为 4 个重复的平均值；同一位点同一元素，均值后无字母或者有相同字母表示 LSD 检验在 $P$=0.05 水平无显著差异；时间长度为从施用石膏到采集土样

**表 6-14 从土壤中直接采集的蚯蚓中 Hg、As、Se、Cd、Cu、Mo 和 Zn 的生物累积因子**
（Chen et al.，2014）

| 位置 | 石膏 | 石膏用量 | 时间 | 生物累积因子 | | | | | | |
|---|---|---|---|---|---|---|---|---|---|---|
| | | | | Hg | As | Se | Cd | Cu | Mo | Zn |
| 俄亥俄州 | 烟气脱硫石膏 | 20t/hm² | 5 个月 | 16.6 | 0.61 | 75.6 | 16.7 | 1.28 | 0.81 | 7.54 |
| | 矿质石膏 | 20t/hm² | 5 个月 | 15.9 | 0.81 | 126 | 19.5 | 1.30 | 0.70 | 6.04 |
| | 对照 | 0t/hm² | 5 个月 | 13.9 | 0.53 | 78.4 | 11.1 | 1.02 | 0.42 | 4.41 |
| 俄亥俄州 | 烟气脱硫石膏 | 20t/hm² | 18 个月 | 22.8 | 0.44 | 215 | 9.45 | 0.56 | 0.80 | 4.11 |
| | 矿质石膏 | 20t/hm² | 18 个月 | 21.2 | 0.51 | 242 | 8.62 | 0.71 | 0.80 | 3.30 |
| | 对照 | 0t/hm² | 18 个月 | 19.5 | 0.39 | 271 | 9.50 | 0.66 | 1.02 | 4.19 |
| 印第安纳州 | 烟气脱硫石膏 | 2.2t/hm² | 6 个月 | 9.64 | 0.53 | 48.5 | 9.97 | 1.22 | 1.19 | 5.06 |
| | 矿质石膏 | 2.2t/hm² | 6 个月 | 12.6 | 0.39 | 40.1 | 7.87 | 1.04 | 0.97 | 4.35 |
| | 对照 | 0t/hm² | 6 个月 | 11.7 | 0.44 | 35.8 | 6.82 | 1.13 | 1.55 | 4.11 |
| 亚拉巴马州 | 烟气脱硫石膏 | 20t/hm² | 11 个月 | 6.34 | 1.11 | 38.4 | 5.68 | 5.73 | 1.31 | 19.1ab |
| | 矿质石膏 | 20t/hm² | 11 个月 | 5.37 | 1.71 | 38.3 | 6.63 | 4.33 | 2.04 | 19.3a |
| | 对照 | 0t/hm² | 11 个月 | 4.36 | 1.67 | 32.2 | 4.00 | 2.73 | 2.21 | 13.7bc |
| 威斯康星州 | 烟气脱硫石膏 | 9t/hm² | 4 个月 | 3.70b | 0.51 | 36.0 | 1.61 | 0.58 | 1.18 | 2.90 |
| | 矿质石膏 | 9t/hm² | 4 个月 | 5.79a | 0.59 | 31.2 | 1.87 | 0.55 | 1.61 | 3.08 |
| | 对照 | 0t/hm² | 4 个月 | 5.28a | 0.51 | 23.5 | 1.81 | 0.58 | 1.22 | 3.22 |

注：表格中的生物累积因子根据未净化蚯蚓体内元素的浓度与土壤中元素浓度（包括蚯蚓）的比值来计算，数值为 4 个重复的平均值；同一研究位点同一元素，数字后无字母或者字母相同表明在 $P$=0.05 水平无显著差异（LSD 检验方法）；时间长度为施用石膏到土壤样品收集

Chen 等（2014）对比了烟气脱硫石膏和矿质石膏对土壤、土壤水分、植物组织及蚯蚓组织中这些重金属元素的浓度，研究发现，烟气脱硫石膏处理过的土壤、土壤水分、植物组织及蚯蚓组织中的重金属元素浓度低于矿质石膏处理组，或与之持平。

### 6.3.5 烟气脱硫石膏对淡水和底栖生物的影响

Greenway 等（2011）在烟气脱硫石膏浓度为 2400mg $CaSO_4$/L（烟气脱硫石膏最大溶解度）的条件下，测量了烟气脱硫石膏对两种浮游动物，即模糊网纹蚤（*Ceriodaphnia dubia*）和黑头软口鲦（*Pimephales promelas*），两种底栖动物，即摇蚊（*Chironomus dilutus*）和钩虾（*Hyalella azteca*）的急性毒性（48h）和慢性毒性（7～10 天）。研究结果如下。

（1）将模糊网纹蚤和黑头软口鲦暴露在不同浓度的烟气脱硫石膏溶液（0g/L、

0.15g/L、0.30g/L、0.60g/L、1.2g/L、2.4g/L）中，没有发现毒性作用，无论是急性还是慢性毒性作用。

(2)将摇蚊和钩虾暴露在不同配比烟气脱硫石膏和底泥环境中，测量它们的存活率（survival rate，%）和平均增长量（mean replicate mass，mg）。除了在烟气脱硫石膏：底泥 =25：75 时，钩虾的增长与空白相比较有显著差别，摇蚊和钩虾在其他暴露条件下都没有发现毒性作用（表 6-15）。

**表 6-15 对摇蚊和钩虾的 10 天毒性和损害评价**（Greenway et al.，2011）

| 生物体 | 稀释石膏：底泥 | 存活率/% | 平均增长量[a]/mg |
|---|---|---|---|
| 钩虾 | 0：100（对照） | 98 | 0.14±0.01 |
| | 0.1：99.9 | 100 | 0.15±0.01 |
| | 1：99 | 95 | 0.17±0.01 |
| | 10：90 | 100 | 0.20±0.01 |
| | 25：75 | 98 | 0.23±0.02 |
| | 50：50 | 83 | 0.18±0.02 |
| 摇蚊 | 0：100（对照） | 100 | 3.76±0.13 |
| | 0.01：99.99 | 100 | 3.26±0.13 |
| | 0.1：99.9 | 100 | 3.40±0.21 |
| | 1：99 | 100 | 3.59±0.20 |
| | 10：90 | 98 | 3.35±0.22 |
| | 25：75 | 100 | 2.90±0.07[b] |

a. 均值±标准误差；b. 统计学上与对照处理差异显著

烟气脱硫石膏在农业使用量的水平上，对淡水和底栖生物没有影响。

### 6.3.6 烟气脱硫石膏对植物生理的影响

#### 6.3.6.1 一般性研究综述

目前，烟气脱硫石膏对植物的研究多集中在对植物生长指标（如生长发育、出苗率、植株和根系等）的影响，对植物生理影响的研究还不充分。

王静等（2015）对国内一些零散的研究作了综述，认为烟气脱硫石膏通过影响土壤的理化性质，直接或间接地影响土壤微生物活动和植物的生长。大田和温室研究试验表明，烟气脱硫石膏中的许多化学成分促进植物生长和改善土壤农艺特性；烟气脱硫石膏作为土壤改良剂，在盐渍和非盐渍化土壤上均有良好的应用效果。

烟气脱硫石膏中大量元素含量较低，而 Ca、Si、Fe、Zn 等中微量元素含量较为丰富，可参与植物体的各项生理活动。例如，烟气脱硫石膏中的 Si 可以促进水稻地上部的生长发育，增加地上部干物质积累，提高水稻光合效率，改善水稻冠层结构，促进根系生长，提高根系活力，对水稻营养元素的吸收有明显影响；增强其抵抗病虫害的能力及抗旱和抗倒伏的能力；同时增加产量(许佳莹等，2012)。随着人们对硫元素在作物种植中重要性认识的提高，白亚妮(2010)研究了硫磺改良盐碱化土壤的效果，结果表明硫磺在改良盐碱化土壤中具有良好的效果，特别是针对宁夏平罗地区的碱性土壤。

作物通过体内活性氧的累积、细胞膜脂过氧化、叶绿素分解加速等过程响应环境胁迫。而烟气脱硫石膏中丰富的 S、Ca、Si 等矿质元素可以直接或间接提高植物的抗逆性。通过盐胁迫下 Ca 对大麦渗透调节的研究发现，Ca 可直接或间接地促进大麦植株的渗透调节作用，调控大麦在盐胁迫下的正常生长发育；同样 $Ca^{2+}$ 处理可提高玉米种子的抗逆性；许洁等(2008)的研究表明，S 营养在干旱胁迫条件下具有显著的增强作物抗旱性的能力，以及在重金属 Zn 胁迫时具有抵抗污染物伤害的能力。烟气脱硫石膏改良盐碱地种植四翅滨藜，通过对叶片荧光特性的研究结果表明，施用烟气脱硫石膏可以减弱土壤盐碱胁迫对四翅滨藜叶片光合电子传递活性的影响，增强植物抗逆性，提高光合作用效率，促进植物生长。

肥料中的营养直接参与植株的生长发育或调节植株新陈代谢，因而，植物产量和品质的形成，与环境中充分的功能养分供给密切相关。有研究表明烟气脱硫石膏可以提高作物的产量和品质，肖国举等(2010b)用烟气脱硫石膏改良碱化土壤种植枸杞，有效提高了枸杞红果的体积、红果鲜重和产量。宁夏盐碱地施用烟气脱硫石膏的试验表明，不同施用量的烟气脱硫石膏改良盐碱地种植油葵，均可提高油葵的出苗率、生物量和产量，22.5t/hm$^2$ 的烟气脱硫石膏施用量可增加盐碱地种植苜蓿产量的 60%。施用烟气脱硫石膏可明显提高全盐含量 0.4%的滨海盐渍土上种植紫花苜蓿的生理机能，有效提高紫花苜蓿的生物量。烟气脱硫石膏中丰富的 Si、Fe 等植物必需或有益的矿质元素，是使作物增产和品质提高的一个重要原因。

#### 6.3.6.2 烟气脱硫石膏对油葵和甜高粱的植物生理影响

王彬(2010)选取宁夏平罗西大滩两种不同类型的盐碱地，采用大田和盆栽相结合的方法，根据不同土壤本底条件设置了三组各 5 个不同烟气脱硫石膏施用量水平，选择两种植物(油葵和甜高粱)，连续两年(2008 年、2009 年)在其苗期、现蕾期(拔节期)、成熟期测量土壤理化性质和植物生长指标，同时，探讨了烟气脱硫石膏施用后对植物光合特性、细胞膜透性、渗透调节物质和抗氧化保护酶活性的影响。下面简述烟气脱硫石膏对碱化土壤油葵和甜高粱植物生理(细胞膜透性、植物渗透调节、抗氧化保护酶活性和光合作用)的影响。

1) 细胞膜透性

植物细胞膜对维持细胞的微环境和正常代谢起着重要作用。在正常情况下，细胞膜对物质具有选择透性能力。但当植物遭受逆境时(如干旱、盐碱等)，细胞膜遭到破坏，使细胞内的电解质外渗，导致细胞膜透性增大。一般来说，膜透性增大的程度与逆境胁迫强度有关，也与植物抗逆性强弱相关。因此，在盐碱地改良中常选择植物的细胞膜透性来评判土壤改良的效果。

表 6-16 给出了烟气脱硫石膏施用量为 22.5t/hm$^2$(T2)时，第二年(2008 年)和第三年(2009 年)大田甜高粱不同生育期叶片和根系细胞膜透性的变化。如表 6-16 所示，碱化土壤大田上种植的甜高粱叶片和根系细胞膜透性呈逐年下降趋势，且施用烟气脱硫石膏后，各处理与对照相比显著降低($P<0.05$)，表明改良后碱化土壤理化性质好转，甜高粱遭受的盐碱胁迫减轻，因此细胞膜透性降低。

**表 6-16　施用烟气脱硫石膏后大田甜高粱不同生育期的细胞膜透性**(王彬，2010)(单位：%)

| 植物部位 | 处理 | 2008 年 | | 2009 年 | | |
|---|---|---|---|---|---|---|
| | | 拔节期 | 成熟期 | 苗期 | 拔节期 | 成熟期 |
| 叶片 | CK | 35.78±0.91a | 29.26±0.57a | 30.91±0.77a | 22.55±0.63a | 18.01±0.22b |
| | T2 | 29.63±0.28c | 26.52±0.84b | 23.03±0.21c | 19.50±0.13c | 13.18±0.32c |
| 根系 | CK | 40.04±1.21a | 50.23±1.65a | 30.33±0.74a | 38.85±0.61a | 45.81±1.76a |
| | T2 | 32.83±0.33d | 43.75±0.53b | 24.57±0.69c | 27.80±0.83d | 34.23±0.73e |

注：T2 的烟气脱硫石膏施用量为 22.5t/hm2；同列中不同字母表示在 0.05 水平上差异显著($P < 0.05$)

碱化土壤大田上种植的油葵叶片细胞膜透性也呈逐年下降趋势，且各时期各处理的细胞膜透性均显著低于对照($P<0.05$)。各处理中以 T2(22.5t/hm$^2$)的效果最好，在改良第一年(2008 年)的苗期，大田油葵叶片细胞膜透性为 37.76%，比对照降低了 7.58%；到改良第二年(2009 年)的现蕾期，叶片细胞膜透性为 33.74%，比对照降低了 20.27%。

2) 植物渗透调节

在逆境条件下，植物会在细胞中积累大量的渗透调节物质，以调节渗透势，维持膨压，并对酶、蛋白质、生物膜等起保护作用，使植物抗逆性增强。因此，在土壤改良研究中也常用植物的渗透调节能力来反映土壤改良状况。脯氨酸和可溶性糖是植物体内常见的渗透调节物质，它们的含量能较好地反映植物的抗逆性，是植物抗逆生理研究中常用的指标。

表 6-17 给出了烟气脱硫石膏施用量为 22.5t/hm$^2$(T2)时第二年(2008 年)和第三年(2009 年)盆栽油葵不同生育期叶片脯氨酸含量(μg/g FW)的变化。施用 22.5t/hm$^2$ 烟气脱硫石膏后，碱化土壤盆栽种植油葵的叶片脯氨酸含量均显著低于对照($P<0.05$)，表明改良后碱化土壤理化性质好转，盆栽油葵遭受的盐碱胁迫减轻，因此

脯氨酸含量降低。

**表 6-17　改良后盆栽油葵不同生育期叶片脯氨酸含量的变化**(王彬，2010)(单位：μg/g FW)

| 处理 | 年份 | 叶片脯氨酸含量 | | |
|---|---|---|---|---|
| | | 苗期 | 现蕾期 | 成熟期 |
| CK | 2008 | 705.29±16.81a | 875.19±10.26b | 519.71±6.35a |
| | 2009 | 694.98±17.35a | 786.12±21.37b | 454.61±14.74b |
| T2 | 2008 | 485.63±11.61d | 786.17±11.91d | 409.72±12.03c |
| | 2009 | 385.32±22.47d | 497.05±34.68e | 338.48±12.23c |

注：同列中不同字母表示差异显著($P < 0.05$)

施用烟气脱硫石膏后，碱化土壤盆栽和大田种植甜高粱的叶片及根系中可溶性糖含量均升高，且各处理与对照差异显著($P<0.05$)。以 T2 处理(22.5t/hm$^2$)为例，在甜高粱大田试验中(2008 年)苗期叶片中可溶性糖含量比对照升高了 56.24%，苗期根系中可溶性糖含量比对照升高了 166.36%。

3)抗氧化保护酶活性

当植物遭受逆境胁迫时，体内会产生活性氧(active oxygen species，AOS)，其中超氧化物歧化酶(SOD)和过氧化物酶(POD)是植物体内抗氧化防御体系的关键酶。植物体内抗氧化保护酶活性的高低在一定程度上反映了其所遭受的逆境胁迫程度。

表 6-18 给出了烟气脱硫石膏施用量为 22.5t/hm$^2$(T2)时第二年(2008 年)和第三年(2009 年)大田油葵不同生育期叶片超氧化物歧化酶(SOD)活性的变化(μg/g FW)。表 6-19 给出了烟气脱硫石膏施用量为 22.5t/hm$^2$(T2)时第三年(2009)大田甜高粱不同生育期叶片和根系过氧化物酶(POD)活性的变化(μg/gFW)。施用 22.5t/hm$^2$ 烟气脱硫石膏后，碱化土壤大田油葵和甜高粱的叶片和根系超氧化物歧化酶(SOD)和过氧化物酶(POD)呈显著下降趋势($P<0.05$)，表明改良后碱化土壤理化性质好转，大田油葵和甜高粱遭受的盐碱胁迫减轻，因此抗氧化保护酶活性降低。

**表 6-18　改良后大田油葵不同生育期叶片 SOD 活性的变化**(王彬，2010)
(单位：μg/g FW)

| 处理 | 年份 | 叶片 SOD 活性 | | |
|---|---|---|---|---|
| | | 苗期 | 现蕾期 | 成熟期 |
| CK | 2008 | 391.19±10.23b | 385.91±12.68b | 390.92±28.52a |
| | 2009 | 365.27±10.18a | 368.21±8.13a | 331.09±13.25b |
| T2 | 2008 | 369.15±11.08c | 329.72±9.18c | 306.87±6.17d |
| | 2009 | 304.54±6.59d | 217.05±6.01e | 225.12±8.07c |

注：同列中不同字母表示在 0.05 水平上差异显著($P < 0.05$)

**表 6-19 改良后大田甜高粱不同生育期叶片和根系 POD 活性的变化**(王彬，2010)
[单位：μg /(g·min FW)]

| 植物部位 | 处理 | 苗期 | 现蕾期 | 成熟期 |
|---|---|---|---|---|
| 叶片 | CK | 323.26±18.24a | 258.44±17.60b | 386.85±14.77c |
| | T2 | 237.38±14.47c | 246.81±25.12c | 350.14±21.33d |
| 根系 | CK | 326.39±11.19a | 300.68±29.29a | 487.90±29.90a |
| | T2 | 252.32±9.18b | 147.13±27.92d | 260.25±9.55e |

注：同列中不同字母表示在 0.05 水平上差异显著($P < 0.05$)

4)光合作用

光合性能是判断植物生长发育好坏的重要指标之一。一般来说，生长发育良好的植物，拥有较高的光合性能。表 6-20 给出了烟气脱硫石膏施用量为 22.5t/hm$^2$(T2)时，第二年(2008 年)和第三年(2009 年)大田甜高粱不同生育期净光合速率的变化。施用 22.5t/hm$^2$ 烟气脱硫石膏后，碱化土壤大田油葵和甜高粱的净光合速率变化呈显著上升趋势($P$<0.05)，表明改良后碱化土壤理化性质好转，大田油葵和甜高粱植物光合性能大幅提高，植物生长指标的提高是必然的。

**表 6-20 改良后大田甜高粱不同生育期净光合速率变化**(王彬，2010) [单位：μmol/(m$^2$·s)]

| 处理 | 年份 | 苗期 | 现蕾期 | 成熟期 |
|---|---|---|---|---|
| CK | 2008 | 12.44±0.38a | 9.42±0.24a | 8.56±0.36a |
| | 2009 | 20.35±0.83c | 18.59±1.03b | 17.08±0.87c |
| T2 | 2008 | 20.60±0.60c | 16.75±0.89c | 14.66±1.80b |
| | 2009 | 26.26±2.16d | 23.39±1.86e | 19.51±1.29c |

注：同列中不同字母表示在 0.05 水平上差异显著($P < 0.05$)

烟气脱硫石膏对盐化土壤油葵和甜高粱植物生理(细胞膜透性、植物渗透调节、抗氧化保护酶活性和光合作用)的影响，与碱化土壤条件下对油葵和甜高粱植物的生理影响大体一致；有兴趣的读者可以从王杉(2010)的论文中查找详细的数据。

### 6.3.7 烟气脱硫石膏对植物籽实重金属含量的影响

施用烟气脱硫石膏没有使在不同类型盐碱地上种植的植物(油葵和甜高粱)籽实中 Hg、As、Pb、Cr 和 Cd 等 5 种重金属元素含量超标《饲料卫生标准》(GB 13078—2001)和《粮食卫生标准》，表明施用烟气脱硫石膏后不会对在其土壤上种植的植物造成重金属污染(表 6-21)。

**表 6-21　不同类型盐碱地上种植的油葵和甜高粱籽实中重金属 Hg、As、Pb、Cr 和 Cd 含量**(王彬，2010)　(单位：mg/kg)

| 不同类型盐碱地 | 处理 | Hg 含量 | | As 含量 | | Pb 含量 | | Cr 含量 | | Cd 含量 | |
|---|---|---|---|---|---|---|---|---|---|---|---|
| | | 2008 年 | 2009 年 | 2008 年 | 2009 年 | 2008 年 | 2009 年 | 2008 年 | 2009 年 | 2008 年 | 2009 年 |
| 碱土大田甜高粱籽实 | CK(对照) | 0.0012 | 0.0500 | 0.11 | 0.10 | 0.25 | 0.48 | 0.11 | 2.00 | 0.0006 | 0.0050 |
| | T(处理) | 0.0014 | 0.0150 | 0.11 | 0.13 | 0.28 | 0.01 | 0.11 | 0.61 | 0.0005 | 0.0080 |
| 盐土大田油葵籽实壳 | CK(对照) | 0.0012 | 0.0050 | 0.07 | 0.18 | 0.19 | 0.19 | 0.04 | 0.13 | 0.0060 | 0.0070 |
| | T(处理) | 0.0014 | 0.0090 | 0.07 | 0.27 | 0.23 | 0.80 | 0.05 | 0.19 | 0.0100 | 0.0280 |
| 盐土大田油葵籽实仁 | CK(对照) | 0.0018 | 0.0080 | 0.02 | 0.2100 | 0.1580 | 0.2700 | 0.09 | 0.15 | 0.03 | 0.03 |
| | T(处理) | 0.0020 | 0.0110 | 0.05 | 0.3500 | 0.0760 | 0.2000 | 0.10 | 0.37 | 0.04 | 0.05 |
| 粮食卫生标准 | | 0.02 | | 0.70 | | 0.40 | | 1.00 | | 0.20 | |
| GB 13078—2001 | | 0.10 | | 10.00 | | 8.00 | | 10.00 | | 1.00 | |

# 6.4　烟气脱硫石膏的使用原则和政策建议

## 6.4.1　我国若干燃煤电厂烟气脱硫石膏的重金属含量

烟气脱硫石膏中有些重金属元素含量高于土壤自然背景值含量；一些主要的重金属元素如 Pb、Cd、Cr、As、Hg 等指标，基本上都低于国标最高容许量和土壤环境质量二级标准，符合国家控制标准。但土壤中的重金属较难迁移，具有残留时间长、隐蔽性强、毒性大等特点，并且可能经作物吸收后进入食物链，从而威胁人类的健康与其他动物的繁衍生息。因此，掌握烟气脱硫石膏重金属含量可能对土壤环境的影响，对于正确评估烟气脱硫石膏的生态风险至关重要。

中国工业和信息化部 2011 年 12 月 20 日发布了《烟气脱硫石膏》(JC/T 2074—2011)行业标准，并于 2011 年 12 月 20 日正式实施。这是我国化学石膏应用的第一部基础原才料标准，适用于采用石灰石/石灰-石膏湿法对含硫烟气进行脱硫净化处理而产生的以 $CaSO_4 \cdot 2H_2O$ 为主要成分的烟气脱硫石膏。该标准的技术参数为气味、含水率、硫酸钙含量、水溶性氧化镁、水溶性氧化钠、pH、氯离子和白度，主要是针对建筑材料/产品，没有重金属含量指标。

环境保护部 2017 年 1 月 10 日发布的《核电厂污染防治技术政策》，规定了①石灰石-石膏法脱硫技术所用的石灰石中碳酸钙含量应不小于 90%；②燃煤电厂石灰石-石膏法烟气脱硫工艺产生的脱硫石膏的技术指标应满足《烟气脱硫石膏》(JC/T 2074—2011)的相关要求；③脱硫石膏宜优先用于石膏建材产品或水泥调凝剂的生产；④脱硫石膏无综合利用条件时，应经脱水贮存，附着水含量(湿基)不应超过 10%。若在灰场露天堆放时，应采取措施防治扬尘污染，并按相关要求进行防渗处理。此项技术政策也没有考虑烟气脱硫石膏的重金属指标，以及可能的生态环境问题(如废弃的烟气脱硫石膏建材产品的处置等)。

李小平等(2014)给出了我国若干燃煤电厂烟气脱硫石膏的重金属含量(表 6-22)。从这些已经发表的研究报告中看，虽然烟气脱硫石膏中重金属的含量不高，但由于使用的燃煤产地不同、脱硫过程控制等问题，某些电厂的烟气脱硫石膏中某些重金属的指标还是相当高的。

**表 6-22 我国若干燃煤电厂烟气脱硫石膏的重金属含量**

| 工厂名称 | 重金属含量/(mg/kg) | | | | | 参考文献 |
|---|---|---|---|---|---|---|
| | As | Hg | Pb | Cr | Cd | |
| 内蒙古海勃湾电厂 | 2.20 | 0.20 | 1.60 | 0.89 | 0.44 | 李彦等，2010a，2010b |
| 内蒙古托克托电厂 | 0.21 | 0.20 | 8.30 | 2.70 | 2.10 | |
| 内蒙古乌拉山电厂 | 6.60 | 0.20 | 0.20 | 0.88 | 0.22 | |
| 内蒙古通辽电厂 | 6.60 | 0.20 | 0.60 | 1.70 | 0.21 | |
| 内蒙古霍林河电厂 | 0.10 | 0.10 | 0.10 | 2.00 | 010 | |
| 天津军粮城电厂 | 8.80 | 0.10 | 0.10 | 2.90 | 0.10 | |
| 天津杨柳青电厂 | 17.00 | 0.10 | 1.60 | 1.50 | 0.10 | |
| 哈尔滨热电厂 | 0.01 | 0.01 | 0.01 | 4.00 | 0.01 | |
| 吉林珲春电厂 | 30.00 | 0.50 | 6.40 | 2.00 | 0.50 | |
| 北方某电厂 | 13.00 | 0.50 | 6.40 | 8.60 | 0.50 | |
| 甘肃张掖电厂 | 30 | < 1.00 | 6.4 | 2 | < 1.00 | |
| 太原第一热电厂 | | 2.32 | | | | 王立志等，2011 |
| 上海吴淞电厂 | 5.1 | 0.20 | 14.7 | 0.47 | — | |
| 山东愉悦电厂 | 0.43 | 0.07 | 2.8L | 14.1 | — | |
| 宁夏马莲台火电厂 | 6.93 | 0.34 | 32 | 23.99 | 0.08 | 张峰举等，2010a |
| 某地区 9 个燃煤电厂 | 0.71 | 0.20 | 30.0 | 14.0 | 0.19 | 杜晓光，2010 |
| 北京石景山电厂 | 2.71 | 0.17 | 14.86 | 21.31 | 0.49 | 王淑娟等，2013 |
| 上海某电厂 | 5.10 | 0.20 | 14.7 | — | — | 李小平等，2014 |
| 山西省 8 个代表性电厂 | 1.60 | 1.60 | 23.3 | 23.5 | 0.06 | 李丽君等，2015 |
| 平均值 | 3.01 | 0.26 | 4.71 | 4.12 | 0.12 | |
| 2008(二级)[a] | 20 ~ 45 | 0.2 ~ 1.5 | 50 ~ 80 | 120 ~ 350 | 0.25 ~ 1.0 | |
| 1995(一级)[b] | 15 | 0.15 | 35 | 90 | 0.2 | |

a.《土壤环境质量标准(修订)》(GB 15618—2008)土壤无机物污染物的环境质量第二级标准值，包括农业用地的全部范围(从 pH≤5.5 到 pH>7.5，包括水田、旱地和菜地)；b.《土壤环境质量标准》(GB 15618—1995)一级标准

毛玉梅等(2016)又进一步总结中国 31 个电厂烟气脱硫石膏重金属含量(表 6-23)。这 31 家电厂烟气脱硫石膏中各重金属含量范围分别为 As 0.10～

17.0mg/kg、Pb 0.01～63.4mg/kg、Cr 0.47～69.2mg/kg、Cd 0.01～2.10mg/kg 和 Hg 0.01～3.99mg/kg。其中 As、Hg、Pb、Cr 和 Cd 的均值均低于国家环境质量二级标准，As、Pb、Cr 和 Cd 含量的最大值仍低于该标准，部分电厂烟气脱硫石膏中的重金属汞元素高于标准值。

**表 6-23　中国 31 家电厂烟气脱硫石膏重金属含量**　　(单位：mg/kg)

| 燃煤电厂 | As | Hg | Pb | Cr | Cd | 参考文献 |
|---|---|---|---|---|---|---|
| 范围 | 0.10 ~ 17.0 | 0.01 ~ 3.99 | 0.01 ~ 63.4 | 0.47 ~ 69.2 | 0.01 ~ 2.10 | 李小平等，2014<br>李丽君等，2015<br>杜晓光等，2010 |
| 均值 | 1.77 | 0.64 | 19.3 | 13.9 | 0.12 | |
| 土壤质量标准 | ≤20 | ≤1.0 | ≤350 | ≤250 | ≤0.6 | |

注：参考中国《土壤环境质量标准》(GB 15618—1995) 二级标准 (pH > 7.5)

曹晴等(2013)采集和分析了我国不同地区 25 个燃煤电厂烟气脱硫石膏样品中的 Hg 含量，这些电厂的燃煤主要来自河北、河南、山东、贵州、云南、四川、陕西、山西、内蒙古和越南的原煤，燃煤 Hg 含量为 0.09～1.63mg/kg。分析结果表明，这 25 个燃煤电厂烟气脱硫石膏中 Hg 的平均含量为 0.35mg/kg，浸出液中汞的理论最大值为 0.07mg/L。按照《固体废物浸出毒性浸出方法硫酸硝酸法》(HJ/T 299—2007)的规定标准 Hg 含量 0.1mg/L 计，脱硫石膏浸出液中 Hg 含量接近限值。

从目前已经获得的数据上看，烟气脱硫石膏在农业和环境上的应用前景广泛，必须重视烟气脱硫石膏中含有的重金属可能对土壤和其他环境造成的影响，即要设立用于农业和环境的烟气脱硫石膏的重金属标准。

### 6.4.2　烟气脱硫石膏的使用原则

由于烟气脱硫石膏存在一些可能引起生态和环境安全的污染物质(如我国的烟气脱硫石膏混有含重金属的飞灰，也可能富集一些重金属如 Hg、Pb、Zn、Cd 等)，大规模循环利用必须进行风险评估，按照一定的质量标准和规范指南进行，并在使用过程中对可能产生的生态和环境安全问题采取预处理、风险规避或防范措施。

为了科学地使用烟气脱硫石膏，确保土壤环境的生态安全，必须考虑以下条件。

(1) 使用烟气脱硫石膏的特殊目的(如脱盐或增加产量等)。

(2) 烟气脱硫石膏的重金属含量。

(3) 土壤重金属的背景含量。

其中，土壤重金属的背景含量是计算烟气脱硫石膏安全使用量的基础。

在实际运用中，通常会遇到如表 6-24 中的几种情况和处理方法。当烟气脱硫石膏所关注的重金属含量都小于土壤重金属的背景含量时，使用烟气脱硫石膏一般不会产生生态安全性问题；当烟气脱硫石膏部分所关注的重金属含量都大于土壤重金属的背景含量时，要尽可能地减少烟气脱硫石膏的使用量和使用次数，以免造成土壤重金属的累积；当烟气脱硫石膏多数重金属含量大于土壤重金属的背景含量时，要慎用或弃用烟气脱硫石膏。在后两者情况下，还应该做一些实验室和现场研究，评估烟气脱硫石膏的重金属可能给土壤和作物带来的生态安全风险。

**表 6-24 烟气脱硫石膏的使用情景及建议**

| 重金属含量 | 使用建议 | 实验研究 |
| --- | --- | --- |
| 烟气脱硫石膏＜土壤背景 | 可以直接使用 | 一般不需要 |
| 烟气脱硫石膏部分重金属＞土壤背景 | 尽可能地减少烟气脱硫石膏的使用量和使用次数 | 需要一定的试验研究（土壤），评估可能的风险 |
| 烟气脱硫石膏大部分重金属＞土壤背景 | 慎用或弃用 | 需要试验研究（土壤和作物），评估可能的生态和安全风险 |

2014 年 5 月 23 日，美国俄亥俄州环境保护署批准了烟气脱硫石膏的有益利用，支持将 Monroe 燃煤电厂 4 套烟气脱硫设备产生的 40 万 t/年的合成石膏作为农业土壤改良剂和营养资源，并列入有益重复利用管理（BRM）计划，有效期为 5 年。除了一系列的管理和监控的规定之外，俄亥俄州环境保护署还制定了烟气脱硫石膏的质量限值（表 6-25），禁止使用超标的烟气脱硫石膏产品，对于某些特定组分来说，烟气脱硫石膏组分元素的浓度不能超过限值。

**表 6-25 美国俄亥俄州烟气脱硫石膏质量限值**（Ohio EPA，2014）

| 组分 | 总量/(mg/kg) |
| --- | --- |
| 砷 | 41 |
| 钡 | 15 000 |
| 铍 | 160 |
| 硼 | 16 000 |
| 钙 | 39 |
| 总铬 | 180 000 |
| 铜 | 1500 |
| 铅 | 300 |
| 汞 | 10 |
| 钼 | 75 |
| 镍 | 420 |
| 硒 | 100 |
| 铊 | 0.78 |
| 锌 | 2800 |

注：总量为干基重

### 6.4.3 建议采用的烟气脱硫石膏农业和环境用途的重金属限值

从目前已经获得的数据上看，尽管烟气脱硫石膏在农业和环境上的应用前景广泛，但是必须重视烟气脱硫石膏中含有的重金属可能对土壤和其他环境造成的影响，即要设立用于农业和环境的烟气脱硫石膏的重金属标准/指导限值。

对于 Cd、As、Hg 等有害元素，其土壤中的浓度在达到毒害植物之前就可使作物可食部分含量超过食用标准而危害人类健康(Mclaughlin et al.，1999)，需要从污染物在土壤-植物系统中的迁移富集特点出发，通过估算人类食用农产品的污染物摄取剂量(作物食用部分污染物浓度与食用量乘积)或粮食安全标准等建立保障农产品质量与食物安全的土壤环境基准值。建立不同食用作物对各污染物的转移系数(bioaccumulation factor，BCF；植物吸收富集某污染物含量与土壤中污染物含量之比)数据是推导此类基准值的技术关键(王小庆等，2013)。

在目前还没有烟气脱硫石膏农业和环境用途的重金属含量指导限值时，提出如下建议。

(1)采用《土壤环境质量标准》(GB 15618—1995)的一级标准作为烟气脱硫石膏农业和环境用途的指导限值的 I 级标准(用于庄稼蔬菜等与食物链有关的用地)，采用《土壤环境质量标准(修订)》(GB 15618—2008)，土壤无机物污染物的环境质量第二级标准值的最小值作为烟气脱硫石膏农业和环境用途的指导限值的 II 级标准(用于林地、滩涂、娱乐等用地)。

除了 Hg 以外，燃煤电厂的烟气脱硫石膏重金属平均含量一般都低于《土壤环境质量标准》(GB 15618—1995)的一级标准，可用于庄稼、蔬菜等农业用地的土壤改良或环境(如面源控制)污染物控制；也低于《土壤环境质量标准(修订)》(GB 15618—2008)，土壤无机物污染物的环境质量第二级标准值的最小值，可用于非食物链的其他用地(如林地、滩涂、娱乐等用地)的土壤改良或环境污染物控制(表 6-26)。

**表 6-26 拟定的烟气脱硫石膏中重金属的指导限值** (单位：mg/kg)

| 重金属含量 | As | Hg | Pb | Cr | Cd | Zn | Cu | Ni | 用途 |
|---|---|---|---|---|---|---|---|---|---|
| 表 6-22 中烟气脱硫石膏重金属平均值 | 3.01 | 0.26 | 4.71 | 4.12 | 0.12 | — | — | — | |
| 《土壤环境质量标准》(GB 15618—2008)(二级) | 20 | 0.2 | 50 | 120 | 0.25 | 150 | 50 | 60 | 用于林地、滩涂、娱乐用地 |
| 《土壤环境质量标准》(GB 15618—1995)(一级) | 15 | 0.15 | 35 | 90 | 0.20 | 100 | 35 | 40 | 用于庄稼、蔬菜等用地 |

(2)进行生态安全评估。当烟气脱硫石膏所关注的重金属含量都小于土壤重金属的背景含量时，使用烟气脱硫石膏一般不会产生生态安全性问题；当烟气脱硫石膏部分所关注的重金属含量都大于土壤重金属的背景含量时，应尽可能地减少烟气脱硫石膏的使用量和使用次数，以免造成土壤重金属的累积；当烟气脱硫石膏多数重金属含量大于土壤重金属的背景含量时，要慎用或弃用烟气脱硫石膏。在后两者情况下，还应该做一些实验室和现场研究，评估烟气脱硫石膏的重金属可能给土壤和作物带来的生态安全风险。

(3)特别关注烟气脱硫石膏中重金属元素 Hg，一般不采用 Hg 超过标准值的烟气脱硫石膏。燃煤电厂要注意研发和控制降低烟气脱硫石膏中 Hg 的技术措施；即便是作为建材使用，也要控制烟气脱硫石膏原料中的 Hg 含量。

烟气脱硫石膏无论化学品质还是物理特性都优于矿物石膏，可替代矿物石膏。美国已将烟气脱硫石膏大量应用于农业，同时美国农业部也鼓励这项举措，美国将投入更大量的烟气脱硫石膏到农业上。

我国烟气脱硫石膏的重金属含量不高，但由于不同燃煤产地、不同脱硫过程控制等，某些电厂的烟气脱硫石膏中 Hg 偏高。从目前已经获得的数据上看，烟气脱硫石膏在施用前要考虑对 Hg 含量进行测定，其他重金属元素不会对环境安全造成影响。

烟气脱硫石膏的环境影响大部分是积极的，即使施用累积达到 80 年，也只有极少的负面结果被发现。因此，如果能合理使用烟气脱硫石膏，对农业发展和环境安全具有重要潜力。

# 主要参考文献


安迪, 杨令, 王冠达, 等. 2013. 磷在土壤中的固定机制和磷肥的高效利用. 化工进展, 32(8): 1967-1973

白亚妮. 2010. 硫磺改良盐碱土的微生物效应及盐碱土改良菌剂研究. 杨凌: 西北农林科技大学硕士学位论文: 3-8

曹晴, 邓双, 王相凤, 等. 2013. 燃煤电厂固体副产物中汞含量测定及对环境影响研究. 2012亚洲粉煤灰及副产石膏处理与利用技术国际交流大会: 155-159

曹一平, 崔健宇. 1994. 石灰性土壤中油菜根际磷的化学动态及生物有效性. 植物营养与肥料学报, 1: 49-54

常秀丽. 2011. 脱硫石膏的性能研究. 哈尔滨工业大学硕士学位论文: 11-14

陈吉余. 2000. 开发浅海滩涂资源拓展我国的生存空间. 中国工程科学, 2(3): 27-31

陈云嫩. 2003. 烟气脱硫石膏的综合利用. 中国资源综合利用, 8: 19-21

程江, 杨凯, 赵军, 等. 2009. 基于生态服务价值的上海土地利用变化影响评价. 中国环境科学, 29(1): 95-100

程镜润, 陈小华, 刘振鸿, 等. 2014. 脱硫石膏改良滨海土的脱盐过程与效果实验研究. 中国环境科学, 34(6): 1505-1513

崔丽萍, 严玲璋, 许东新, 等. 2011. 上海市滨海盐渍土绿化. 上海: 上海科学技术出版社: 111-112

崔源声, 吴小缓, 袁鹏. 2015-9. 中国粉煤灰利用现状及发展趋势. 2015 亚洲粉煤灰及脱硫石膏处理与利用技术国际交流会: 1-4

邓庆德, 车建炜, 岳益锋, 等. 2014. 影响脱硫石膏品质的因素及其改善措施. 发电技术, 5: 14-17

董晓霞, 郭洪海, 孔令安. 2001. 滨海盐渍地种植紫花苜蓿对土壤盐分特性和肥力的影响. 山东农业科学, 1: 24-25

杜晓光, 马筠, 吴颖庆, 等. 2010. 火电厂燃煤及固体产物中危害元素的测定方法、迁移规律及对环境影响研究. 热力发电, 39(11):17-21

端韫文, 苏德荣, 房宸, 等. 2013. 滨海盐土施用脱硫石膏结合灌溉对高羊茅生长的影响. 中国草地学报, 35(3): 103-109

房宸, 苏德荣, 端韫文, 等. 2012. 脱硫石膏与灌溉耦合对滨海盐碱土化学性质的影响. 水土保持学报, 26(5): 59-63

耿春女, 钱华, 李小平, 等. 2006. 石膏农业利用研究进展与展望. 环境污染治理技术与设备, 7(12): 15-19

郭丽. 2010. 重度盐碱土改良剂配方及改良效果的研究. 长春: 吉林农业大学硕士学位论文: 44-49

郭晔红, 张晓琴, 胡明贵. 2004. 紫花苜蓿对次生盐渍化土壤的改良效果研究. 甘肃农业大学学报, 39(2): 173-176

国家环境保护部. 2003. 中国保护海洋环境免受陆源污染国家工作报告. UNEP/GPA/2003. 中国保护海洋环境免受陆源污染工作研讨会.

国家环境保护局. 1988. 农用粉煤灰中污染物控制标准(GB 8173—87). 农业环境科学学报, 4: 49-50

贺坤, 李小平, 章炫耀. 2016. 烟气脱硫石膏对崇明滨海盐碱地理化性质及早稻生长的影响. 西南农业学报, 29(6): 1381-1386

贺坤, 李小平, 周纯亮, 等. 2017. 烟气脱硫石膏对滨海农耕土壤磷素形态组成的影响. 生态学报, 37(9): 2935-2942

环境保护部, 国家质量监督检验检疫总局. 2011. 火电厂大气污染物排放标准(GB 13223—2011). 北京: 中国环境科学出版社

姜美玲, 孙向阳, 栾亚宁, 等. 2015. 不同改良剂对融雪剂盐害土壤的修复效果. 水土保持通报, 35(6): 301-310

姜瑜. 2007. 烟气脱硫石膏农业资源化利用研究进展. 安徽农业科学, 35(28): 8950-9040

卡拉塔耶夫•安吉波夫. 1959. 碱土改良中的物理化学研究. 中国科学院土壤研究所编译室译. 北京: 科学出版社: 124-176

李鸿业. 2010. 脱硫石膏稳定固定污染沉积物中重金属的研究. 北京: 华北电力大学硕士学位论文: 19-33

李焕珍, 徐玉佩, 杨伟奇. 1999. 脱硫石膏改良强度苏打盐渍土效果的研究. 生态学杂志, 18(1): 25-29

李建国, 濮励杰, 朱明. 2012. 土壤盐渍化研究现状及未来研究热点. 地理学报, 76(9): 1233-1245

李丽君, 张强, 刘平, 等. 2015. 火电厂烟气脱硫石膏重金属含量监测与分析. 水土保持学报, 29(2): 209-214

李淑仪, 蓝佩玲, 徐胜光, 等. 2003. 燃煤烟气脱硫副产物在酸性土壤上施用的效果——以豆科作物为例. 生态环境, 12(3): 263-268

李贤. 2013. 烟气脱硫石膏淋洗对珠江河口围垦土壤重金属形态的影响. 广州: 暨南大学硕士学位论文: 33-49

李贤, 童泽军, 李取生, 等. 2013. 烟气脱硫石膏淋洗修复重金属镉铅污染围垦滩涂土壤. 北京: 中国科技论文在线. http: //www.paper.edu.cn/releasepaper/content/201303-490 [2013-3-13]

李小平. 2002. 美国湖泊富营养化的研究和治理. 自然杂志, 24(2): 63-68

李小平, 刘晓臣, 毛玉梅, 等. 2014. 烟气脱硫石膏对围垦滩涂土壤的脱盐作用. 环境工程技术学报, 6(4): 503-507

李晓娜, 张强, 陈明昌, 等. 2005. 不同改良剂对苏打碱土磷有效性影响的研究. 水土保持学报, 19(1): 71-74

李彦, 衣怀峰, 赵博, 等. 2010a. 燃煤烟气脱硫石膏在新疆盐碱土壤改良中的应用研究. 生态环境学报, 19(7): 1682-1685

李彦, 张峰举, 王淑娟, 等. 2010b. 脱硫石膏改良碱化土壤对土壤重金属环境的影响. 中国农业科技导报, 12(6): 86-89

李玉波, 许清涛. 2013. 脱硫石膏对苏打盐碱土旱田的改良效果研究. 中国农机化学报, 34(1): 249-252

李玉波, 许清涛, 高标, 等. 2015. 脱硫石膏改良盐碱地对紫花苜蓿生长的影响. 江苏农业科学, 43(3): 188-190

李玉波, 许清涛, 高战武. 2014. 脱硫石膏改良盐碱土对燕麦生长的影响研究. 中国农机化学报, 35(2): 249-252

李玉波, 许清涛, 李晓东. 2012. 脱硫石膏在白城市碱化土壤改良中的应用. 中国农机化学报, 4: 249-252

梁龙, 张强, 王斌. 2015. 火电厂烟气脱硫石膏对重度苏打盐化土饱和导水率的影响. 农业资源与环境学报, 32(2): 169-174

刘崇群, 曹淑卿, 吴锡军. 1993. 中国农业中硫的概述//国际硫研究所. 中国硫资源和硫肥需求的现状和展望国际学术讨论会论文集. 北京: 中国科学技术出版社: 162

刘继彬. 2010. 脱硫石膏完全代替天然石膏作水泥缓凝剂的应用. 水泥技术, (5): 91-92

刘云超, 李跃进. 2012. 脱硫石膏对土壤水溶性有机质含量的影响研究. 赤峰学院学报（自然科学版), 28(7): 42-44

刘祖香, 陈效民, 李孝良, 等. 2012. 不同改良剂与石膏配施对滨海盐渍土离子组成的影响. 南京农业大学学报, 35(3): 83-88

鲁如坤. 1990. 土壤磷素化学研究进展. 土壤学进展, 6: 1-5

鲁如坤, 顾益初, 时正元, 等. 2000. 土壤农业化学分析方法. 北京: 中国农业科学技术出版社: 166-186

陆文龙, 张福锁, 曹一平. 1998. 磷土壤化学行为研究进展. 天津农业科学, 4: 3-9

马凤娇, 谭莉梅, 刘慧涛, 等. 2011. 河北滨海盐碱区暗管改碱技术的降雨有效性评价. 中国生态农业学报, 19(2): 409-414

毛玉梅, 李小平. 2015. 烟气脱硫石膏控制农业面源磷流失的研究与应用. 2015 亚洲粉煤灰及副产石膏处理与利用技术国际交流大会(朔州, 中国): 253-259

毛玉梅, 李小平. 2016. 烟气脱硫石膏对滨海滩涂盐碱地的改良效果研究. 中国环境科学, 36(1): 225-231

潘荔, 毛专建, 杨帆. 2015. 中国燃煤电厂脱硫石膏综合利用研究(上). 设备监理, 4: 40-43

其力格尔, 李跃进, 崔智勇, 等. 2012. 脱硫石膏改良碱土 5 年后稳定性跟踪研究. 内蒙古农业科技, (3): 73-76

钱枫, 曹慧芳, 张溱芳. 2003. 钙基脱硫灰渣浸出特性研究. 北京工商大学学报(自然科学版), 21(1): 19-24
秦萍, 肖国举, 罗成科, 等. 2008. 燃煤电厂脱硫石膏改良碱化土壤种植甜高粱的施用量研究. 现代农业科学, 15(12): 32-35
全国土壤普查办公室. 1998. 中国土壤. 北京: 中国农业出版社: 48-56
邵玉翠, 仁顺荣, 廉晓娟, 等. 2009. 盐渍化土壤施用有机物-脱硫石膏改良剂效果的研究. 水土保持学报, (5): 175-178
邵玉翠, 任顺荣, 廉晓娟, 等. 2010. 施用脱硫石膏与天然有机物混合改良剂对盐化潮土理化性质及玉米产量的影响. 中国农学通报, 6(7): 285-289
沈仁芳, 蒋柏藩. 1992. 石灰性土壤无机磷的形态分布及其有效性. 土壤学报, 29(1): 80-85
石懿, 杨培岭, 张建国, 等. 2005. 利用 SAR 和 pH 分析脱硫石膏改良碱(化)土壤的机理. 灌溉排水学报, 24(4): 5-10
宋付朋. 2006. 长期施磷石灰性土壤无机磷形态特征及其有效性研究. 泰安: 山东农业大学博士学位论文: 1-31
宋玉民, 张建锋, 邢尚军, 等. 2003. 黄河三角洲重盐碱地植被特征与植被恢复技术. 东北林业大学学报, 31(6): 87-89
孙放, 赵中伟. 2006. 磷酸钙体系热力学分析. 稀有金属与硬质合金, 34(2): 35-39
孙卫玲, 赵蓉, 张岚, 等. 2001. pH 对铜在黄土中吸持及其形态的影响. 环境科学, 22(3): 78-83
孙兆军, 赵秀海, 王静, 等. 2012. 脱硫石膏改良龟裂碱土对枸杞根际土壤理化性质及根系生长的影响. 林业科学研究, 25(1):107-110
田贺忠, 郝吉明, 赵喆, 等. 2006. 燃煤电厂烟气脱硫石膏综合利用途径及潜力分析. 中国电力, 39(2): 64-69
田蕾, 王彬, 张雪艳, 等. 2014. 脱硫石膏改良盐碱土对水稻秧苗素质、根系特征及质膜透性的影响. 广东农业科学, 21: 1-6
童泽军. 2010. 烟气脱硫石膏修复重金属污染围垦滩涂土壤技术初步研究. 广州: 暨南大学硕士学位论文: 31-39
童泽军, 李取生, 周永胜. 2009. 烟气脱硫石膏对滩涂围垦土壤重金属解吸及残留形态的影响. 生态环境学报, 18(6): 2172-2176
王彬. 2010. 脱硫废弃物施用对盐碱土壤和植物的影响研究. 银川: 宁夏大学博士学位论文: 45-77
王彬, 肖国举, 毛桂莲, 等. 2010. 燃煤烟气脱硫废弃物对盐碱土的改良效应及对向日葵生长的影响. 植物生态学报, 34(10): 1227-1235
王斌, 张强, 黄高鉴, 等. 2011. 水盐胁迫下脱硫石膏对苏打型碱化土理化性质及玉米产量的影响. 安徽农业科学, 39(5): 2734-2736
王方群, 原永涛, 齐立强. 2004. 脱硫石膏性能及其综合利用. 粉煤灰综合利用, 1: 41-44
王光火, 朱祖祥. 1991. pH 对土壤吸持磷酸根的影响及其原因. 土壤学报, 28(1): 1-6
王金满, 杨培岭, 石懿, 等. 2005. 脱硫副产物对改良碱化土壤的理化性质与作物生长的影响. 水土保持学报, 19(3): 34-37
王金满, 杨培岭, 张建国, 等. 2005. 脱硫石膏改良碱化土壤过程中的向日葵苗期盐响应研究. 农业工程学报, 9: 33-37
王敬富, 陈敬安, 杨海全, 等. 2013. 贵州红枫湖沉积物磷的生物有效性研究. 中国环境科学学会第 14 届学术年会: 3781-3785
王静, 肖国举, 许兴. 2015. 脱硫石膏对植物和土壤的影响. 农学学报, 5(11): 44-48
王立志, 陈明昌, 张强, 等. 2011. 脱硫石膏及改良盐碱地效果研究. 中国农学通报, 27(20): 241-245
王卿. 2012. 盐沼植物群落研究进展: 分布、演替及影响因子. 生态环境学报, 21(2): 375-388

王淑娟, 陈群, 李彦, 等. 2013. 重金属在燃煤烟气脱硫石膏改良盐碱土壤中迁移的实验研究. 生态环境学报, 22(5): 851-856

王小庆, 马义兵, 黄占斌. 2013. 痕量金属元素土壤环境质量基准研究进展. 土壤通报, 2: 505-512

王瑶, 杜显元, 李鸿业, 等. 2010. 脱硫石膏对重金属污染沉积物中 Cd 的稳定固定化作用. 生态环境学报, 26(6): 1398-1402

王英男, 张伟华. 2014. 煤烟脱硫石膏改良碱化土壤离子变化研究. 黑龙江农业科学, (3): 44-47

王云贺, 王志春, 杨帆, 等. 2013. 不同改良物质对苏打碱土盐碱度及水稻生长的影响. 华南农业大学学报, (4): 445-449

王云贺, 王志春, 杨帆, 等. 2014. 施用脱硫石膏对稻田碱土和排水中可溶性盐分的影响. 华南农业大学学报, 35(6): 113-116

王智明, 张峰举, 虎德钰, 等. 2014. 灌水方式对不同脱硫石膏水平油葵产量及经济效益的影响. 广东农业科学, 6: 35-38

温国昌, 徐彦虎, 林启美, 等. 2016. 草木樨与脱硫石膏对内蒙古盐渍化土壤的改良培肥作用与效果. 干旱地区农业研究, 34(1): 81-86

吴保庆, 郭洪海. 2008. 烟气脱硫石膏对盐胁迫下紫花苜蓿生理的影响. 山东农业科学, 2: 45-47

夏汉平, 高子勤. 1992. 磷酸盐在土壤中的吸附. 土壤通报, 6: 283-287

向万胜, 黄敏, 李学垣. 2004. 土壤磷素的化学组分及其植物有效性. 植物营养与肥料学报, 10(6): 663-670

肖国举, 罗成科, 白海波, 等. 2009. 脱硫石膏改良碱化土壤种植水稻施用量研究. 生态环境学报, 18(6): 2376-2380

肖国举, 秦萍, 罗成科, 等. 2010a. 犁翻与旋耕施用脱硫石膏对改良碱化土壤的效果研究. 生态环境学报, 19(2): 433-437

肖国举, 张萍, 郑国琦, 等. 2010b. 脱硫石膏改良碱化土壤种植枸杞的效果研究. 环境工程学报, 10: 2315-2320

邢秀芹, 张为华, 于静娟. 2013. 脱硫石膏的施用量对盐碱地葵花生长的影响. 鞍山师范学院学报, 15(2): 58-61

许佳莹, 朱练峰, 禹盛苗, 等. 2012. 硅肥对水稻产量及生理特性影响的研究进展. 中国稻米, 18(6): 18-22

许洁, 曲东, 周莉娜. 2008. 硫营养对锌和干旱胁迫下玉米叶片中叶绿素含量的影响. 干旱地区农业研究, 26(2): 33-37

许清涛, 李玉波. 2013. 脱硫石膏改良碱化土壤的施用量研究. 江苏农业科学, 41 (2): 341-343

许清涛, 李玉波, 李晓东. 2011. 脱硫石膏改良碱化土壤试验研究——以白城市为例. 中国农机化, (6):126-130

许毅, 徐彦虎, 林启美, 等. 2015. 羊草和脱硫石膏对内蒙古河套地区盐渍化土壤的改良效果. 干旱地区农业研究, 33(4): 112-116

杨宏, 李静, 刘剑平, 等. 2008. 脱硫石膏改良草甸碱土效果的研究. 农业科技与装备, 4: 27-30

杨军, 孙兆军, 刘吉利, 等. 2015. 脱硫石膏糠醛渣对新垦龟裂碱土的改良洗盐效果. 农业工程学报, 31(17): 128-135

杨永琼, 陈敬安, 王敬富, 等. 2013. 沉积物磷原位钝化技术研究进展. 地球科学进展, 28(6): 674-684

姚艳平, 叶玫. 1996. 如东沿海滩涂土壤形成与垦区土壤改良.土壤, 6: 316-318

袁可能. 1983. 植物营养元素的土壤化学. 北京: 科学出版社: 110-163

张峰举, 肖国举, 罗成科, 等. 2010. 脱硫石膏对次生碱化盐土的改良效果. 河南农业科学, 2: 49-53

张峰举, 许兴, 肖国举. 2013. 脱硫石膏改良对碱化土壤磷素营养的影响. 西北农业学报, 22(5): 151-156

张俊华, 孙兆军, 贾科利, 等. 2009. 燃煤烟气脱硫废弃物及专用改良剂改良龟裂碱土的效果. 西北农业学报, 18(5): 208-212

张利权, 雍学葵. 1992. 海三棱藨草种群的物候与分布格局. 植物生态学与地植物学学报, 16(01): 44-51

张三粉, 妥德宝, 狄彩霞, 等. 2013. 河套灌区碱化耕地施用脱硫石膏的改土增产效果. 内蒙古农业科技, (4): 60-61

张新明, 李华兴, 刘远金. 2001. 磷酸盐在土壤中吸附与解吸研究进展. 土壤与环境, 10(1): 77-80

郑普山, 郝保平, 冯悦晨, 等. 2012. 不同盐碱地改良剂对土壤理化性质、紫花、苜蓿生长及产量的影响. 中国生态农业学报, 20(9): 1216-1221

中国煤炭消费总量控制方案和政策研究项目课题组. 2014. 煤炭使用对中国大气污染的贡献. 北京: 煤炭使用自然资源保护协会(NRDC)

中华人民共和国工业和信息化部. 2011. 烟气脱硫石膏(JC/T 2074—2011). 北京: 中国建材工业出版社

朱兆州, 刘丛强, 王中, 等. 2006. 巢湖、龙感湖水体中稀土元素的无机形态研究. 中国稀土学报, 24(1): 110-115

Adams J C, Brainerd W S, Hendrickson R A, et al. 2003. Gypsum and anhydrite in Nova Scotia, Nova Scotia department of natural resources, materials and energy branch, information circular, Halifax. http://www. gov.ns. ca/natr/ meb/ ic/ ic16. htm[2016-5-13]

Adams J F, Hartzog D L. 1991. Seed quality of runner peanuts at affected by gypsum and soil calcium. Journal of Plant Nutrient, 14: 841-851

Afif E, Hasan H M, Torrent J. 1993. Availability of phosphorus applied to calcareous soil of West Asia and North Africa. Soil Science Social of America Journal, 57(3): 756-760

Alcordo I S, Rechcigl J E. 1992. Phosphogypsum in agriculture: a review. Advances in Agronomy, 43(2): 249-260

Allen T. 2012. Current Research Activities for Agricultural Uses of Gypsum. 2012 Midwest Soil Improvement Symposium: Research and Practical Insights. Chicago, IL, USA.

Alva A K, Prakash O, Paramasivam S. 1998. Flue-gas desulfurization gypsum effects of leaching of magnesium and potassium from Candler fine sand Commun. Soil Science Plan, 29(34): 459-466

Amezketa E R, Aragüés R, Gazol R. 2005. Efficiency of sulfuric acid, mined gypsum, and two gypsum by-products in soil crusting prevention and sodic soil reclamation. Agronomy Journal, 97(3): 983-989

Armstrong A S B, Tanton T W. 1992. Gypsum applications to aggregated saline-sodic clay topsoils. Journal of Soil Science, 43(2): 249-260

Arriage F J. 2012. Is gypsum application beneficial to soil? Soil, Water and Nutrient Management Meetings. Nov. 27- Dec. 6, 2012. University of Wisconsin-Madison, Madison,WI

Bardhan S, Chen L, Dick W A. 2004. Plant growth responses to potting media prepared from coal combustion products (CCPs) amended with compost // Agronomy Abstracts. American Society of Agronomy, Madison, Wis (Bulletin 945)

Batte M, Forster D L. 2014. Economic impact of gypsum. GYPSOIL Division of Beneficial Reuse Management LLC. www.gypsoil.com

Baumhardt R L, Wendt C W, Moore J. 1992. Infiltration in response to water quality, tillage, and gypsum. Soil Science Social of America Journal, 56: 261-266

Ben-Hur M, Stern R, van der Merwe A J, et al. 1992. Slope and gypsum effects on infiltration and erodibility of dispersive and nondispersive soils. Soil Science Social of America Journal, 56(1): 1571-1576

Bertrand I. 2003. Chemical characteristics of phosphorus in alkaline soils from southern Australia. Soil Research, 41(1): 61-76

Brauer D, Aiken G E, Pote D H, et al. 2005. Amendment effects on soil test phosphorus. Journal of Environmental Quality, 34(5): 1682-1686

Briggs C W, Fine R, Markee M, et al. 2014. Investigation of the potential for mercury release from flue gas desulfurization solids applied as an agricultural amendment. Journal of Environment Quality, 43(1): 253-262

Bryant R B, Buda A R, Peter J A, et al. 2012. Using flue gas desulfurization gypsum to remove dissolved phosphorus from agricultural drainage waters. Journal of Environmental Quality, 41 (3) : 664-671

Buckley M E, Wolkowski R P. 2011. Wisconsin Research with FGD Gypsum. Midwest soil improvement symposium: research and practical insights into using gypsum. University of Wisconsin Arlington Agricultural Research Station, Arlington. Arlington, WI, USA

Buckley M E, Wolkowski R P. 2014. In-season effect of flue gas desulfurization gypsum on soil physical properties. Journal of Environmental Quality, 43 (1) : 322-327

Cao X D, Ma Q Y, Rhue D R. 2004. Mechanisms of lead, copper, and zinc retention by phosphate rock. Environmental Pollution, 131: 435-444

Chang S C, Jackson M L. 1957. Fractionation of soil phosphorous in soils. Soil Science, 84: 1334-1447.

Chen L M, Dick W A, Nelson S. 2001. Flue gas desulfurization by-products additions to acid soil: alfalfa productivity and environmental quality. Environmental Pollution, 114 (2) : 161-168

Chen L M, Dick W A, Nelson S. 2005. Flue gas desulfurization by-products as sulfur sources for alfalfa and soybean. Agronomy Journal, 97 (1) : 265-271

Chen L M, Dick W A. 2011. Gypsum as an agricultural amendment: general use guidelines. Columbus, Ohio: The Ohio State University: 1-5

Chen L, Kost D, Dick W A. 2008. Flue gas desulfurization products as sulfur sources for corn. Soil Science Society of America Journal, 72 (5) : 1464-1470

Chen L, Kost D, Tian Y, et al. 2014. Effects of gypsum on trace metals in soils and earthworms. Journal of Environmental Quality, 43 (1) : 263-272

Chen L, Ramsier C, Bigham J, et al. 2009. Oxidation of FGD-CaSO3 and effect on soil chemical properties when applied to the soil surface. Fuel, 88 (7) : 1167-1172

Chen L, Stehouwer R, Tong X G, et al. 2015a. Surface coal mine land reclamation using a dry flue gas desulfurization product: short-term and long-term water responses. Chemosphere, 134: 459-465

Chen Q, Wang S J, Li Y, et al. 2015b. Influence of flue gas desulfurization gypsum amendments on heavy metal distribution in reclaimed sodic soils. Environmental Engineering Science, 32 (6) : 470-478

Chi C M, Zhao C W, Sun X J, et al. 2014. Reclamation of saline-sodic soil properties and improvement of rice (*Oriza sativa* L.) growth and yield using desulfurized gypsum in the west of Songnen Plain, northeast China. Geoderma, 132: 105-115

Chun S, Nishiyama M, Matsumoto S. 2001. Sodic soils reclaimed with by-product from flue gas desulfurization: corn production and soil quality. Environmental Pollution, 114 (3) : 453-459

Clark G J, Dodgshun N, Sale P W G, et al. 2007. Changes in chemical and biological properties of a sodic clay subsoil with addition of organic amendments. Soil Biology and Biochemistry, 39 (11) : 2806-2817

Clark R B, Ritchey K D, Baligar V C. 2001. Benefits and constraints for use of FGD products on agricultural land. Fuel, 80 (6) : 821-828

Córdoba P, Castro I, Maroto-Valer M, et al. 2015. The potential leaching and mobilization of trace elements from FGD-gypsum of a coal-fired power plant under water re-circulation conditions. Journal of Environmental Sciences, 32 (1) : 72-80

CPSC. 2010. CPSC Staff Preliminary Evaluation of Drywall Chamber Test Results: Reactive Sulfur Gases. (March 2010.www.cpsc. gov/info/drywall/Tabc.pdf)

Crocker W. 1922. History of the use of agricultural gypsum. Gypsum Industries Association, Chicago, IL

Dalal R C. 1977. Soil organic phosphorus. Advances in Agronomy, 29: 83-191

Desutter T, Cihacek L. 2009. Potential agricultural uses of flue gas desulfurization gypsum in the northern Great Plains. Agronomy Journal, 101 (4) : 817-825

Dick W A, Peerless D, Nester J, et al. 1996. High-calcium flue gas desulfurization products reduce aluminum toxicity in an Appalachian soil. Journal of Environmental Quality, 25 (6) : 1401 – 1410

Dick W A, Peerless D, Nester J, et al. 2013. Reducing phosphorus contributions to lake Erie by land application of gypsum. 2013 National Nonpoint Source Monitoring and Workshops. Cleveland, OH, USA

Dick W, Kost D, Nakano N. 2006. A review of agricultural and other land application uses of flue gas desulfurization products. Electric Power Research Institute (Palo Alto, CA, USA)

Dontsova K M, Norton L D. 2002. Clay dispersion, infiltration, and soil erosion as influenced by exchangeable Ca and Mg. Soil Science, 167 (3) : 184-193

Dontsova K, Yong B L, Slater B K, et al. 2005. Gypsum for agricultural use in Ohio—sources and quality of available products. Ohio State University Extension Fact Sheet (Columbus, OH, USA)

Dungan R S, Dees N H. 2008. The characterization of total and leachable metals in foundry molding sands. Journal of Environmental Management, Volume 90 (2009): 539-548

Eduardo F C, Ltacir C F, Gabriel B, et al. 2002. Lime and gypsum application on the wheat crop. Scientia Agricola, 59 (2) : 357-364

Electric Power Research Institute. 2006. Barriers to Increased FGD Land Application Uses. Palo Alto, CA: 1012578

Endale D M, Schomberg H H, Fisher D S, et al. 2014. Flue gas desulfurization gypsum: implication for runoff and nutrient losses associated with broiler litter use on pastures on Ultisols. Journal of Environmental Quality, 43 (1) : 281-289

EPRI. 2010.Comparison of coal combustion products to other common material (chemical characteristics). Final Report, Sept. 2010. EPRI, Palo Alto, CA: 1020556.

EPRI. 2006a. Barriers to Increased FGD Land Application Uses. EPRI, Palo Alto, CA: 1012578

EPRI. 2006b. Field Evaluation of the comanagement of utility low-volume wastes with high-volume coal combustion by-products: PA Site, EPRI, Palo Alto, CA: 1012580

EPRI. 2009. CP-info database, August 2009. EPRI, Palo Alto, CA

EPRI. 2011a. Flue gas desulfurization gypsum agricultural network: North Dakota Sites 1 and 2 (wheat). 2011 TECHNICAL REPORT. 1021817. Palo Alto, California, USA

EPRI. 2011b. Flue gas desulfurization gypsum agricultural network: North Dakota Sites 3, 4, and 5 (canola). 2011 TECHNICAL REPORT. 1021794. Palo Alto, California, USA

EPRI. 2011c. Composition and leaching of FGD gypsum and mined gypsum. Technical report. Palo Alto, CA: 1022146

EPRI. 2012a. Flue gas desulfurization gypsum agricultural network: Ohio Sites 1 (Mixed Hay) and 2 (corn). 2012 TECHNICAL REPORT. 1025354. Palo Alto, California, USA

EPRI. 2012b. Flue gas desulfurization gypsum agricultural network: New Mexico Sites 1 (alfalfa) and 2 (sodic soils). 2012 TECHNICAL REPORT. 1025355. Palo Alto, California, USA

EPRI. 2013a. Flue gas desulfurization gypsum agricultural network: Indiana Kingman Research Station (corn and soybeans). 2013 TECHNICAL REPORT. 3002001236. Palo Alto, California, USA

EPRI. 2013b. Flue gas desulfurization gypsum agricultural network: Wisconsin Arlington Research Station Fields 295 and 27 (alfalfa). 2013 TECHNICAL REPORT. 3002001309. Palo Alto, California, USA

EPRI. 2013c. Flue gas desulfurization gypsum agricultural network: University of Arkansas, Lon Mann Research Station (cotton). 2013 TECHNICAL REPORT. 3002001310. Palo Alto, California, USA

EPRI. 2014. Flue gas desulfurization gypsum agricultural network: Alabama (cotton). 2014 TECHNICAL REPORT. 3002003265. Palo Alto, California, USA

Farina M P W, Channon P. 1988. Acid-subsoil amelioration: II. gypsum effects on growth and subsoil chemical properties. Soil Science Society of America Journal, 52(1): 175-180

Favaretto N, Norton L D, Joem B C, et al. 2006. Gypsum amendment and exchangeable calcium and magnesium affecting phosphorus and nitrogen in runoff. Soil Science Society of America Journal, 70(5): 1788-1796

Favaretto N, Norton L D, Johnston C T, et al. 2012. Nitrogen and phosphorus leaching as affected by gypsum amendment and exchangeable calcium and magnesium. Soil Science Society of America Journal, 76(2): 575-585

Feldhake C M, Ritchey K D. 1996. Flue gas desulfurization gypsum improves orchard grass root density and water extraction in an acid subsoil. Plant Soil, 178(2): 273-281

Fisher M. 2011. Amending soils with gypsum. Crops & Soils Magazine, November-December 2011.https:// www. agronomy. org/files/publications/crops-and-soils/amending-soils-with-gypsum.pdf [2015-2-6]

Greenleaf Advisors LLC. 2014-7-23. New research identifies tool to mitigate phosphorus. http:// greenlea fadvisorss. net/?s = New +Research+Identifies+Tool+to+Mitigate+Phosphorus[2017-5-25]

Greenway S L, Moore M T, Farris J L, et al. 2011. Effects of fluidized gas desulfurization (FGD) gypsum on non-target freshwater and sediment dwelling organisms. Bulletin of Environmental Contamination and Toxicology, 86: 480-483

Grichar W J, Besler B A, Brewer K D. 2002. Comparison of agricultural and power plant by-product gypsum for south Texas peanut production. Texas Journal of Agriculture and Natural Resources, 15: 44-50

Gu Y C, Jiang B F. 1990. The fraction method for determining soil inorganic P in calcareous soils. Soils (in Chinese), 22: 101-102

Hart E B, Tottingham W E. 1915. Relation of sulfur compounds to plant nutrition. Journal of Agricultural Research, 5: 233-250

Hecht B. 2006. Using calcium sulfate as a soil management. Presented at the workshop on Research and Demonstration of Agricultural Uses of Gypsum and Other FGD Materials. September 2006, St. Louis, Mo. http: //www. oardc. ohio-state. edu/agriculturalfgdnetwork / workshop_files/ presentation/Session3/Hecht%20- % 20Using % 20 Calcium % 20Sulfate % 20as % 20a%20Soil%20 Management%20Tool.ppt[2016-3-15]

Hooda P S, Truesdale V W, Edwards A C. 2001. Manuring and fertilization effects on phosphorus accumulation in soils and potential environmental implication. Advances in Environmental Research, 5(1): 13-21

Kapulnik Y, Teuber L R, Phillips D A. 1989. Lucerne (*Medicago sativa*) selected for vigor in a nonsaline environment maintained growth under salt stress. Australian Journal of Agricultural Research, 40(6): 1253-1259

Keren R, Shainberg I, Frenkel H, et al. 1983. The effect of exchangeable sodium and gypsum on surface runoff from loess soil. Soil Science Society of America Journal, 47(5): 1001-1004

Kinraide T B, Ryan P R, Kochian L V. 1992. Interactive effects of $Al^{3+}$, $H^{+}$, and other cations on root elongation considered in terms of cell-surface electrical potential. Plant Physiology, 99(4): 1461-1468

Koralegedara N, Al-Abed S, Dionysiou D. 2015. Use of flue gas desulfurization (FGD) gypsum as a heavy metal stabilizer in contaminated soils. Presented at 249th ACS National Meeting and Exposition, Denver.

Kordlagharia M P, Rowellb D L. 2006. The role of gypsum in the reactions of phosphate with soils. Geoderma, 132 (1): 105-115

Kossen D S, van der Sloot H A, Sanchez F, et al. 2002. An integrated framework for evaluating leaching in waste management and utilization of secondary materials.Environmental Engineering Science, 19(3), 159-204

Kuroda K, Okido M. 2012. Hydroxyapatite coating of titanium implants using hydroprocessing and evaluation of their osteoconductivity. Bioinorganic Chemistry and Applications. doi:10.1155/2012/730693. ID: 730693

Laperche V, Bigham J M. 2002. Quantitative, chemical, and mineralogical characterization of flue gas desulfurization by-products. Journal of Environmental Quality, 31 (3): 979-986

Lee Y B, Bigham J M, Kim P J. 2007. Evaluate changes in soil chemical properties following FGD-gypsum application. Korean Journal of Environmental Agriculture, 26 (4): 294-299

Li X L, George E, Marschner H. 1991. Extension of the phosphorous depletion of zone in a VA mycorrhizal white clover in a calcareous soil. Plant and Soil, 136:41-48

Li X P, Mao Y M, Liu X C. 2015. Flue gas desulfurization gypsum application for enhancing the desalination of reclaimed tidal lands. Ecological Engineering, 82: 566-570

Lindsay W L. 1986. Chemical Equilibria in Soils. NewYork: Wiley

Long C M, Sonja S N, Lewis A S. 2012. Potential indoor air exposures and health risks from mercury off-gassing of coal combustion products used in building materials. Coal Combustion and Gasification Product, 4: 68-74.

Lopez-Pineiro A, Garcia Navarro A. 1997. Phosphate sorption in vertisols of southwestern Spain. Soil Science, 162 (1): 69-77

Lynch J A, Kerchner M. 2010. The national atmospheric deposition program: 25 years of monitoring in support of science and policy: an ammonia workshop: the state of science and future needs. Environmental Pollution, 135 (3): 343-346

Maloney K, Pritts M, Wilcox W, et al. 2005. Suppression of phytophthora root rot in red raspberries with cultural practices and soil amendments. Horticultural Science, 40 (6): 1790-1795

Mao Y M, Dick W A, Tong X G, et al. 2014. Effect of flue gas desulfurization gypsum and farming methods on phosphorus loss from two agricultural soils. Poster session presented at the ASA, CSSA, & SSSA International Annual Meeting. Long Beach, CA

Mao Y M, Li X P, Dick W A, et al. 2016. Remediation of saline-sodic soil with flue gas desulfurization gypsum in a reclaimed tidal flat of southeast China. Journal of Environmental Sciences, 45 (7): 224-230

Mashhady A S, Rowell D L. 1978. Soil alkalinity. I. Equilibria and alkalinity development. Journal of Soil Science, 29 (1): 65-75

McLaughlin M J, Parker D R, Clarke J M. 1999. Metal and micronutrients-food safety issues. Field Crop Research, 60 (1-2): 143-163

Minhas P S, Singh Y P, Chhabbas D S, et al. 1999. Change in hydraulic conductivity of soils varying in calcite content under cycles of irrigation with saline-sodic and simulated rain water. Irrigation Science, 18 (4): 199-203

Mishra A, Cabrera M L, Rema J A. 2012. Phosphorus fraction in poultry litter as effected by flue-gas desulphurization gypsum and litter stacking. Soil Use and Management, 28 (3): 27-34

Mohammad R M, Campbell W F, Rumbaugh M D. 1989. Variation in salt tolerance of alfalfa. Arid Soil Research and Rehabilitation, 3 (1): 11-20

Murphy P N C, Stevens R J. 2010. Lime and gypsum as source measures to decrease phosphorus loss from soils to water. Water, Air, Soil and Pollution, 212 (1): 101-111

Murrell S. 2008. Average nutrient removal rates for crops in the north central region of US. Plant Nutrition Today. http://ipni.net/ipniweb/pnt.nsf/, Fall 2008, no. 4.

Noordwijk-Puijk K, van Beeftink W C, Hogeweg P. 1979. Vegetation development on salt-marsh flats after disappearance of the tidal factors. Vegetation, 39 (1) : 1-13

Norton L D. 2008. Gypsum soil amendment as a management practice in conservation tillage to improve water quality and tillage. Journal of Soil Water Conservation, 63 (2) : 46A-48A

Norton L D, Rhoton F. 2007. FGD gypsum influences on soil surface sealing, crusting, infiltration and runoff. Presented at the workshop on Agricultural and Industrial Uses of FGD Gypsum. October 2007, Atlanta, Ga

Norton L D, Shainberg I, King K W. 1993. Utilization of gypsiferous amendments to reduce surface sealing in some humid soils of eastern USA. Catena, 24: 77-92

Ohio EPA. 2014. LAMP permit approval for beneficial use of FGD gypsum exemption. Chicago, IL

Oster J D, Frenkel H. 1980. The chemistry of the reclamation of sodic soils with gypsum and lime. Soil Science Society of America Journal, 44 (1) : 41-45

Oster J D, Jayawardane N S. 1998. Agricultural management of sodic soils // Sumner M E, Naidu R. Sodic Soil: Distribution, Management and Environmental Consequences. New York: Oxford University Press: 126-147

Peterson G W, Corey R B. 1966. A modified Chang and Jackson procedure for routine fractionation of inorganic soil phosphates. Soil Science Society of America Journal, 30 (1) : 563-565

Plumer B. 2014. Why toxic algal blooms are taking over Lake Erie-again. Vox Media http: // www.vox.com/ 2014/ 8/ 4/ 5967177/ why-are-toxic-algae-blooms-making-a-comeback-in-lake-erie[2015-6-30]

Proctor D M, Fehling K A, Shay E C, et al. 2000. Physical and chemical characteristics of blast furnace, basic oxygen furnace, and electric arc furnace steel industry slags.Environmental Science & Technology, Volume 34, No. 8: 1576-1582

Qadir M, Qureshi R H, Ahmad N. 1996. Reclamation of a saline-sodic soil by gypsum and *Leptochloa fusca*. Geoderma, 74 (3-4) : 207-217

Qadir M, Schubert S, Ghafoor A, et al. 2001. Amelioration strategies for sodic soils: a review. Land Degradation and Development, 12 (4) : 357-386

Radcliffe D E, Clark R L, Sumner M E. 1986. Effect of gypsum and deep-rooting perennials on subsoil mechanical impedance. Soil Science Society of America Journal, 50 (6) : 1566-1570

Rasouli F, Pouya A K, Karimian N. 2013. Wheat yield and physico-chemical properties of a sodic soil from semi-arid area of Iran as affected by applied gypsum. Geoderma, 193/194 (2) : 246-255

Recillasa S, Rodríguez-Lugoc V, Monterod M L, et al. 2012. Studies on the precipitation behavior of calcium phosphate solutions. Journal of Ceramic Processing Research, 13 (1) : 5-10

Rengasamy P. 2002. Transient salinity and subsoil constraints to dryland farming in Australian sodic soils: an overview. Australian Journal of Experimental Agriculture, 42 (3) : 351-361

Richards L. 1954. Diagnosis and improvement of saline and alkali soils. USDA Agriculture Handbook. Washington: United States Salinity Laboratory

Ritchey K D, Feldhake C M, Clark R B, et al. 1995. Improved water and nutrient uptake from subsurface layers of gypsum-amended soils // Agricultural Utilization of Urban and Industrial By-products. ASA Spec Publ 58, ASA, Madison, WI

Sakai Y, Matsumoto S, Sadakata M. 2012. Alkali soil reclamation with flue gas desulfurization gypsum in China and assessment of metal content in corn grains. Soil and Sediment Contamination, 13 (1): 65-80

Samadi A, Gilkes R J. 1998. Forms of phosphorus in virgin and fertilised calcareous soils of Western Australia. Australian Journal of Soil Research, 36 (4): 585-601

Schlossberg M. 2006. Turfgrass growth and water use in gypsum-treated ultisols. Presented at the workshop on Research and Demonstration of Agricultural Uses of Gypsum and Other FGD Materials, Louis, Mo

Schomberg H H, Fisher D S, Endale D M, et al. 2011. Evaluation of FGD-Gypsum to improve forage production and reduce phosphorus losses from Piedmont soils. 2011 World of Coal Ash（WOCA）Conference（May 9-12, Denver, CO, USA）

Scott W D, McCraw B D, Motes J E, et al. 1993. Application of calcium to soil and cultivar affect elemental concentration of watermelon leaf and rind tissue. Journal of the American Society for Horticultural Science, 118 (2): 201-206

Shainberg I, Keren R, Frenkel H. 1982. Response of sodic soils to gypsum and calcium chloride application. Soil Science Society of America Journal, 46 (1): 113-117

Shainberg I, Summer M E, Miller W P, et al. 1989. Use of gypsum on soils: a review. Advances in Soil Science, 9: 1-111

Sharrna B A, Yadav J S P. 1989. Removal during leaching and availability of iron and manganese in Pyrite and farmyard-manure-treated alkali soil. Soil Science, 147 (1): 17-22

Shen J, Li R, Zhang F, et al. 2004. Crop yields, soil fertility and phosphorus fractions in response to long-term fertilization under the rice monoculture system on a calcareous soil. Field Crop Research, 86 (2-3): 225-238

Sheng J, Adeli A, Brooks J P, et al. 2014. Effects of bedding material in applied poultry litter and immobilizing agents on runoff water, soil properties, and bermudagrass growth. Journal of Environmental Quality, 43 (1): 290-296

Simmons K E, Kelling K A. 1987. Potato responses to calcium application in several soil types. American Journal of Potato Research, 64 (3): 119-136

Stoertz M W, Farley M E, Bullock B, et al. 2006. FGD as an impermeable cap for coal waste // Vories K C, Harrington A K. Proceedings of flue gas desulfurization (FGD) by-products at coal mines and responses to the national academy of sciences. Final report "Managing Coal Combustion Residues in Mines": a technical interactive forum. 2006: Columbus, Ohio

Stout W L, Sharpley A N, Gburek W J, et al. 1999. Reducing phosphorus export from croplands with FBC fly ash and FGD gypsum. Fuel, 78 (2): 175-178

Stout W L, Sharpley A N, Landa J. 2000. Effectiveness of coal combustion by-products in controlling phosphorus export from soils. Journal of Environmental Quality, 29 (4): 1239-1244

Stout W L, Sharpley A N, Pionke H B. 1998. Reducing soil phosphorus solubility with coal combustion products. Journal of Environmental Quality, 29 (1): 111-118

Stout W, Sharpley A, Weaver S. 2003. Effect of amending high phosphorus soils with flue-gas desulfurization gypsum on plant uptake and soil fractions of phosphorus. Nutrient Cycling in Agroecosystems, 67 (1): 21-29

Sumner M E. 1993. Gypsum and acid soils: the world scene. Advances in Agronomy, 51: 1-32

Sumner M E. 2007. Soil chemical responses to FGD gypsum and their impact on crop yields. Presented at the workshop on Agricultural and Industrial Uses of FGD Gypsum. October 2007 in Atlanta, Ga. http://library. acaa-usa.org/ 3-Soil Chemical Responses to FGD

Sutton P, Dick W A. 1987. Reclamation of acidic mined lands in humid areas. Advances in Agronomy, 41: 377-405

Tate K B. 1984. The biological transformation of phosphorus in soil. Plant and Soil, 76: 245-256

Toma M, Sumner M E, Weeks G, et al. 1999. Long-term effects of gypsum on crop yield and subsoil chemical properties. Soil Science Society of America Journal, 63(4): 891-895

Torbert A, Watts D B. 2014. Impact of flue gas desulfurization gypsum application on water quality in a coastal plain soil. Journal of Environmental Quality, 43 (1): 273

Torbert A. 2012. Current Research Activities for Agricultural Uses of Gypsum. Midwest Soil Improvement Symposium: Research and Practical Insights into Using Gypsum. August 21, 2012. Arcadia, IN, USA

United State Environmental Protection Agency (US EPA). 1988. Report to Congress: wastes from the Combustion of Coal by Electric Utility Power Plants (EPA 530-SW-88-002). Office of Solid Waste and Emergency Response. Washington, D.C.

United State Environmental Protection Agency (US EPA). 1999. Report to Congress: wastes from the Combustion of Fossil Fuels: Volume 2 – Methods, Findings, and Recommendations (EPA 530-R-99-010). Office of Solid Waste and Emergency Response. Washington, D.C.

United State Salinity Laboratory. 1954. Diagnosis and improvement of saline and alkali soils. US Department of Agriculture Handbook 60

United States Environmental Protection Agency. 2007. The use of soil amendments for remediation, revitalization and reuse. Solid Waste and Emergency Response (5203P). EPA 542-R-07-013. December 2007. http://www.epa.gov.

United States Environmental Protection Agency. 2008. Agricultural uses for flue gas desulfurization (FGD) gypsum. EPA530-F-08-009. United States Environmental Protection Agency. http://www.epa.gov/osw.

United States Environmental Protection Agency. 2014. Coal combustion residual beneficial use evaluation: fly ash concrete and FGD gypsum wallboard (Final). EPA530-R-14-001. United States Environmental Protection Agency, Office of Solid Waste and Emergency Response, Office of Resource Conservation and Recovery. Washington, DC

United States Geological Survey (Shacklette and Boerngen) (USGS). 1984. Element concentrations in soils and other surficial materials of the coterminous United States: an account of the concentrations of 50 chemical elements in samples of soils and other regoliths. U.S. Geological Survey Professional Paper 1270

United States Geological Survey (Smith et al.) (USGS). 2005. Major- and trace-element concentrations in soils from two continental scale transects of the United States and Canada. U.S. Geological Survey Open-File Report 2005-1253

United States Geological Survey (USGS). 2009. Geochemistry of rock samples from the National Geochemical Database. U.S. Geological Survey, Reston, VA

Varjo E, Liikanen A, Salonen V P, et al. 2003. A new gypsum-based technique to reduce methane and phosphorus release from sediments of eutrophied lakes: gypsum treatment to reduce internal loading. Water Research, 37(1): 1-10

Vories K C, Harrington A K. 2006. Proceedings of flue gas desulfurization (FGD) by-products at coal mines and responses to the national academy of sciences final report "Managing Coal Combustion Residues in Mines": a technical interactive forum. November 14-16. University Plaza Center. Columbus, Ohio

Vories K C, Harrington A K. 2006. Proceedings of flue gas desulfurization (FGD) by-products at coal mines and responses to the national academy of sciences.Final report "Managing Coal Combustion Residues in Mines": a technical interactive forum. November 14-16, 2006. University Plaza Center. Columbus, Ohio

Wang J, Bai Z, Yang P. 2013. Effect of byproducts of flue gas desulfurization on the soluble salts composition and chemical properties of sodic soil. PLoS ONE, 8(8): 1-14

Wang J, Liu W Z, Tang D H. 2010. Fractions and phosphorus availability in a calcareous soil receiving 21-year superphosphate application. Pedosphere, 20(3): 304-310

Wang K L. 2012. Mercury transportation in soil via using gypsum from flue gas desulfurization unit in coal-fired power plant. Western Kentucky University（Bowling Green, KY, USA）

Watts D B, Dick W A. 2014. Sustainable uses of FGD gypsum in agricultural systems: introduction. Journal of Environmental Quality, 43(1): 246-252

Watts D B, Hess J B, Bilgili S F, et al. 2017. Flue gas desulfurization gypsum: its effectiveness as an alternative bedding material for broiler production. Journal of Applied Poultry Research, 26(1): 50-59

Watts D B, Torbert H A. 2009. Impact of gypsum applied to grass buffer strips on reducing soluble P in surface water runoff. Journal of Environmental Quality, 38(4): 1511-1517

Wendell R R, Ritchey K D. 1996. High-calcium flue gas desulfurization products reduce aluminum toxicity in an appalachian soil. Journal of Environmental Quality, 25: 1401-1410

Westermann D T. 1975. Indexes of sulfur deficiency in alfalfa. II. Plant analyses. Agronomy Journal, 67: 265-268

William B. 2013. Gypsum use to reduce P loss from agricultural fields. Bulletin No. 680. Alabama Agricultural Experiment Station, Auburn University, Auburn, AL, USA

William Batchelor. 2013. Gypsum use to reduce P loss from agricultural fields. Bulletin No. 680. Alabama Agricultural Experiment Station, Auburn University, Auburn, AL

Wolfe W E., ButaliaT S, Walker H, et al. 2010. FGD by-product utilization at Ohio coal mine sites: past, present, & future. Final Report for Project CDO/D-07-06. The Ohio Coal Development Office of Ohio Air Quality Development Authority, Columbus, Ohio

Wolfe W, Buralia T, Walker H, et al. 2009. FGD by-product utilization at Ohio coal mine sites: past, present, and future. Final Report for Project CDO/D-07-06. The Ohio State University, Columbus, Ohio, USA

Wolkowski D, Lowery B, Tapsieva A, et al. 2010. Using flue gas desulfurization（FGD）gypsum in Wisconsin. New Horizons in Soil Science http: // www. soils. wisc. edu/ extension/ area/ horizons/ 2010/NHSS_2010_2_Wolkowski. pdf [2015-2-6].

Wright R J, Baligar V C, Ritchey K D, et al. 1989. Influence of soil solution aluminum on root elongation of wheat seedlings. Plant Soil, 113(2): 294-298

Wright R J, Codling E E, Stuczynski T, et al. 1998. Influence of soil-applied coal combustion by-products on growth and elemental composition of annual ryegrass. Environmental Geochemistry and Health, 20(1): 11-18

Xu X. 2006. Soil reclamation using FGD byproduct in China. Presented at the workshop on research and demonstration of agricultural uses of gypsum and other FGD materials. September 2006, St. Louis, Mo

Yang P, Li X, Tong Z J, et al. 2016. Use of flue gas desulfurization gypsum for leaching Cd and Pb in reclaimed tidal flat soil. Environmental Science and Pollution Research, 23(8): 7840-7848.

Yost L J, Shock S S, Holm S E,et al. 2010. Lack of complete exposure pathways for metals in natural and FGD gypsum. Human and Ecological Risk Assessment: An International Journal, 16(2): 317-339

Yu J, Lei T, Shainberg I, et al. 2003. Infiltration and erosion in soils treated with dry PAM and gypsum. Soil Science Society of America Journal, 67(67): 630-636

Zhang H, John L K. 2009. Fractionation of soil phosphorus // Kovar J L, Pierzynski G M. Methods of Phosphorus Analysis for Soils, Sediments, Residuals, and Waters. Virginia Tech University: 50-60

# 致　谢

感谢我和我的团队，是他们的持续努力、刻苦钻研和辛勤劳作，将对烟气脱硫石膏的理论和实践、中国和美国的应用、实验室研究与工程示范的研究铸成了这样一部书。

毛玉梅博士和贺坤博士是这部书的主要贡献者和编著者，其中一些章节也是他们博士论文的内容。

程曦博士是烟气脱硫石膏公益项目立项和论证的重要贡献者，陈小华博士担任了烟气脱硫石膏公益项目实验室研究的主要任务；刘晓臣博士在出国深造之前一直是现场实验的最得力的组织者。

始终和我们一起实施工程示范的有俞立章高级园林师、章炫耀高级工程师和张银宝工程师，他们精湛的技艺和丰富的经验确保了滩涂示范工程的成功。

参加本项工作的还有董珑丽博士、姜雪硕士、李程硕士和程镜润硕士。

我们还要感谢俄亥俄州立大学的 Warren Dick 教授、陈立明(Liming Chen)研究员，以及其他伍斯特农业中心的专家学者。这部书中的许多开拓性的工作是他们做的，许多资料是他们提供的。

与科学出版社的合作一直是令人愉悦的，编辑的科学态度和工作热情，为本书的出版提供了强有力的支撑。

感谢未来的读者，如果你们能够从本书中获益，哪怕是一点点，我们将不胜荣幸。

李小平

2017 年 3 月于上海